Water and Sea in Word and Image / L'Eau et la mer dans les textes et les images

Word & Image Interactions

Series Editors

VOLUME 11

The titles published in this series are listed at *brill.com/wi*

Water and Sea in Word and Image / L'Eau et la mer dans les textes et les images

Edited by / sous la direction de

Nathalie Roelens
Véronique Plesch
Catriona MacLeod
Armand Erchadi

BRILL

LEIDEN | BOSTON

Cover illustration: James Ensor, *The Baths at Ostend*, detail, 1890. Oil, gouache, and pencil on paper, 37.5 × 45.5 cm. Ghent: Museum of Fine Arts (www.artinflanders.be, photo Dominique Provost).

The Library of Congress Cataloging-in-Publication Data is available online at https://catalog.loc.gov
LC record available at https://lccn.loc.gov/2023019916

Typeface for the Latin, Greek, and Cyrillic scripts: "Brill". See and download: brill.com/brill-typeface.

ISSN 1388-3569
ISBN 978-90-04-54126-9 (hardback)
ISBN 978-90-04-54925-8 (e-book)

This book is printed on acid-free paper and produced in a sustainable manner.

Contents / Table des matières

PART 5
Installations

Acknowledgments / Remerciements

Les articles réunis dans ce volume émanent du douzième congrès de l'Association Internationale pour l'Étude des Rapports entre Texte et Image (IAWIS/AIERTI) qui s'est tenu (en ligne) à l'Université du Luxembourg du 12 au 16 juillet 2021. Le congrès avait pour thème *L'Eau et la mer dans les textes et les images / Water and Sea in Word and Image*.

Nous remercions chaleureusement Lydia Burke et Ari Trueba (Colby College) pour leur assistance.

Notre gratitude va également à Marie Adam et Aline Chambige, deux piliers essentiels de la gestation du congrès, et aux membres du bureau exécutif de l'IAWIS/AIERTI pour leur soutien indéfectible.

Un sincère hommage doit être rendu enfin aux contributeurs/contributrices de ce volume, qui ont traversé cette période « houleuse » avec patience et ténacité, et prodigué leur expertise de spécialistes en rapports texte-image à la problématique complexe et fuyante de l'eau.

Nathalie Roelens
Université du Luxembourg

Véronique Plesch
Colby College

Catriona MacLeod
University of Chicago

Armand Erchadi
Université du Luxembourg

Figures / Illustrations

Contributors / Contributeurs

Camille Adnot
is a final-year PhD candidate at Université Paris Cité and a Teaching and Research Fellow at Université Paris-Est Créteil. Her research considers the illuminated poetry of William Blake, especially his later "Prophetic Books," in which she investigates the representation of chaos and disorder. She co-hosts the seminar Romanticism across Borders at Université Paris Cité. Her research interests include long nineteenth-century poetry and art and the interplay between text and image. She has contributed to collective works such as *Inconstances Romantiques* (2019) and *Milton Across Borders and Media* (2023).

Armand Erchadi
ancien élève de l'École normale supérieure (Paris) et agrégé de Lettres modernes, est assistant-chercheur à l'Université du Luxembourg, où il prépare une thèse de littérature générale et comparée intitulée « L'esprit de l'épopée : éléments pour une théorie du genre et de la valeur épiques dans le domaine indo-européen » sous la direction de Nathalie Roelens. Ancien chargé d'enseignement à la Sorbonne, Harvard et Jawaharlal Nehru University, il a exercé les fonctions de rédacteur au Service du Dictionnaire de l'Académie française. Il a participé à l'ouvrage collectif *Permanence de la poésie épique au XXe siècle* (SEDES, 2010).

Ana Lía Gabrieloni
chercheuse au CONICET (Conseil national de la recherche scientifique et technique de l'Argentine), est professeur de troisième cycle à l'Universidad de Buenos Aires et professeur de littérature et d'histoire de l'art à l'Universidad Nacional de Río Negro, où elle a cofondé et dirige le Laboratoire Texto, imagen y sociedad (LabTIS). Éditrice du livre *Interrelaciones entre literatura y artes. América y Europa en las épocas Moderna y Contemporánea* (Viedma, 2018), elle est l'auteur d'articles sur les rapports texte/image, concernant notamment l'*ekphrasis* et les musées imaginaires. Depuis 2018, elle codirige *Hyperborea. Revista de ensayo y creación* (https://www.hyperborea-labtis.org/en/sobre_hyperborea).

Daniel Gane
returned to academia after many years working in the film industry. His primary area of research is how the ocean was understood and engaged with in the literature of the long eighteenth century. He recently completed his PhD at Newcastle University. This article comes out of the research for his thesis,

"The Pacific Self: Oceanic Narratives and Self-Representation in Accounts of Eighteenth-Century British Voyages of Pacific Exploration."

Jacques Athanase Gilbert
est professeur de littérature comparée à l'Université de Nantes, membre correspondant de l'Institut d'études avancées de Nantes, membre de l'AMo (EA4276) et du CRENAU UMR. Ses travaux, à la rencontre de la littérature et de la philosophie, concernent les questions de l'imitation, de la représentation et de l'immersion. Il a publié *Les Variations de l'imitation* au Cerf et codirige la revue *Études digitales* chez Classiques Garnier.

Nicolas Hebbinckuys
est professeur adjoint à l'Université de Waterloo (Ontario, Canada). Ses recherches portent sur la littérature de voyage dans les Amériques (XVIe et XVIIe siècles). Il s'intéresse aux stratégies discursives du genre viatique et aux représentations de l'altérité américaine dans les textes et l'iconographie de la Renaissance et du Grand Siècle. Il a publié plusieurs articles à ce sujet et prépare une édition critique des livres I et II de l'*Histoire de la Nouvelle-France* de Marc Lescarbot (1609).

Ashley Mason
is a Research Associate in the School of Architecture, Planning, and Landscape, Newcastle University, UK. Her research is engaged with creative-critical and textual-spatial practices within architecture, especially in relation to ephemeral, overlooked, and marginalized phenomena, as initiated in her PhD in Architecture by Creative Practice (Newcastle University, 2019). Ashley's current research continues to probe land-artists and authors working with seemingly empty and peripheral landscapes, with care and concern for the environment. Publications include *Creative Practice Inquiry in Architecture*, co-edited with Adam Sharr (Routledge, 2022).

Kathleen Maxymuk
earned a PhD in French Studies: Film, Aesthetics, and Literature, as well as a Certificate in Philosophy, Arts, and Literature from Duke University. She has taught cinema courses at Duke University and the Université Paris Cité. Her research considers shifting European artistic forms since the eighteenth-century, and concentrates on aesthetics, poetics, and politics of the cinematic image—the Nouvelle Vague in particular. She has published on Marcel Proust, Jean-Luc Godard, and the image.

Cécile Michaud
professeur principal d'Histoire de l'art à la Pontificia Universidad Católica del Perú, a publié, entre autres domaines de recherche, plusieurs livres et articles sur les relations entre sources visuelles européennes et créations artistiques de l'Amérique vice-royale. Elle est auteur de *Johann Heinrich Schönfeld. Un peintre allemand du XVIIe siècle en Italie* (2006), éditrice de *De Amberes al Cusco. El grabado europeo como fuente del arte virreinal* (2009) et *Escritura e imagen en Hispanoamérica. De la crónica ilustrada al cómic* (2015), ainsi que coéditrice de *Arte antes de la historia. Para una historia del arte andino antiguo* (2020).

Pouneh Mochiri
ancienne élève de l'École normale supérieure, est maître de conférences en littérature générale et comparée à l'Université de Bretagne occidentale (EA HCTI, Héritages et constructions dans le texte et l'image). Hormis deux études portant sur *Les Liaisons dangereuses* de Choderlos de Laclos et les *Métamorphoses* d'Ovide, elle a consacré l'essentiel de ses travaux aux rapports entre le texte et l'image à la Renaissance.

Nicolas Piedade
est docteur en littérature comparée de l'Université de Limoges, associé au laboratoire EHIC. Menée sous la direction de Bertrand Westphal, sa thèse aborde la question des « fictions ventriloques » dans le roman moderniste européen. Il est l'auteur d'une dizaine d'articles en français, espagnol et portugais, consacrés aux spatialités urbaines issues des fictions d'Alfred Jarry, mais aussi au cinéma brésilien, plus spécifiquement à la période du Cinema Novo. Il est le coéditeur des ouvrages *Écritures plurielles de l'espace* (2021) et *Le Corps : matrice de sens* (2022), ainsi que du numéro de la revue *Flamme* « Dériver en ville ».

Véronique Plesch
is Professor of Art History at Colby College (Maine, USA). Her publications (books, edited volumes, and articles) deal with subjects that include Passion iconography, narrative fresco cycles, art in the Duchy of Savoy, late-medieval Passion plays, early modern graffiti, contemporary art and book arts, with a steady focus on word and image studies. Plesch served as President of the International Association of Word and Image Studies from 2008 to 2017 and is currently one of the editors of the *Maine Arts Journal: UMVA Quarterly* to which she regularly contributes.

Fabiana Senkpiel
received her doctorate in art history at the University of Basel in 2011; she is currently research assistant at the Institute for Practices and Theories in the Arts at the Bern Academy of the Arts HKB (Switzerland). Between 2019 and 2023, she led the research project "Food as a Material in Installative and Participative-Performative Artistic Works: Documentation, Analysis, Reception" (funded by the Swiss National Science Foundation); previously, she was a research associate/postdoc in the subproject "The Knowledge of Art: Episteme and Aesthetic Evidence in Renaissance Art" at the Collaborative Research Center "Episteme in motion. Transfer of Knowledge from the Ancient World to the Early Modern Period" (Freie Universität Berlin, 2012–16).

Vega Tescari
is a lecturer of Contemporary Art, History and Theory of Photography, Film Studies, and Comparative Literature at the Università della Svizzera italiana (USI). She is the author of critical studies (*En suspens. Scenari di tempo. Marguerite Duras, Claudio Parmiggiani, Luigi Ghirri*, corsiero editore, 2018) and literary texts (*Come*, Cronopio, 2018). Her research interests focus primarily on the links between the visual and audiovisual arts, literature, and philosophy, with a particular attention on time and space issues.

Ágnes Tóth
titulaire d'un master en langues et en littératures hongroise, française et allemande, est maître-assistante au Département de Français de l'Université Catholique Pázmány Péter de Budapest, chargée de cours en littérature. En 2020, elle a soutenu sa thèse de doctorat intitulée « Les représentations de l'espace et du corps dans l'œuvre de Maurice Carême ». Ses axes de recherche portent principalement sur la littérature francophone, la poésie, les relations entre le texte et l'image.

Daphné Vignon
docteur en littérature générale et comparée, oriente sa recherche vers l'analyse des récits européens du politique, et particulièrement ceux qui traversent les imaginaires de la France du XVIIe et de l'Allemagne du XVIIIe. Cette narratologie l'amène également à travailler à la constitution d'une grammaire narrative applicable aux récits immersifs et à 360°. Elle est directrice adjointe de la revue *Études Digitales* aux éditions Classiques Garnier.

Jean-Jacques Wunenburger
professeur émérite de philosophie à l'Université Jean-Moulin-Lyon-III, président de l'Association internationale Gaston Bachelard et de l'Association des amis de Gilbert Durand, directeur du Centre de recherches internationales sur l'imaginaire (CRI2i), a développé des recherches sur les images, l'imagination et l'imaginaire dans leurs relations avec la philosophie, les arts, les sciences et techniques, les médias, la santé, la politique, etc. Parmi ses publications, *La Vie des images* (1995), *Philosophie des images* (1997), *L'Imaginaire*, 2003 (6e éd. 2020), *Imagination mode d'emploi. Une science de l'imaginaire au service de la créativité* (2011), *Bachelard, une poétique des images* (2012), *L'Imagination créatrice* (2015), *Esthétique de la transfiguration* (2016), *L'Imagination géopoïétique* (2016).

Introduction

Nathalie Roelens

> Notre planète Terre devrait s'appeler Mer.
>
> Érik Orsenna, *L'Avenir de l'eau*, 2008

⁂

Quel plus beau défi à la mise en discours ou en image qu'un élément fluide tel que l'eau ! Défi discursif et plastique et dès lors particulièrement susceptible de remettre en question les rapports entre texte et image. Les verbalisations et figurations et leurs multiples combinaisons apportent néanmoins une plus-value méthodologique et épistémologique face à des objets métastables, hybrides, fluents. Elles favorisent en outre la flexibilité intellectuelle puisqu'elles nous apprennent à lire et à voir : *legenda et videnda*, à utiliser les deux hémisphères de notre cerveau, en alternance.

À une époque où la pénurie d'eau douce guette, où les océans s'acidifient, où les côtes s'effritent, pour ne pas parler de l'*acqua alta*, de la destruction de la barrière de corail, de la pollution sonore, de la surpêche et du microplastique entraînant la perte de la biodiversité marine, le regard des sciences humaines sur l'eau semble impérieux. Michel Foucault, tablant sur l'invention récente de l'homme, avait déjà annoncé sa possible fin prochaine : « on peut bien parier que l'homme s'effacer[a], comme à la limite de la mer un visage de sable » (Foucault 398). En la qualifiant de « bleue comme une orange », Paul Éluard avait-il déjà prévu que notre planète terre/mer s'embraserait çà et là ? Michel Butor, dans sa pièce radiophonique *6 810 000 litres d'eau par seconde* qui fait référence au débit des chutes du Niagara, avait-il anticipé le lent tarissement des cataractes et de leur chant ? Les mythes ancestraux de l'eau sont-ils en train de se muer en mythes du futur ? Les grenouilles après leur disparition deviendront-elles des gorgones, les tsunamis des déluges et le septième continent une Atlantide ? L'eau nous cerne et nous concerne.

Certes, comme réponse à la montée des eaux et à l'urgence climatique, des projets de désalinisation des mers sont mis en place, des villes flottantes sont aménagées et l'énergie des vagues se voit exploitée, mais les continents refoulent ce qui se passe sur leurs rives, à la périphérie de la sémiosphère où

 | DOI:10.1163/9789004549258_002

Youri Lotman repérait une zone de turbulence, de « violation des liens sémiotiques » (Lotman 105), le règne de l'instable, de l'arbitraire, de l'inexplicable. L'inexplicable ne dédouane toutefois pas de la honte d'une mondialisation sans scrupules : des corps échoués, recrachés par la mer ; l'urgence climatique ne doit pas oblitérer l'urgence humanitaire.

Bien avant l'émergence d'un lexique que cette nouvelle ère enfante—*aquatocène*, économie bleue, stress hydrique—, Léonard de Vinci, avec ses systèmes d'irrigation, de brise-lames et autres barrages pour contenir l'inondation, voire ses raquettes pour marcher sur l'eau, n'était-il pas le premier ingénieur hydrologue empirique ? Fasciné par le potentiel iconographique des tourbillons et vortex, ce polymathe voulait aussi comprendre la dynamique des fluides. Il sera relayé trois siècles plus tard par Victor Hugo, premier témoin de l'érosion côtière. Dans *Les Travailleurs de la mer*, Victor Hugo décrit l'Atlantique qui, rongeant la côte bretonne, provoque l'écroulement de vastes blocs de falaise. Est-ce pour cette raison qu'il peint ses poulpes à l'eau, ou du moins au lavis sépia dilué (encre de seiche) ? Dans son sillage, le peintre fictif Plasson du roman *Océan mer* d'Alessandro Baricco « peint [la mer] avec de l'eau de mer » (Baricco 15). Cette scène emblématique et pour le moins ironique résume en quelque sorte notre thématique : informe, l'eau est toujours en attente d'être définie, voire résiste à tout effort de conceptualisation, ce qui explique le « malaise récurrent (du poète et du physicien) devant l'immensité » (Jean-Jacques Wunenburger, ici). La mise en discours et la mise en images de l'eau et de la mer ne vont pas de soi : par son rythme continu et irrégulier, l'élément aquatique transcende la dichotomie entre arts du temps et arts de l'espace introduite par Lessing (cf. Louvel).

Le présent volume aborde, certes selon un regard plutôt occidental, le thème de l'eau, comme « élément » archétypal—d'où de nombreux renvois à Bachelard—, fluide, fuyant, en devenir permanent (*panta rhei*), enclin aux polarisations et aux ambivalences : nature/culture, pur/trouble, masculin/féminin (amniotique), dynamique/statique, froid/chaud, régénérant/mortifère, craint/louangé et, partant, susceptible de moralisations. Les mythes regorgent de fontaines magiques ou de bains de jouvence, de fleuves matriciels ou de mers vineuses létales. La psyché est bercée par le flux et le reflux d'une machine désirante ... Depuis la larme, la goutte de rosée ou l'écume jusqu'aux inondations, océans en furie ou tsunamis, les eaux partagent en outre la fluidité avec l'encre ou l'aquarelle.

Ce que notre volume a de propre est le nouage entre texte et image qui irrigue les propos et la confiance dans le régime d'exemplarité de l'art, seul à même d'appréhender ce qui est imprévisible, éphémère, continu. Aussi les cinq parties qui suivent questionnent-elles, chacune selon un prisme différent, une « guerre de l'eau » dont les assaillants et les victimes ne sont pas toujours identifiables. Les représentations (verbales et iconiques) scénarisent cette thématique complexe s'il en est. Les médiations artistiques spéculent en outre sur cette disponibilité symbolique que l'étendue encore vierge de tout investissement sémantique offre, labourent ce « terrain vague », le reconfigurent, pour le sillonner de sens. L'indicible de l'eau n'est pas son invisible.

Le premier axe portant sur l'imaginaire et les rites interroge sous forme de promenade mystique la plasticité de l'eau comme élément « total », prototype d'élément qui, sans déroger à sa rationalité, alimente mythes et rêveries, douces ou salées. D'où un bachelardisme de la mer qui ne serait plus dominé par l'attachement premier aux sources terrestres ou à un tropisme fluvial mais dont les outils herméneutiques permettent de sonder l'eau thalassale (Jean-Jacques Wunenburger). L'eau se prête à des cérémonies de lustration ou d'immersion baptismale aux vertus plus reviviscentes que purifiantes (Jacques Athanase Gilbert), ou sert de toile de fond à des entités féminines, sirènes ou vierges que l'iconographie et la poésie diffusent et diluent (Cécile Michaud).

Les retombées géopolitiques et axiologiques de l'eau et de la mer sont abordées dans un deuxième volet qui retrace les « grands récits » que l'exploration des mers ont engendrés. L'épique s'abreuve d'images érotiques pour convertir la conquête des mers en quête spirituelle, en épreuve de vie et viatique pour une humanité conquérante mais toujours menacée de noyade (Armand Erchadi). L'apprivoisement technique de la mer est relayé par des récits édifiants qui utilisent la circumnavigation tel un périple initiatique et l'écoulement des fleuves dans la mer comme un emblème d'une union mystique désintéressée avec le divin, l'infini, l'idéal, occasion d'une remise en cause de la course au prestige (thalassocratie) et des échanges dissymétriques entre continents (Daphné Vignon). Une réelle poétique du franchissement transocéanique se lit dans la littérature viatique des explorateurs, missionnaires et marchands du Nouveau Monde : l'émerveillement est ici fonction de l'ampleur de l'épreuve initiatique, riche en surprises et en épouvante (Nicolas Hebbinckuys). La description des mers par les explorateurs du Pacifique, où la découverte de la Terra Australis Incognita était prioritaire par rapport à l'observation marine, hésite entre le relevé scientifique et le témoignage vécu, empreinte là aussi d'effroi et de fascination sublime (Daniel Gane). On le voit, la navigation est une métaphore puissante de la condition humaine, une allégorie de l'homme face à sa condition de mortel.

Plus apaisée en apparence, la partie consacrée aux paysages et aux rivages n'en recèle pas moins des défis à l'entendement. L'art des fontainiers doit rivaliser en ingéniosité avec une nature indomptable avant de dispenser ses leçons de morale écrites / dessinées / mises en musique dans les jardins ornementaux. *Tekhnê, physis* et *praxis* collaborent pour créer un dispositif moral (Pouneh Mochiri), tandis que le Déluge irrigue jusqu'à diluer le manuscrit, le poème et le personnage dans les visions de William Blake (Camille Adnot). La rivière, par son cheminement lent et constant, permet une allégorisation de la vie comme progrès vers la sagesse, non seulement à l'intention des marins mais aussi des jeunes ouailles. Plusieurs médias (leçon morale, peinture, gravure) se relayent pour approcher cette métaphore fluviale et les images du compas et de l'ancre interviennent pour préparer les âmes fragiles à affronter l'océan de l'existence (Véronique Plesch). Certains rivages portent les traces et débris d'un monde à la dérive, de sorte que la « laisse de mer » finit par symboliser un Déluge existentiel. L'imagerie des restes (le plastique actuel) montre ces scories d'un productivisme effréné et d'une vie intérieure saturée, menant de l'esthétique à l'éthique (Ana Lía Gabrieloni). Enfin, les mots (la poésie) et les images œuvrent de concert pour appréhender l'insaisissable, l'incommensurable et l'inépuisable de la mer, faire tenir l'eau dans un *verre/vers*, pour domestiquer cette nature indocile, recourant à l'isotopie liquide, mobile et mouillée, qui onirise le rivage. Le peintre et le poète entrent en symbiose avec l'objet marin, en épousant la houle et en offrant le blanc de la page à ses incessantes métamorphoses (Ágnès Tóth).

L'affinité entre l'image cinétique et l'eau mouvante est indéniable à l'écran : l'eau et la mer entraînent le médium dans une même fluence, de sorte que la substance d'expression liquide prend le pas sur les formes. Un Brésil fluvial devient le décor et l'embrayeur symbolique d'une navigation épique déchue où le cours d'eau fait circuler le sens entre archaïsme et modernité (Nicolas Piedade), tandis que les lacs et les plages chez Godard et Rohmer réalisent le passage du concret à l'abstrait, appelé de ses vœux par Deleuze. La Nouvelle Vague devient ainsi une métaphore et un « courant » esthétique que l'eau infiltre soit pour reproduire le passage mélancolique du temps soit pour rythmer le passage à l'âge adulte des jeunes protagonistes. La noyade participe de cette esthétique liquide (Kathleen Maxymuk).

Les dernières études du volume se penchent sur des installations qui revisitent la métaphore tragique du naufrage existentiel par des balises insolites, un navire modèle réduit sur une pile de livres, un phare éloigné de la côte, autant d'hétérotopies qui préservent l'imaginaire des usages triviaux (Vega Tescari). Certaines performances exploitent l'eau à la fois comme motif et comme matériau, dont la fluidité, la liquidité s'avèrent modulables à l'envi, vivifiant et dissolvant, flux parmi d'autres flux, parlant un langage sonore sensuel

(Fabiana Senkpiel). Les artistes du land art ont aussi vocation à montrer les failles, mieux, les fuites, des produits ou construits du progrès. Le Déluge est invoqué comme horizon des ouvrages lentement atteints par la *slow violence* d'une fonte des glaces irréversible : texte et image explorent les voies pour rendre visible (montrer et dire) la vulnérabilité qui menace les infrastructures soi-disant imperméables (Ashley Mason).

Outre leur valeur esthétique, les mots et les images ont une valeur critique et performative, et surtout permettent de louvoyer (utiliser les vents contraires afin d'en tirer profit). Telle la « poutre » de Nietzsche à laquelle « l'homme se cramponne » (Blumenberg 26), la « barrique vide », que Bruno Latour emprunte au récit d'Edgar Allan Poe, *A Descent into the Maelström* (1841), fait office de planche de salut. La lucidité du troisième pêcheur de la fable (les autres succombent à la panique) sera en effet couronnée de résilience : « Ce qui distingue les noyés du seul survivant, c'est la froide attention avec laquelle le vieux marin des îles Lofoten (Norvège) explore le mouvement de tous les débris que le vortex fait tourner autour de lui. Quand le navire est entraîné dans les abysses le narrateur finit par survivre en s'attachant à une barrique vide. » (Latour 61) Cette « image » s'avère d'autant plus prégnante qu'il s'agit d'un pauvre conteneur vide mais qui surnage : la mer est un élément fluide, insaisissable, qui nous engloutit, mais il faut garder espoir en l'humanité, en les humanités. Une image analogue nous est fournie par *La Grande Vague de Kanagawa* (c.1831) de Hokusai : si on lit l'estampe de gauche à droite, la vague scélérate submerge les pécheurs, mais, si on la lit dans le sens de l'écriture japonaise, les esquifs bravent les flots déchaînés.

L'appel du large avec le risque de sombrer serait la condition de possibilité de cette résilience. Dans les termes de Hans Blumenberg : « le naufrage, en tant qu'il a été surmonté, est la figure d'une expérience philosophique inaugurale » (Blumenberg 15). Que l'eau, dans tous ses états gazeux (vapeur), liquide, solide (glace) et dotée d'un cycle météorologique (pluie, source, rivière, mer, évaporation, etc.), prodigue des bienfaits, cela n'est plus à prouver. La thalassothérapie, le thermalisme et le bain à la lame l'avaient déjà démontré. Dès lors que l'eau nous soigne, il faut lui prêter attention, et pourquoi pas la célébrer, voire prendre en compte un « droit à l'eau » comme ressource vitale partagée, digne sinon d'être érigée en patrimoine mondial de l'UNESCO, du moins d'inciter à des comportements plus vertueux.

Gageons qu'un ouvrage tel que celui-ci, dans la mesure où il problématise l'entrelacs entre texte et image et qu'il décline les multiples façons d'appréhender l'eau—philosophique, mythographique, sémiotique, artistique—, aura démontré l'utilité de ce type de démarche en regard de l'actualité.

Sources citées

Bachelard, Gaston. *L'Eau et les Rêves. Essai sur l'imagination de la matière.* 1942. Paris : Librairie générale française, 1993.

Baricco, Alessandro. *Oceano mare.* 1993. Français : *Océan mer.* Trad. F. Brun. Paris : Gallimard, 2002.

Blumenberg, Hans. *Schiffbruch mit Zuschauer.* 1979. Français : *Naufrage avec spectateur.* Trad. L. Cassagnau. Paris, L'Arche, 1994.

Butor, Michel. *6 810 000 litres d'eau par seconde.* Paris : Seuil, 1965.

Foucault, Michel. *Les Mots et les Choses.* Paris : Gallimard, 1966.

Latour, Bruno. *Où atterrir ? Comment s'orienter en politique.* Paris : La Découverte, 2017.

Lotman, Youri. *La Sémiosphère.* 1966. Français : Trad. A. Ledenko. Limoges : PULIM, 1999.

Louvel, Liliane. *Texte/Image : images à lire, textes à voir.* Rennes : PU Rennes, 2002.

PART 1

Imaginaries and Rites / Imaginaires et rites

1

Gaston Bachelard, quelle poétique de la mer dans *L'Eau et les Rêves* ?

Jean-Jacques Wunenburger

Résumé

L'Eau et les Rêves (1942) de Gaston Bachelard constitue une étude devenue classique de l'imaginaire poétique de l'eau, où il mêle expériences personnelles et références littéraires surtout romantiques. Tout en couvrant le domaine des rivières et des mers, Bachelard est-il aussi pertinent et fin pour les eaux salées que pour les eaux douces ? On étudiera, à partir d'extraits significatifs, les thèmes majeurs, leurs limites et obstacles et pour finir les potentialités d'un bachelardisme de la mer qui ne serait plus dominé par l'attachement premier aux sources terrestres.

Mots clefs

archétype – mère – mythe – Océan – rivière

À partir de 1938, durant sa période d'enseignement à l'université de Dijon (où il habitait au bord du canal, après avoir vécu depuis son enfance à Bar-sur-Aube où il enseignait surtout la philosophie des sciences), Bachelard commença à rédiger cinq livres sur la tétralogie des éléments de la nature (le feu en 1938, l'eau en 1940, l'air en 1943, la terre en deux volumes en 1948) dans le but de comprendre le langage poétique, dans ses versions oniriques et artistiques, versant opposé mais complémentaire du langage de la rationalité scientifique. Recourant de manière éclectique à la psychanalyse freudienne, à la psychologie jungienne, à l'herméneutique symbolique, à la phénoménologie d'origine husserlienne selon des proportions variables, il cherche à décrire, classer, typifier et interpréter les rêveries spontanées et poétiques (littéraires et non picturales) nées au contact de ces matières naturelles qui se révèlent être rattachées

 | DOI:10.1163/9789004549258_003

à des archétypes de l'imaginaire[1]. Nourris de larges fragments littéraires et de références anthropologiques (folklore, mythe, etc.), ces textes s'enracinent dans son expérience personnelle, dessinant un trajet des imaginaires du plus intime et subjectif au plus universel et collectif.

Né à Bar-sur-Aube en 1884, dans la Champagne sèche du sud, y ayant vécu jusqu'en 1930, les intervalles d'années de formation et surtout de la Grande Guerre exceptés, il mobilise toujours dans ses travaux une expérience propre des quatre éléments. Mais cette immersion biographique d'un homme rural, amoureux de la nature, se nourrit toujours d'une large culture littéraire, surtout moderne, souvent d'inspiration romantique allemande ou anglaise. Dans la poétique de l'eau, *L'Eau et les Rêves*, seul ouvrage sous-titré *essai sur l'imagination de la matière*, Bachelard revendique d'emblée son appartenance à une géographie rurale, celle de son milieu de vie (« ce pays des ruisseaux et des rivières », *Eau* 11)[2], dont il chante les vertus et le bonheur de vivre, tout en cherchant à s'arracher à un onirisme égocentré, afin de parvenir à une sorte de grammaire des métaphores, rêveries et symboles des eaux. Bachelard oscille toujours entre le biographique et l'archétypique, entre des exemples singuliers et des typologies universelles, ce qui fait l'irremplaçable richesse de ces textes (à compléter par *La Poétique de l'espace*, plus attachée aux formes). Comment Bachelard, enfant des pays aux eaux douces, sillonnant des terroirs champenois, parvient-il à appréhender la totalité de l'imaginaire aquatique, comment restitue-t-il la poétique de la mer, si éloignée de lui, sans faire des eaux salées, une excroissance, un prolongement, un analogue de la poétique des eaux douces ? Quelles sont les ressources et les limites de l'imaginaire bachelardien de la mer ? Comment l'imaginaire de la mer peut-il être marqué (même conditionné ?) par l'origine du témoin ou de l'acteur, tellurique ou océanique[3] ?

1 Évocations

Bachelard, dès *La Psychanalyse du feu* (1938), appréhende chaque élément à travers une diversité d'images fondamentales, archétypiques et mythiques, qui permet de saisir un imaginaire cosmologique généralement bipolaire, ambivalent, inséparable d'une force, d'une volonté ou d'un repos (qui seront

1 On remarquera que l'essentiel des références concerne des textes littéraires, Gaston Bachelard y étant plus sensible qu'aux images picturales, pourtant commentées occasionnellement avec inspiration dans des préfaces republiées dans *Le Droit de rêver*.

2 Bien restitué par son collègue et ami Gaston Roupnel à propos des campagnes françaises.

3 On retrouve des développements proches dans Paquot.

nommés plus tard *animus* et *anima* à partir de la terminologie de la psychologie de C. G. Jung). L'élément aquatique va bénéficier de ces mêmes tensions, les eaux douces relevant plutôt de rêveries statiques (heureuses ou angoissantes, comme la vie et la mort, voir Libis) qui peuvent se prolonger dans la mer, le propre de la mer donnant lieu davantage à des imaginaires dynamiques voire agonistiques, qui font d'elle un élément total, un prototype d'élément.

Bien qu'ayant commencé par les eaux douces qui s'écoulent lentement (ruisseau, rivière), Bachelard ne cesse de prolonger les valeurs oniriques de l'eau avec l'Océan et ses eaux salées. Au fil de belles pages sur Balzac, Hugo, Michelet, Claudel, Swinburne et leurs rêveries océaniques, il rattache progressivement la mer à des axes esthétiques symboliques propres, dont on peut noter quelques thèmes majeurs, qu'on peut juger assez conventionnels d'un point de vue littéraire, mais qui dénotent une sensibilité vive pour un esprit adonné aux spéculations scientifiques de haut niveau (physique quantique, nouvelle chimie, etc.).

L'eau de mer, que Bachelard appréhende comme le feu à l'aide de la psychanalyse—surtout avec Marie Bonaparte, qui vient d'introduire Freud en France—, est d'emblée associée à une symbolique maternelle et se rattache (étymologiquement) à la lettre cabalistique « M », qui noue des affinités entre « mère » et « mer ».

> La nature est pour l'homme grandi, nous dit Mme Bonaparte, « une mère immensément élargie, éternelle et projetée dans l'infini ». Sentimentalement, la nature est une projection de la mère. En particulier, ajoute Mme Bonaparte : « La mer est pour tous les hommes l'un des plus grands, des plus constants symboles maternels ». (*Eau* 156)

De tous les quatre éléments, l'ambivalence de l'eau est plus difficile à rencontrer (sur terre), qui ne se dévoile qu'avec la violence des eaux et des vents des océans. Bachelard insiste néanmoins sur l'agressivité réciproque de l'homme nageur et de la mer, déjà mise en évidence deux ans auparavant dans l'étude monographique sur Lautréamont, et décrit la polarité masculine spécifique de la mer tempétueuse, alors que les eaux douces restent avant tout maternelles et féminines.

> D'abord, dans sa violence, l'eau prend une colère spécifique ou, autrement dit, l'eau reçoit facilement tous les caractères psychologiques d'un type de colère. Cette colère, l'homme se vante assez rapidement de la mater. Aussi l'eau violente est bientôt l'eau qu'on violente. Un duel de méchanceté commence entre l'homme et les flots. L'eau prend une

> rancune, elle change de sexe. En devenant méchante, elle devient masculine. Voilà, sur un mode nouveau, la conquête d'une dualité inscrite dans l'élément, nouveau signe de la valeur originelle d'un élément de l'imagination matérielle ! (21)

Si tout élément cosmologique est subsumé sous le langage (d'où les plans du phonétique—liquide—, du sémantique et du narratif-mythique), et conduit donc à des « complexes de culture » (à la fois banalisation et rationalisation des images et fil conducteur vers l'archétype formant des constantes littéraires des imaginaires[4]), l'Océan est lié à des complexes de culture dominants que Bachelard rattache entre autres au poète anglais Swinburne (sadomasochisme) et au roi Xerxès (sadisme des tempestiaires).

Bachelard trouve donc dans la mer une exemplification d'une constante de l'imagination qui s'anime par la dualité antagoniste des qualités. Ainsi la mer devient un milieu sensible à la composition des éléments contraires comme l'eau et le feu, l'eau et la nuit, l'eau et la terre. L'Océan active donc la loi onirique du mariage des éléments qui ne peuvent qu'être couplés à deux et non à trois ou quatre.

Bachelard exhibe aussi quelques filiations originales d'imaginaire : si la mer a ses couleurs propres, sa matière est plus que de l'eau H_2O comme l'illustrent le mucus, le lait ; de plus, il fait place à un thème de l'érotisme de l'eau marqué par l'image de la nudité féminine de la mer, expérimenté aussi par la sensation corporelle du baigneur et plongeur.

> Dans *l'Ahasvérus* d'Edgar Quinet, on peut retrouver aussi une impression qui se rapproche d'une image visuelle, mais dont la matière s'apparente à la matière novalisienne. « Que de fois, en nageant dans un golfe écarté, j'ai pressé avec passion la vague sur ma poitrine ! À mon cou, le flot pendait échevelé, l'écume baisait mes lèvres. Autour de moi jaillissaient des étincelles embaumées. » Comme on le voit, la « forme féminine » n'est pas encore née, mais elle va naître, car la « matière féminine » est là tout

---

4 Sur les complexes : « Nous appelons ainsi des *attitudes irréfléchies* qui commandent le travail même de la réflexion. Ce sont, par exemple, dans le domaine de l'imagination, des images favorites qu'on croit puisées dans les spectacles du monde et qui ne sont que des *projections* d'une âme obscure. On cultive les complexes de culture en croyant se cultiver objectivement. Le réaliste choisit alors *sa* réalité dans la réalité. ... Naturellement, les complexes de culture sont greffés sur les complexes plus profonds qui ont été mis à jour par la psychanalyse. Comme Charles Baudouin l'a souligné, un complexe est essentiellement un transformateur d'énergie psychique. Le complexe de culture continue cette transformation. La sublimation culturelle prolonge la sublimation naturelle. » (Bachelard, *Eau* 25–26).

> entière. Une vague qu'on « serre » avec un amour si chaud contre sa poitrine n'est pas loin d'être un sein palpitant. (175)

De manière générale, ces axes symboliques restent placés sous un régime nostalgique, mélancolique (voir Libis), où l'eau est toujours liée à la mort (complexe de Charon), du simple fait qu'elle coule (au sens de la métaphore héraclitéenne, selon laquelle « on ne se baigne jamais deux fois dans le même fleuve »). Il en résulte une dominante de rites et de mythes funèbres et funéraires de la mer. Mais Bachelard observe par là que la mer, qui oscille entre expérience et spectacle, reste surtout un danger raconté (dans le voyage marin) et sublimé (depuis une falaise où l'on l'assiste à l'affrontement entre vague et rocher).

> Voici les falaises « horriblement noires et surplombantes », voici la nuit horrible qui écrase l'Océan. La tempête entre alors au sein des flots, elle est, elle aussi, une sorte de substance agitée, un mouvement intestin qui prend la masse intime, c'est « un clapotement bref, vif et tracassé dans tous les sens ». Qu'on y réfléchisse et l'on verra qu'un tel mouvement si intime n'est pas livré par une expérience objective. On l'éprouve dans une introspection, comme disent les philosophes. L'eau mêlée de nuit est un remords ancien qui ne veut pas dormir. (139)

La mer finit même, par contraste avec l'atmosphère de Paris (que Bachelard évoque à l'occasion de ses insomnies parisiennes), à retrouver une force apaisante.

> Quand l'insomnie, mal des philosophes, s'accroît de l'énervement dû aux bruits de la ville, quand, place Maubert, tard dans la nuit, les automobiles ronflent, que le roulement des camions me fait maudire ma destinée de citadin, je trouve un apaisement à vivre les métaphores de l'Océan. On sait bien que la ville est une mer bruyante, on a dit bien des fois que Paris fait entendre, au centre de la nuit, le murmure incessant du flot et des marées. De ces poncifs, je fais alors une image sincère, une image qui est mienne, aussi mienne que si je l'inventais moi-même, suivant ma douce manie de croire être toujours le sujet de ce que je pense. (Bachelard, *Poétique* 42)

> Dès lors, le lecteur comprendra plus sympathiquement, plus douloureusement un des caractères de l'héraclitéisme. Il verra que le mobilisme héraclitéen est une philosophie concrète, une philosophie totale. On ne

se baigne pas deux fois dans un même fleuve, parce que, déjà, dans sa profondeur, l'être humain a le destin de l'eau qui coule. L'eau est vraiment l'élément transitoire. Il est la métamorphose ontologique essentielle entre le feu et la terre. (*Eau* 8–9)

2 Obstacles

Malgré cette riche typologie des eaux de mer, *L'Eau et les Rêves* peut être appréhendé comme un texte incomplet, partiel, frustrant pour l'imaginaire de la mer (lorsqu'on la saisit comme infinie, salée, tempétueuse). Bachelard reconnaît d'ailleurs humblement qu'il n'est pas un thalasso-phile et ne revendique qu'un échantillonnage de ses puissances oniriques, étant plus à l'aise devant les sources continentales (voir Paquot), comme cela apparaît à travers diverses annotations ou confessions :

D'abord il se définit bien comme un « enfant des ruisseaux », n'ayant rencontré la mer que de manière tardive (1914), ce qui le prive de toute familiarité expérientielle :

> Si je veux étudier la vie des images de l'eau, il me faut donc rendre leur rôle dominant à la rivière et aux sources de mon pays.
>
> Je suis né dans un pays de ruisseaux et de rivières, dans un coin de la Champagne vallonnée, dans le Vallage, ainsi nommé à cause du grand nombre de ses vallons. La plus belle des demeures serait pour moi au creux d'un vallon, au bord d'une eau vive, dans l'ombre courte des saules et des osières. …
>
> Mon plaisir est encore d'accompagner le ruisseau, de marcher le long des berges, dans le bon sens, dans le sens de l'eau qui coule, de l'eau qui mène la vie ailleurs, au village voisin. Mon « ailleurs » ne va pas plus loin. J'avais presque trente ans quand j'ai vu l'Océan pour la première fois. Aussi, dans ce livre, je parlerai mal de la mer, j'en parlerai indirectement en écoutant ce qu'en disent les livres des poètes, j'en parlerai en restant sous l'influence des poncifs scolaires relatifs à l'infini. En ce qui touche ma rêverie, ce n'est pas l'infini que je trouve dans les eaux, c'est la profondeur. D'ailleurs, Baudelaire ne dit-il pas que six à sept lieues représentent pour l'homme rêvant devant la mer le rayon de l'infini (*Journaux intimes*, p. 79) ? Le Vallage a dix-huit lieues de long et douze de large. C'est donc un monde. Je ne le connais pas tout entier : je n'ai pas suivi toutes ses rivières. (*Eau* 11)

Si la mer évoque généralement une dimension infinie, sans bords de la nature aquatique, pour Bachelard la vraie immensité serait plutôt celle de la terre et non de la mer. Il en résulte pour une poétique, une supériorité des eaux douces sur les eaux salées :

> Si l'on met les images à leur vraie place dans l'activité psychique—avant les pensées—, on ne peut manquer de reconnaître que la première image de l'immensité est une image terrestre. La terre est immense. Plus grande que le ciel qui n'est qu'un dôme, qu'une voûte, qu'un toit. Il faudra des méditations et des pensées savantes pour donner l'infini à la Nuit étoilée, pour penser vraiment, contre les images naïves, à l'éloignement prodigieux des astres. Comment le soleil pourrait-il être plus grand que la terre quand le rêveur le voit, à chaque aube, sortir de la terre, puis, le soir, rentrer dans la montagne ? Naturellement, la Mer c'est la Terre encore, une Terre simplifiée, et, pour une méditation quasi élémentaire, une Terre résumée dans son attribut d'immensité. (Bachelard, *Terre ... volonté* 353)

> La suprématie de l'eau terrestre sur l'eau marine n'a naturellement pas échappé aux mythologues modernes. (*Eau* 208)

Enfin Bachelard n'hésite pas à enrôler dans son argumentation des résultats de l'ethnographie pour laquelle même les mythes océaniques dériveraient paradoxalement de l'eau douce (Poséidon) :

> Ce sensualisme primitif, qui apporte des arguments à une doctrine naturaliste des images en action dans les mythes, donne une raison de la suprématie imaginaire de l'eau des sources sur les eaux de l'Océan. Pour un tel sensualisme, le besoin de sentir directement, le besoin de toucher, de goûter supplantent le plaisir de voir. Par exemple, le matérialisme de la boisson peut oblitérer l'idéalisme de la vision. ... Dès qu'on donnera sa juste place à l'imagination matérielle dans les cosmogonies imaginaires, on se rendra compte que l'eau douce est la véritable eau mythique. (205)

Il en résulterait que la mythologie de la mer est toujours dérivée, seconde culturellement et symboliquement, l'imaginaire mythifiant provenant d'une expérience du monde tellurique, de peuples de la terre et non de la mer :

> Que l'eau de mer soit une eau inhumaine, qu'elle manque au premier devoir de tout élément révéré qui est de servir directement les hommes, c'est là un fait que les mythologues ont trop oublié. Sans doute les dieux de la mer animent les mythologies les plus diverses ; mais il reste à se demander si la mythologie de la mer peut être, dans tous les cas et sous tous ses aspects, une mythologie primitive.
>
> D'abord, de toute évidence, la mythologie de la mer est une mythologie locale. Elle n'intéresse que les habitants d'un littoral. Au surplus, les historiens, séduits bien vite par la logique, décident trop facilement que les habitants de la côte sont fatalement des matelots. Bien gratuitement, on donne à tous ces êtres, aux hommes, aux femmes, aux enfants, une expérience réelle et complète de la mer. On ne se rend pas compte que le voyage lointain, que l'aventure marine sont, de prime abord, des aventures et des voyages racontés. Pour l'enfant qui écoute le voyageur, la première expérience de la mer est de l'ordre du récit. La mer donne des contes avant de donner des rêves. La division—psychologiquement si importante—du conte et du mythe se fait donc mal à l'égard de la mythologie de la mer. Sans doute les contes finissent par rejoindre les rêves ; les rêves finissent par se nourrir—très maigrement—des contes. Mais les contes ne participent pas vraiment à la puissance fabulante des rêves naturels ; les contes de la mer moins que tout autre, car les récits du voyageur ne sont pas psychologiquement vérifiés par celui qui écoute. A beau mentir qui revient de loin. Le héros des mers revient toujours de loin ; il revient d'un au-delà ; il ne parle jamais du rivage. La mer est fabuleuse parce qu'elle s'exprime d'abord par les lèvres du voyageur du plus lointain voyage. Elle fabule le lointain. Or, le rêve naturel fabule ce qu'on voit, ce qu'on touche, ce qu'on mange. On efface à tort, dans les études psychologiques, cet *expressionnisme* premier qui nuit à l'*impressionnisme* essentiel du rêve et de l'imagination matérielle. … La mythologie de la mer touche donc rarement aux origines de la fabulation. (207)

De fait, Bachelard va subordonner l'imaginaire de l'espace maritime à une filiation à la fois géographique et poétique qui la rattache à des origines loin dans les terres ; il cherche finalement le sens de l'eau de mer en amont, du côté de la source (comme dans l'enfance pour la mémoire) et non en aval (dans les embouchures, deltas, et mer), position renforcée par beaucoup de mythes et de théories évolutionnistes. Les relations entre eau douce et mer restent de plus pensées de manière hésitante, selon des identités ou une proximité entre terre et mer, obtenues par des processus de projection, d'analogie, d'isomorphisme symbolique. Tantôt l'Océan est en effet un agrandissement de la terre plus qu'un monde propre, ce qu'éclaire la constante du thème de la mort et du suicide. Tantôt au contraire Bachelard les différencie selon des natures propres : il reconnaît le caractère spécifique d'un niveau phénoménologique dans le cas de la disproportion entre une piscine et une rivière, une plongée dans la mer et un bain dans une rivière. Ailleurs il évoque aussi une irréductibilité des eaux douces comme dans le chapitre sur l'imaginaire de la pureté, étrangère à l'imaginaire des mers, ou les passages sur la fonction idéalisante de repos de la barque, alors que le navire de haute mer, mû par la volonté, est oublié. En ce sens on peut se demander si Bachelard n'est pas exposé à une certaine indécision ou incertitude conceptuelle sur les rapports du même et de l'autre des eaux, sur les termes d'« infini » (*apeiron*), d'immensité, de profondeur, qui renvoient au malaise récurrent (du poète et du physicien) devant l'immensité et au tropisme primitif vers le petit, la miniature, le microcosme. Plus d'une fois, Bachelard avoue son malaise dans l'approche du macrocosme (le ciel, le sidéral) et sa familiarité, son bonheur à s'installer par la sensibilité, l'imagination et l'intellect dans le petit, même dans le microcosme et la miniature (voir Bachelard, « Le monde »).

3 Les angles morts

La matériologie hydrique de Bachelard s'organise bien autour d'une bipolarité géographique, entre eaux douces et eaux salées, et autour d'une ambivalence psychologique : activité et volonté de résistance d'un côté, passivité de participation et fusion de l'autre. Mais l'herméneutique des eaux semble marquée par une pensée récurrente, latente, une propension irrépressible à chercher surtout l'unité et la totalité de l'archétype aquatique.

> Ainsi l'eau nous apparaîtra comme un être total : elle a un corps, une âme, une voix. Plus qu'aucun autre élément peut-être, l'eau est une réalité poétique complète. Une poétique de l'eau, malgré la variété de ses spectacles, est assurée d'une unité. L'eau doit suggérer au poète une obligation nouvelle : l'unité d'élément. Faute de cette unité d'élément, l'imagination matérielle n'est pas satisfaite et l'imagination formelle n'est pas suffisante pour lier les traits disparates. L'œuvre manque de vie parce qu'elle manque de substance. (*Eau* 22–23)

Si Bachelard distingue bien des manifestations sensibles différenciées, il les ramène toujours à une substance (la matière de l'eau et non ses formes) onirique commune, dont les attributs majeurs restent la nature liquide et ses couleurs. Il en résulte des orientations privilégiées, des sélections de qualités et d'expériences, qui sont loin de nourrir une sorte de typologie exhaustive, d'encyclopédie ou d'anthologie intégrale des images des eaux. Chaque monde se découvre à travers des conduites corporelles en situation. Les rivières sont limitées à des usages particuliers : marcher le long des rives, se baigner, de même que la mer est simplifiée, réduite, surtout à ses vagues, ses vents, ses rivages, sur fond de l'angoisse de la navigation avec comme horizon le risque de la mort. On peut être frappé aussi par le manque de thèmes comme les îles, la salinité (dédaignée comme perversion) et de la différence géographique entre mers froides et brumeuses (la mer polaire sauf à travers Gordon Pym de Poe) et mer méditerranéenne, célébrée plus tard par un Albert Camus. Plus subtilement Bachelard néglige tout le cycle cosmologique des eaux (pluie, source, rivière, mer, évaporation, etc.) qui définit pourtant un rythme cyclique, naturel et immémorial, dans la littérature de la mer. Bien des notations d'origine empirique, transférées à partir de l'expérience des eaux douces, semblent enfin s'en tenir à des expériences familières, qui ne permettent pas d'induire des représentations plus médiées (la pleine mer sans rivages, par opposition à la baignade ou la plongée). Enfin, alors qu'il évoque les vertus thérapeutiques de l'eau, rien n'est dit sur le thermalisme marin et ses mondes et atmosphères propres.

4 Potentialités

Pourtant Bachelard dispose d'outils herméneutiques pour agrandir et étoffer l'imaginaire de la mer, au-delà de ce texte, qui permettraient d'inventer un nouveau bachelardisme de l'eau thalassale. Plutôt que de déplorer ses insuffisances, parti pris, lacunes, ne pourrait-on pas réactualiser la méthode d'herméneutique littéraire pour trouver dans les intuitions, propositions de Bachelard, dans son œuvre, de nouvelles potentialités ? Comment imaginer une poétique de la mer amplifiée à partir de traitements ayant déjà permis de penser les éléments dans leurs potentialités ?

Bachelard a commencé ses approches poétiques à partir de l'expérience du temps (dans *La Dialectique de la durée* et dans *L'Intuition de l'instant*), qui révèle l'importance des instants, des discontinuités, pour former des rythmes saccadés et intermittents de tout ce qui dure. Il est significatif que Bachelard convoque bien pour l'eau le devenir héraclitéen mais en le réduisant à une lecture selon la continuité (l'écoulement des eaux du fleuve) alors qu'Héraclite lui-même, dans ses fragments, évoque un temps rythmique (proche de la rythmanalyse bachelardienne) qui est décrit comme un mouvement d'aller-retour (comme celui des vagues) c'est-à-dire d'une énantiodromie (voir Wunenburger 2005). Bachelard place la créativité imaginaire dans la valorisation des isomorphismes (de forme entre autres), qui aurait sans doute pu être davantage explorée. N'est-ce pas le cas des comparaisons, peu approfondies, entre mer et désert (à l'image de *Terre des hommes* de Saint-Exupéry), entre dunes et vagues, courantes dans les récits du désert (*Poétique* 284) ?

L'imaginaire des éléments se nourrit de références fortement anthropocentrées, comme dans le contact physique, sensoriel, entre l'homme et la mer. Par-là, Bachelard ne se prive-t-il pas d'explorer les imaginaires de la mer tempétueuse, trop humanisée par la colère individuelle, qui passe par la navigation en haute mer sur des navires ? Ne pourrait-on pas dramatiser davantage les dangers du navire balloté par la violence des vagues et des vents (comme dans la peinture des marines hollandaises, si courantes au XIXe siècle, ou dans *Le Radeau de la Méduse* de Géricault), à grands renforts d'images picturales (que Bachelard ne mobilise guère préférant l'image littéraire au visuel pictural) ? ou développer le thème du navire vécu comme un habitat « mobile » (à la différence de la maison terrestre, qui incarne un archétype de l'enracinement), comme le font tant de témoignages de navigateurs solitaires ?

Si Bachelard reprend à bon escient la loi onirique du mariage des éléments opposés, ne pourrait-on pas élargir cette catégorie à d'autres expériences significatives ? Pourquoi ne pas élargir l'étonnante réduction du mariage eau-terre dans la « pâte », puisque l'expérience de la mer se focalise aussi dans des configurations comme le sable mouillé, le limon, etc. ?

Pourquoi ne pas réouvrir enfin l'onirisme du rivage (l'« estran » cher à la géopoétique de Kenneth White), comme espace de recouvrement par marée rythmique de l'eau et de la terre, où alternent séparation et recouvrement ? Pourquoi ne pas développer pour le « psychisme hydrant » (Bachelard, *Eau* 16) le thème du « tempérament marin » ?

5 Conclusion

Bachelard a rassemblé dans *L'Eau et les Rêves* les résultats d'une exploration à la fois personnelle et très référencée des poétiques des eaux, qu'elles soient douces ou salées, mais sans avoir déployé l'éventail polymorphe des images thalassales, ayant capté les sources d'un imaginaire maritime avant tout à partir de eaux terrestres. Si cette seconde (après le feu) cosmologie aquatique prépare à bien des égards la typologique des images de Gilbert Durand qui oppose le régime des images fusionnelles au régime des images antagonistes, il n'a pas pressenti la pertinence durandienne de la troisième structure, « rythmique et cyclique », comprise comme entre-deux (voir Durand). Son imaginaire de la mer reste marqué par la prédominance d'un pôle régressif d'immersion, de retour aux eaux amniotiques (Sándor Ferenczi), que Durand rattache à un régime nocturne, auquel ne peuvent se réduire les eaux rythmiques maritimes (marées associées au plan lunaire). Étant donné la richesse de *L'Eau et les Rêves*, plutôt que de tenir son imaginaire pour partiel ou clos, il convient de relire l'œuvre et de l'ensemencer à nouveau avec les outils herméneutiques que Bachelard a élaborés et mis en œuvre dans l'ensemble de sa poétique cosmologique.

Sources citées

Bachelard, Gaston. *La Dialectique de la durée*. 1936, Paris : PUF, 1950, 1989.

Bachelard, Gaston. *L'Eau et les Rêves, essai sur l'imagination créatrice*, Paris : Corti, 1942.

Bachelard, Gaston. *Le Droit de rêver*, Paris : PUF, 1970.

Bachelard, Gaston. *L'Intuition de l'instant*. Paris : Stock, 1931 ; Livre de poche, 1992.

Bachelard, Gaston. *Lautréamont*. Paris : Corti, 1939, 11e éd. 2018.

Bachelard, Gaston. « Le monde comme caprice et miniature », in *Études*, Paris : Vrin, 2002, p. 23 sq.

Bachelard, Gaston. *La Poétique de l'espace*. Paris : PUF, 1957, Nouvelle éd. critique, 2021.

Bachelard, Gaston. *La Psychanalyse du feu*. NRF, 1949 ; Folio, 1999.

Bachelard, Gaston. *La Terre et les rêveries de la volonté, essai sur l'imagination des matières*. Paris : Corti, 1947.

Bachelard, Gaston. *La Terre et les rêveries du repos*. Paris : Corti, 1948.

Cassou Nogues, Pierre. *Métaphysique du bord de mer*. Paris : Cerf, Passages, 2016.

Durand, Gilbert. *Les Structures anthropologiques de l'imaginaire*. 1960, Paris : Armand Colin, 12 éd., 2019.

Ferenczi, Sándor. *Versuch einer Genitaltheorie* (1924). Français : *Thalassa : psychanalyse des origines de la vie sexuelle*. Paris : Payot, 2018.

Gagey, Jean. *Gaston Bachelard ou la conversion à l'imaginaire*. Paris : éd. Marcel Rivière et Cie, 1969.

Illich, Ivan. *H_2o, Les Eaux de l'oubli*. Vincennes : Terre urbaine éditions, 2020.

Lapoujade, Marie Noel. *L'Imagination cosmologique, Le regard de Gaston Bachelard*. Louvain-la-Neuve : EME, 2021.

Libis, Jean. *L'Eau et la Mort*. Dijon : P.U. de Dijon, 1993.

Paquot, Thierry. *Géopoétique de l'eau, hommage à Gaston Bachelard*. Paris : Eretopia, 2016.

Reclus, Elysée. *Histoire d'un ruisseau*. Arles : Actes Sud, 2005.

Roupnel, Gaston. *Histoire de la campagne française.* Paris : Plon, 1990, Col. « Terre humaine ».
White, Kenneth. *L'Esprit nomade*. Paris : Grasset, 1987.
Wunenburger, Jean-Jacques. *Le Combat est le père de toutes choses*. Nantes : Pleins feux, 2005.

2

L'Immersion n'est pas la lustration

De la purification à la conversion

Jacques Athanase Gilbert

Résumé

Le propos de cet article est de montrer la distinction entre lustration et immersion. La lustration, présente dans de nombreuses religions antiques, est d'abord un rituel de purification par l'eau qui nettoie. Le baptême chrétien, tel qu'il est décrit par Tertullien dans son ouvrage *De baptismo*, bien qu'il emprunte certains aspects aux religions païennes et au judaïsme, présente toutefois une réelle innovation : sa fonction n'est plus lustrative mais sacramentelle et elle ne peut être comprise sans qu'on la rapporte à l'économie de la Passion et à celle de la Résurrection.

Mots clefs

Athénagore d'Athènes – baptême – conversion – immersion – lustration – purification – Tertullien

1 Introduction

Avant de commencer, je tenterai d'expliquer la portée de cet article. Elle concerne un texte plutôt connu, le *De baptismo* de Tertullien. Le terme latin provient du grec *baptizein* et il décrit l'« immersion » chrétienne. L'ouvrage de Tertullien est le premier à se trouver entièrement consacré au baptême chrétien. Il a été rédigé au tout début du IIIe siècle, vers 200 ou 206, en Afrique du Nord. Toutefois, ce n'est pas la présence d'une immersion dans l'eau en elle-même qui a attiré mon attention, car elle est des plus communes et largement partagée avec d'autres pratiques de purification ou de bain rituel. C'est bien le dispositif qui se met en place qu'on peut considérer comme tout à fait original. Il y a, en effet, aussi bien dans le judaïsme que dans le paganisme, un grand nombre de pratiques plus ou moins immersives qui caractérisent

 | DOI:10.1163/9789004549258_004

un ensemble de religions dites « à mystère », et aussi, bien entendu, les bains rituels qui marquent la présence des communautés juives antiques. L'eau lave et purifie, mais la nouveauté du *De baptismo* de Tertullien tient à la place qu'il accorde au baptême, selon une économie plus large qui renvoie à la Passion et à la Résurrection. De ce fait, le baptême acquiert une dimension « environnementale », au sens où l'immersion complète « environne », comme le dit encore le terme de vieux français *suronder*, qui signifie « débordé par l'onde » (*Online Etymology Dictionary*, « Surround »). Il porte également une dimension « symbolique », au sens où l'entend Cassirer quand il propose l'expression de « forme symbolique ». C'est précisément cet aspect d'environnement et de débordement par l'eau que je souhaite comprendre et analyser en privilégiant sa portée symbolique.

2 La Fonction de l'eau

La présence de l'eau comme élément de vie, on dirait aujourd'hui « nécessaire à la vie », n'est pas spécifiquement biblique ni évangélique, même si Tertullien fait une interprétation bien spécifique de l'eau dans la Genèse et des pratiques baptismales antérieures au christianisme (Tertullien 71–75).

Dans la tradition des physiciens grecs, Anaxagore choisit l'eau comme élément premier, au point qu'il fait remonter la vie animale au poisson, anticipant d'une manière étrange certaines connaissances que nous avons de l'origine de la vie. En réalité, l'eau se présente immédiatement comme un « environnement » pour les poissons, alors que la présence des autres éléments, air, terre ou feu ne produit pas un tel effet d'habitabilité complète immédiatement livrée au regard. La théorie physique d'Aristote explique que, dans le monde sublunaire, chaque élément tend vers son lieu propre selon une cosmologie orientée (*Physique*, IV). L'eau va vers l'eau, l'air vers l'air, la terre vers la terre et le feu vers le feu, mais tout ceci relève d'une cosmologie, et non d'un « environnement » au sens moderne, sauf précisément pour le poisson qui ne peut habiter un autre élément. À l'inverse, l'homme peut, comme Ulysse après son naufrage, sortir de l'eau, respirer l'air, se réchauffer auprès d'un feu et, bien entendu, marcher sur la terre après avoir échappé à la mer « vineuse » (Homère, *Odyssée*, VI). La différence entre cosmologie et environnement est d'abord d'ordre historique. Le cosmos indique en grec l'ordonnancement de ce qui n'est pas encore le « monde », le *mundus* latin, sans indiquer forcément un point de vue sur le monde, lequel se trouve « manifesté » avant d'être spécifiquement « visé ». Le terme d'environnement est bien plus récent, il date de l'époque moderne (1600) et n'acquiert un sens « écologique » qu'à partir des années 1950 (*Online Etymology Dictionary*, « Environment »). Il introduit un entour et, par suite, indique la place même d'un « sujet » environné.

Comme on l'a vu, dans la physique d'Aristote, chaque élément tend vers son lieu propre. Cela suppose une théorie des lieux, mais surtout cela interdit qu'on puisse, au sein du monde sublunaire, se situer en dehors d'un lieu. Aristote examine dans le livre III de sa *Physique* toutes les conceptions qui lui sont antérieures, il les compare et, dans sa réfutation de la possibilité de l'infini en acte, il finit par admettre un cosmos sublunaire composite et équilibré par ses quatre « lieux » à partir des éléments fondamentaux : la mer entoure la terre, l'air la mer et enfin le feu luit au plus haut. Il s'agit en quelque sorte d'une cosmologie topique qui règle le mouvement des corps composés de ces éléments selon une règle qui à chaque fois est déterminée par le lieu (*topos*). L'eau va à la mer et rejoint son lieu propre. La pierre lancée rejoint le sol. Le monde sublunaire voué à la génération et à la corruption rejoue inlassablement cette coalescence et cette dissémination dans le mouvement incessant de la vie.

Il ne se trouve pas, sur le plan anthropologique, si éloigné de Parménide et de son cycle de génération et de corruption sans cesse renouvelé par Éros (Parménide, *Poème*, XII). Ce qui perdure, c'est l'ordre. Toutes les choses terrestres sont vouées à la génération et à la corruption, mais le cycle de la vie et de la mort assure une certaine permanence. C'est pourquoi, chez Parménide, l'être est et le non-être n'est pas. Aristote lui-même, quand il refuse toutes les hypothèses d'un infini en acte, accepte malgré tout qu'il puisse exister une manière d'infini qui ne contient pas tout mais se trouve plutôt enveloppé (*Physique*, III). C'est le petit infini qui fait que jamais le temps en acte n'épuise le temps en puissance. Il ne postule pas, ainsi, une éternité de type chrétien qui « contiendrait » la temporalité terrestre, mais une sorte de caractère inépuisable du temps limité. Les mouvements éternels du monde sublunaire, avec leur régularité mathématique, n'entrent pas en relation avec la « limitation » humaine. Il n'y a pas d'infini « en acte » dans la mesure où l'acte lui-même se caractérise toujours par sa finitude.

La conception symbolique de type « amniotique » est, bien sûr, envisagée chez Platon : il suffit de penser à la maïeutique de Socrate ou au mythe de la caverne, mais à aucun moment elle ne peut « envelopper » le monde au point de constituer ce qu'on désignerait comme un « milieu ». Là encore, le terme de « milieu » est anachronique et hors de propos. Il n'existe pas d'« espace » qui puisse le recueillir. La flèche, comme la métaphore, touche son but quand on « tire de loin ». Il s'agit d'une activité « méta-phorique » ou métablétique pour reprendre l'expression de Jackie Pigeaud dans son « Introduction » à *La Vérité des songes* d'Aristote (Pigeaud 66–72). Pour Aristote, les choses physiques sont ni plus ni moins que les choses manifestes telles qu'elles apparaissent. Et si, comme le dit Héraclite, la nature « aime à se cacher » (Héraclite, *Fragment* 10), c'est selon Aristote parce qu'il existe plusieurs modalités du manifeste selon qu'on envisage la puissance ou l'acte. On échappe ainsi au monde fixe des atomistes. Chez les Grecs de l'*Odyssée*, la mer « vineuse » et atopique est redoutée. Chez Lucrèce encore, elle suscite l'effroi. La marine de l'époque pratique le cabotage et redoute la pleine mer.

Si l'eau est associée à la naissance, et, dans le cas du naufrage, à la mort, il faut se demander comment elle a pu se trouver liée à la possibilité de ce qu'on Désigne aujourd'hui comme un « environnement ». L'épisode biblique du déluge la rapporte plutôt à une élimination des espèces vivant sur terre et la présence de l'arche ne préserve que tant que demeure la possibilité d'une terre émergée. Ce qui vaut dans le récit biblique est également vrai dans l'*Odyssée*, où Ulysse et ses compagnons scrutent à l'approche de toute terre la présence d'un feu indiquant la présence de « mangeurs de pain ». L'homme ne peut faire de l'eau un lieu fondamentalement abrité.

3 Le Sacrement de l'eau

Dès les premières lignes de son *Traité*, Tertullien évoque le « sacrement de l'eau » et, contre les caïniens, mentionne le caractère « ichtique » des chrétiens : « Mais nous, petits poissons, qui tenons notre nom de notre *ichtus* Jésus Christ, nous naissons dans l'eau et ce n'est qu'en demeurant en elle que nous sommes sauvés » (Tertullien, 65). Cyprien de Carthage évoque dans son *Ad Donatum* le moment où « l'eau régénératrice eut effacé les taches de mon passé » (cité dans Tertullien note 5), ce qui laisse supposer une fonction lustrative du baptême. Effectivement, le baptême chrétien conserve quelques traces des pratiques antérieures ou contemporaines qui pourraient lui être comparées. Il peut faire penser au bain rituel des juifs ou à l'aspersion lustrale. Il y a toutefois des différences notables. Les bains rituels juifs étaient liés à la sexualité et ils imposaient une purification aux femmes sept jours après leurs règles avant qu'elles puissent à nouveau avoir des relations sexuelles. Que ce rituel de purification ait pu également acquérir une dimension initiatique semble évident avec Jean le Baptiste, qui précède le Christ, et aussi certaines pratiques des Esséniens, mais le paradigme baptismal tel qu'il apparaît dans le *De baptismo* n'est pas encore mis en place.

La grande question du baptême chrétien n'est pas le nettoyage, ni la purification. Tertullien ironise sur les rites avec « mise en scène » et « apparat extraordinaire » (66). Dans le baptême chrétien, écrit-il, « tout se passe avec la plus grande simplicité ». Il décrit : « L'homme descend dans l'eau et il y est plongé tandis qu'on prononce quelques paroles. Il en ressort à peine plus propre ou pas du tout » (66). Je souligne ces derniers mots : l'eau n'a pas de fonction lustrale, même symbolique, sa fonction est sacramentelle. Tertullien insiste sur la fonction rituelle du culte des idoles dans les pratiques antérieures au christianisme : « car, ma parole, c'est sur l'éclat extérieur, l'apparat, le luxe que les solennités des idoles fondent leur autorité et la foi qu'on leur porte » (66).

4 Une révolution anthropologique

Une véritable révolution anthropologique a lieu avec le christianisme. Elle intervient à partir du IIe siècle, quand la relation aux morts se trouve transformée avec l'émergence du culte des saints. La première mention explicite de la conservation des reliques se trouve dans *La Relation du martyre de Polycarpe*, lequel est mort en 155 ou 167. Le texte est interpolé, mais il indique une origine précoce de la conservation des restes des martyrs. Y est mentionné le fait que les chrétiens demandent ses restes non pas simplement pour les ensevelir, mais pour les conserver. Il est à ce moment admis que le martyr accomplit une sorte d'imitation de la Passion de Jésus. Il est difficile de savoir exactement à partir de quand s'opère cette analogie entre la mort en martyr et la Passion du Christ. Elle est suggérée dans *La Relation du martyre de Polycarpe*. Elle est évoquée très tôt chez Ignace d'Antioche, quand il se définit comme « pain » sacramentel du Christ et « rançon » selon ses propre termes (*Lettres aux Romains*, 4, 1). Cette « rançon » est rendue à Dieu et elle indique l'appartenance chrétienne, comme l'explique Bowersock dans *Rome et le martyre*. À partir de ce moment, la mort n'est plus considérée comme impure. Elle devient au contraire le moyen d'accéder à la résurrection.

Le terme de « rançon » caractérise également les pratiques mortuaires dans les « devoirs » voués aux morts. Dumézil a consacré dans ses *Idées romaines* une partie assez développée aux différentes acceptions et usages du terme *« jus »* dans les cultures antiques. Il en ressort qu'il correspond à un rituel sacré dont l'objet est la purification de ceux qui se sont trouvés en contact avec les morts : il concerne un droit rendu aux morts. Dans l'Antiquité païenne, les morts sont exclus de la vie sociale et de la cité et le moindre contact avec un cadavre suffisait à rendre impur celui qui l'avait subi. Les Iraniens poussaient le plus loin ce genre de précaution, puisqu'ils proscrivaient également la crémation et l'ensevelissement par crainte que la terre, le feu ou l'air ne se trouvassent souillés par la proximité de la mort.

En liant la mort à la résurrection, le christianisme primitif suspend le cycle de la génération et de la corruption. Il fait de la Passion, celle de Jésus mais aussi celle du martyr qui suit son chemin, le « passage obligé » du salut par la résurrection. C'est ce que je désigne comme le « nouveau paradigme ». De ce point de vue, l'anticipation du rêve de Perpétue dans sa *Passion*, quand elle anticipe son martyre, est tout à fait explicite. Bowersock a largement décrit la vogue des martyrs des premiers siècles et l'étonnement qu'elle suscite chez les Romains. À un moment, la mort en martyr apparaît comme le signe même de la conversion. Elle est ce que Tertullien désigne comme le « baptême du sang ». Cette vogue des martyrs a profondément choqué le monde romain, mais surtout elle finissait par devenir une menace pour le christianisme lui-même, en compromettant l'expansion du culte pour des raisons démographiques. Elle est alors condamnée avec le montanisme : on ne doit pas rechercher le martyre, mais seulement l'accepter s'il se présente. Peter Brown a montré de quelle manière la vie chrétienne redessine la géographie antique, et en particulier le partage immémorial entre les vivants et les morts. Sur ce point, les pratiques chrétiennes ont paru scandaleuses aux païens contemporains, comme le montrent les propos de Celse dans son ouvrage *Contre les chrétiens*, cité et réfuté par Origène dans son *Contre Celse*. Celui-ci ne cesse d'exprimer son absolu dégoût devant la conservation des reliques, le culte qui s'organise autour des corps des défunts et la modification géographique de la cité romaine. Les morts se trouvaient relégués à la périphérie des villes et ils se retrouvent bientôt au cœur de la cité. On retrouve encore ce même dégoût chez Julien, empereur au IVe siècle.

Un tel changement a été occasionné par la croyance en la résurrection des morts. Cela peut paraître un détail, au point qu'on n'y prête plus attention, mais l'hypothèse de la résurrection physique des morts, c'est-à-dire la réémergence des corps des morts au moment de la résurrection, a provoqué une sorte de renversement anthropologique au sein du monde grec. De leur côté, les juifs monistes de l'Ancien Testament ont vraiment tardé à accepter l'idée de la résurrection, comme le montre Hans Küng dans *Vie éternelle ?*. Pour tous ceux qui se trouvaient pris dans la culture grécoromaine, et même pour les atomistes, le cycle de la vie génération-corruption était la doctrine la plus commune. L'âme spirituelle était immortelle et le corps mortel. Au moment de la mort, l'âme se séparait du corps, comme le décrit Platon dans son *Philèbe*. Elle pouvait éventuellement trouver un nouveau corps (métempsycose), mais il était exclu que la chair morte puisse se trouver vouée à une quelconque reviviscence. Même chez les atomistes comme Lucrèce, il demeure une sorte d'âme matérielle qui maintient, sinon la distinction du physique et du spirituel, du moins la possibilité d'une réflexivité sur la congruence ou la dispersion des atomes qui la produit. Les corps ne maintiennent jamais l'identité du corps ressuscité. La promesse de la résurrection des corps devait sembler à une population de culture grecque ou latine une étrangeté.

Pour Athénagore d'Athènes, c'est un véritable problème qu'il expose dans son traité *Sur la résurrection des morts* : il se demande comment il sera possible de reconstituer et surtout restituer les corps des morts si les animaux ont déterré et mangé leurs restes. Selon lui, cela va à l'encontre de l'ordre de la nature, mais pas du pouvoir créateur de Dieu. Dieu créateur peut tout, y compris aller à l'encontre de la nature. À ce moment de l'histoire de la pensée antique, nature et création demeurent encore distinctes. L'ordre de la nature est cyclique, mais la Création paraît relever d'une autre logique, qui prend la forme d'une eschatologie salutaire. Athénagore écrit son traité *Sur la résurrection* en 180.

5 Le premier texte à théoriser le baptême

C'est précisément dans ce cadre intellectuel que s'inscrit le *De baptismo* de Tertullien, tout premier texte à théoriser le baptême mais aussi, sans doute, tout premier à le concevoir comme un « changement de monde ». Tertullien n'ignore rien des pratiques juives et païennes et il prend bien soin de démarquer nettement le baptême chrétien des pratiques analogues auxquelles on pourrait le rapporter, comme on l'a vu. L'immersion païenne « regénérative » des cultes d'Isis ou de Mithra est évoquée (72). Tertullien mentionne la nécessité pour un responsable d'homicide de se purifier et il commente : « c'est l'impur qui purifie » (73).

Tertullien n'évacue pas pour autant toute dimension symbolique et s'attarde même quelques pages sur le symbolisme de l'eau. Il se réfère ainsi à la Genèse et au caractère primordial de l'eau : « l'abîme et l'esprit de Dieu était porté sur les eaux » (67), cite-t-il. Il commente : « Homme, il te faut vénérer cet âge reculé des eaux, l'antiquité de cette substance. Révère aussi son privilège, puisqu'elle était le siège de l'esprit divin qui la préférait aux autres éléments » (67).

La définition d'une eau « matière parfaite » (68) qui « s'étendait transparente comme un trône digne de son Dieu », alors que la terre est « non ébauchée » et le ciel « à l'état brut », semble rejoindre par certains aspects la proposition d'Anaxagore d'un élément primordial. Mais, comme Tertullien l'explique dans son style acéré, « je craindrais de faire apparemment les louanges de l'eau plutôt que de réunir les arguments pour le baptême » (69). En d'autres termes : là n'est pas la question ! Tertullien rappelle le privilège de l'esprit au nom du fait que ce qui se trouve situé au-dessus domine ce que se trouve au-dessous : « c'est ainsi que par cet esprit de sainteté l'eau se trouve sanctifiée dans sa nature et devient elle-même sanctifiante » (69). Si les eaux ne sont pas à chaque fois les mêmes, il y a toutefois unité de genre et « il n'y a pas de différence entre ceux que Jean a baptisés dans le Jourdain et Pierre dans le Tibre », dans la mesure où « toutes les espèces d'eau, du fait de l'antique prérogative qui les marqua à l'origine, participent au mystère de notre sanctification, une fois Dieu invoqué sur elles » (70). C'est par conséquent l'invocation et non la qualité de l'eau qui fait la différence : « Aussitôt l'invocation faite, l'esprit survient du ciel, s'arrête sur les eaux qu'il sanctifie de sa présence, et ainsi sanctifiées, celles-ci s'imprègnent du pouvoir de sanctifier à leur tour » (70).

Tertullien précise : « rien de plus ni de moins » (70). Il faut noter l'équinomie topologique, qui dénote dans un monde encore très attaché aux différences de genre et d'espèce. Les eaux semblent dotées d'une forme d'universalité et ne sont « ni grecques ni juives », pour paraphraser Paul, mais unifiés dans la « présence » divine. Le texte latin n'indique évidemment aucune notion de « présence », mais une sanctification. L'espace du ciel et des eaux se trouve sanctifié. Le passage est bien trop bref et allusif pour qu'on puisse en déduire l'instauration d'un « nouveau monde », mais le fait que la sanctification puisse ainsi se répandre en produit l'effet. Le sacré n'est plus « contingenté », mais général. Tertullien compare le baptême à ce « baptême du monde » (77) que fut le Déluge, ou encore à l'ouverture de la mer Rouge : « quelle figure plus éclairante du sacrement du baptême ? Les païens furent libérés du monde et ils le sont par l'eau » (78). « Libérés du monde » et dans un nouveau monde.

C'est à ce point que la fonction baptismale se trouve reliée à la Passion et la Résurrection et qu'elle se différencie du baptême dit « de pénitence » dispensé par Jean, le « précurseur ». À l'époque de Jean, le baptême chrétien n'existe pas encore, car, « à ce moment-là, les apôtres ne pouvaient pas encore le donner puisque le Seigneur n'avait pas encore consommé sa gloire, ni fondé l'efficacité du baptême par sa Passion et sa Résurrection ». Tertullien précise : « Car notre mort ne pouvait être détruite sans la Passion du Seigneur ni notre vie rendue sans sa Résurrection » (82). Le latin écrit « restituée », ce qui indique une « restitution ». On en comprend la double économie.

6 Nature et Création

La nature obéit à un ordre, mais la Création est juste ce que Dieu veut. Elle n'obéit qu'à sa volonté. L'entrée dans le monde de Dieu coïncide avec le moment où les morts ne sont plus voués à la corruption et à la destruction, mais celui où ils peuvent revenir à la vie par-delà la mort et même grâce à elle si elle s'est produite dans les conditions d'un martyre. À partir de ce moment, le monde change de sens.

Le baptême chrétien s'inscrit désormais dans un rapport à la nature renouvelé. Celle-ci, en effet, ne peut plus être réduite à ce qui apparaît et croît de manière spontanée comme chez les Grecs. La nature est désormais, avec le christianisme, une modalité de la Création, laquelle est destinée à l'homme par le Créateur qui l'offre en spectacle à l'homme, comme le suggère Tertullien à la fin de son *De spectaculis*. Si l'ordre de la Création est encore distinct de celui de la nature dans le texte *Sur la résurrection des morts* d'Athénagore d'Athènes, les deux fusionnent chez Tertullien, sous le règne du visible, accomplissant ainsi « le grand partage » entre l'homme et la nature analysé par Philippe Descola dans son ouvrage *Par-delà nature et culture*. Descola insiste sur le fait que celui-ci procède en deux temps. Il y a d'abord, le regard sur la nature des Grecs, largement analysé par Schrödinger dans *La Nature et les Grecs*. Mais la césure entre l'homme et la nature n'est pas encore réalisée. Certes, l'homme s'exclut de la participation mythologique à la nature, laquelle se trouve désormais « devant lui », mais la différence entre l'homme et l'animal n'est en rien tranchée. Aristote, dans sa *Poétique*, écrit que l'homme est « plus apte » à l'imitation que les autres animaux, mais à aucun moment il n'existe de différence absolue—seulement de degré. C'est avec le christianisme que s'accomplit une rupture de type sacramentel.

Tertullien, commentant l'exemple de la piscine de Bethsaïde, précise le « progrès » du pouvoir de l'eau : « Eux qui portaient remède aux maux du corps, maintenant guérissent l'âme ; ils opéraient le salut temporel, ils restaurent maintenant la vie éternelle. » (74) Et il ajoute : « ils guérissaient un seul homme, une fois par an, tous les jours maintenant ils sauvent des peuples, détruisant la mort par la rémission des péchés. » (74) Le commentaire qui suit est particulièrement intéressant : « Par là, l'homme est rendu à Dieu selon sa ressemblance, lui qui jadis avait été ramené à l'image de Dieu—*imago* a trait à l'image naturelle, *similitudo* à ce qui est éternel—car il retrouve cet esprit de Dieu qu'il avait reçu du souffle créateur, mais qu'il avait ensuite perdu par le péché. » (74) La différence entre l'*image* et la *similitude* traduit la différence qui existe entre la simple ressemblance humaine qui permet la reconnaissance, par exemple de l'original au portrait : c'est l'image. La similitude occupe un lieu plus fort et plus profond par l'accès à l'éternité de Dieu. On peut trouver ici une forme de matrice du début des *Confessions* d'Augustin, quand il adresse sa subjectivité à Dieu, lequel pourtant sait déjà tout. La confession ne produit aucun savoir nouveau. Elle énonce et traduit simplement l'appartenance au même monde que Dieu. L'homme fini et mortel peut s'adresser au Dieu éternel après qu'il est né dans ce nouveau monde qui lui est confié et devient son environnement et son milieu.

7 Conclusion

Ce « grand partage » rend désormais impossible la lustration. Il ne s'agit plus en effet de « nettoyer le monde » de l'impur ni de l'en préserver. Le baptême indique un changement paradigmatique : le passage d'un monde antérieur à un monde postérieur : il porte avec lui la force conversive du christianisme des premiers siècles, comme une « nouvelle naissance » et l'entrée dans le monde de Dieu. L'apnée provoquée par l'immersion indique ce moment quasi amniotique du passage d'un monde sans Dieu à un monde avec Dieu.

Sources citées

Aristote. *La Vérité des songes*. Trad. Jackie Pigeaud. Paris : Rivages poche, 1995.

Aristote. *Œuvres complètes*. Trad. Pierre Pellegrin. Paris : Flammarion. 2014.

Athénagore d'Athènes. *Supplique au sujet des chrétiens et Sur la résurrection des morts*. Trad. Bernard Pouderon. Paris : Cerf, 1992.

Bowersock, Glen Warren. *Martyrdom and Rome*. 1995. Français : *Rome et le martyre*. Trad. Pierre-Emmanuel Dauzat, Paris : Flammarion, 2002.

Brown, Peter. *The Cult of the Saints*. 1980. Français : *Le Culte des saints*. Trad. Aline Rousselle. Paris : Cerf, 1996.

Cassirer, Ernst. *Philosophie der symbolischen Formen*. 1923–29. Français : *La Philosophie des formes symboliques, volumes 1, 2* et *3*. Paris : Minuit, 1972.

Cyprien de Carthage. *Ad Donatum*. Français : *À Donat*. Trad. Jean Molager. Paris : Cerf, 1982.

Descola, Philippe. *Par-delà nature et culture*. Paris : Gallimard, 2015.

Dumézil, Georges. *Idées romaines*. Paris : Gallimard, 1969.

Homère. *L'Odyssée*. Trad. Philippe Jaccottet. Paris : La Découverte, 2017.

Ignace d'Antioche. *Épîtres, Premiers écrits chrétiens*. Paris : Gallimard, « Bibliothèque de la Pléiade », 2016.

Julien l'Empereur. *Contre les Galiléens*. Trad. Angelo Giavatto et Robert Muller. Paris : Vrin, 2018.

Küng, Hans. *Ewiges Leben ?*. 1983. Français : *Vie éternelle ?*. Trad. Henri Rochais. Paris : Seuil, 1985.

Online Etymology Dictionary, « Surround », https://www.etymonline.com/word/surround, et « Environment », https://www.etymonline.com/word/environment [consultés le 19 août 2022].

Origène. *Contre Celse*. Trad. Marcel Borret. Paris : Cerf, 1976.

Passio sanctarum Perpetuae et Felicitatis. Français : *Passion de Perpétue et de Félicité*. Trad. Jacqueline Amat. Paris : Cerf, 1996.

Relation du martyre de Polycarpe, Premiers écrits chrétiens. Paris : Gallimard, « Bibliothèque de la Pléiade », 2016.

Saxer, Victor. « L'Authenticité du "Martyre de Polycarpe" : bilan de 25 ans de critique ». In *Mélanges de l'École française de Rome. Antiquité*, 94.2, 979–1001. Rome : École française de Rome, 1982.

Tertullien. *De baptismo*. Français : *Traité du baptême*. Trad. François Refoulé. Paris : Cerf, 2002.

3

Entre le ciel et les eaux

La Vierge, la mer et la figure de la sirène dans la prédication, la poésie et l'iconographie de la vice-royauté du Pérou

Cécile Michaud

Résumé

Cet article explore la relation entre la Vierge, la mer et la sirène dans la prédication, la poésie et l'iconographie de la vice-royauté du Pérou, aux XVIIe et XVIIIe siècles. Il se concentre sur les sermons de Juan de Espinosa Medrano, le poème sacré dédié à la Vierge de Copacabana de Fernando de Valverde, ainsi que sur l'iconographie de façades d'églises. À travers ces sources textuelles et visuelles, la figure de la sirène, traditionnellement rattachée au péché, apparaît dans ce contexte comme une figure divine unie à la Vierge et au dogme chrétien, tout en constituant un produit emblématique de la culture andine coloniale.

Mots clefs

art colonial hispano-américain – iconographie – mer – poésie sacrée – prédication – sirène – vice-royauté du Pérou – Vierge

1 Introduction

Cette étude explore la relation entre la Vierge, la mer et la figure de la sirène dans la prédication, la poésie et l'iconographie dans le sud andin de la vice-royauté du Pérou, aux XVIIe et XVIIIe siècles. Il se concentre sur les sermons du grand prédicateur cuzquénien Juan de Espinosa Medrano, dit El Lunarejo, sur le poème sacré dédié à Notre Dame de Copacabana de l'Augustin Fernando de Valverde, ainsi que sur l'iconographie de façades d'églises. À travers ces sources textuelles et visuelles, la figure de la sirène, traditionnellement rattachée au péché et à la tentation, apparaît dans ce contexte comme une figure divine intimement unie à la Vierge et aux saints, tout en constituant par ailleurs un produit emblématique de la culture andine coloniale—une culture complexe

 | DOI:10.1163/9789004549258_005

où s'entremêlent la tradition classique, la défense du christianisme et, comme c'est sans doute le cas ici, la réminiscence d'un mythe d'origine préhispanique. Dans un premier temps, nous analyserons la relation entre la Vierge, la mer et la sirène dans les sermons et le poème mentionnés. Puis, nous proposerons une lecture de la sirène musicienne comme figure mythologique glorificatrice du dogme chrétien dans l'iconographie sud-andine.

2 La Vierge, la mer et la sirène dans la prédication et la poésie sacrée de la vice-royauté du Pérou : Juan de Espinosa Medrano et Fernando de Valverde

2.1 *Les Sermons de Juan Espinosa Medrano, dit El Lunarejo*

Dans son Sermon sur le Très auguste nom de Marie de ses *Prières évangéliques et éloges funèbres*, publié à Madrid en 1636, le poète trinitaire Hortensio Paravicino définit la Vierge comme nord des navigateurs, étoile de la mer, myrrhe amère, goutte d'humilité, océan entier d'excellence (Paravicino fol. 65r). La figure de la *stella maris*, telle un guide, présente de saint Bernard de Clairvaux à saint Thomas d'Aquin, constitue une figure commune des Litanies de la Vierge et une indéniable source d'inspiration pour d'autres métaphores liées à la mer. Retenons en particulier le « nord des navigateurs » pour ce qui nous intéresse ici ; nous y reviendrons.

Les *Prières évangéliques* de Paravicino devaient avoir une place privilégiée dans la vaste bibliothèque de celui qui fut le prédicateur et dramaturge le plus important de Cuzco dans la seconde moitié du XVIIe siècle : Juan de Espinosa Medrano, dit El Lunarejo (*c.*1632–88). Dans l'inventaire de sa bibliothèque, on découvre trois tomes de Paravicino (Guibovich, *El testamento e inventario* 22). Sa collection de livres est d'ailleurs le reflet fidèle de l'homme qu'il était : un ecclésiastique à la culture éminemment humaniste et baroque, où philosophes grecs et auteurs latins cohabitent harmonieusement avec la physique, l'histoire, la patristique, le théâtre de l'âge d'or espagnol, la littérature doctrinale et l'emblématique, entre autres.

Métis et peut-être d'origine modeste, Juan de Espinosa Medrano étudia au Séminaire dominicain de San Antonio Abad, l'un des plus anciens centres d'études du continent américain (fondé en 1598) et le plus important du Cuzco colonial. Comme le rappelle Pedro Guibovich, Espinosa Medrano vécut l'essentiel de son existence dans un « contexte de renaissance culturelle et matérielle » (Guibovich, *Espinosa Medrano* 386), après le tremblement de terre de 1650 qui avait laissé la ville de Cuzco sous les décombres, et qui allait refleurir, tant sur le plan religieux qu'artistique, sous l'évêché de Manuel de

Mollinedo y Angulo (1670–99). Espinosa Medrano devint célèbre par des écrits académiques de grande importance tels que son *Apologétique en faveur de Don Luis de Góngora*, mais aussi pour son activité de dramaturge avec des autos sacramentales, tels que *Le Rapt de Proserpine et le songe d'Endymion*, écrit en quechua.

La facette qui nous intéresse le plus de cet éminent homme de lettres est celle de prédicateur. Une anthologie de trente de ses sermons a été publiée à titre posthume à Valladolid en 1695, sous le titre *La neuvième merveille* (*La novena maravilla*). Sa dévotion à la Vierge est évidente dans cette sélection, avec un tiers des sermons consacrés à Marie. Dans le premier *Sermon panégyrique sur le plus auguste et le plus saint nom de Marie*, prêché dans la cathédrale de Cuzco en 1688, Espinosa Medrano émule la tradition des métaphores maritimes et en particulier celles de Paravicino, les accompagnant d'une éloquente veine didactique :

> María se llamaba esta niña, pero como María significa estrella del mar, mirra de el piélago, amargura del Occéano, &c., siempre pensó que se llamaba María como todas … ; porque nunca presumió que en sus entrañas hubiera de emparentar Dios con los hombres … ; y hasta el punto que se elevó esta Virgen a la eminentísima soberanía de Madre de Dios, ni supo de su nombre ni su nombre se calificó en su formal y sagrada significación ; porque la muerta y material estructura de sus sílabas indiferente estaba antes a significar la mirra del mar o Qel norte del Occéano. Encarnó el Verbo, y entonces pasó María a ser María. (Espinosa Medrano 70–71)

> Cette enfant s'appelait Marie, mais comme Marie signifie étoile de la mer, myrrhe de la mer, amertume de l'Océan, etc., Elle a toujours pensé qu'elle s'appelait Marie comme toutes les autres … ; elle n'a jamais présumé que dans ses entrailles, Dieu devait être apparenté aux hommes … ; jusqu'à ce que cette Vierge s'élevât à la souveraineté éminente de Mère de Dieu, elle ne connaissait point son nom ni son nom n'était qualifié dans son sens formel et sacré ; parce que la morte et matérielle structure de ses syllabes était indifférente au fait de signifier myrrhe de la mer ou nord de l'Océan. Le Verbe s'incarna, et dès lors Marie devint Marie[1].

Marie étoile de la mer, myrrhe amère, nord de l'Océan. Ces métaphores littéraires, présentes dès le Moyen Âge, se retrouvent chez d'autres auteurs

1 Les traductions françaises des passages cités d'Espinosa Medrano et de Valverde, ainsi que les caractères en italique, sont de l'auteur.

religieux de l'âge d'or espagnol, de Paravicino à Antonio Hurtado de Mendoza. Frappante, néanmoins, est la profondeur conceptuelle et didactique avec laquelle le prédicateur énonce dans quelle mesure le nom de Marie ne prend vie et sens que lorsque celle-ci devient consciente, après l'Annonciation, que d'elle naîtra le Fils de Dieu (Espinosa Medrano 71). « Eso es llamarse María Mar, eso es ondear todo un Occéano en el nombre de María » (70 ; C'est cela, se nommer Marie Mer, c'est agiter tout un Océan au nom de Marie) : Marie devient ici cet infini et ce nord.

L'idée d'une Vierge Marie nord de l'Océan, nord des navigateurs, nous renvoie à une autre : dans deux sermons de la *Neuvième merveille* apparaît le parangon entre la Vierge et la Sirène, figure métaphorique que nous n'avons retrouvée à ce jour dans aucun autre texte religieux plus ancien ou contemporain du prédicateur.

Au terme de son premier Sermon sur l'Incarnation, prêché en 1669 au couvent de Sainte-Catherine à Cuzco, Espinosa Medrano questionne les fidèles : « ¡Válgame Dios! María cantó? Qué sonó acordemente el órgano de Dios, la musa de los Cielos, la sirena de los serafines? ¿Pues? ¿Y por qué canta? Porque beneficio tan solemne como el de humanarse Dios en su carne no era digno de menos faustas aclamaciones. » (Espinosa Medrano 34 ; Oh mon Dieu ! Marie chanta ? Qu'entonna donc l'organe de Dieu, la muse du Ciel, la sirène des séraphins ? Et donc, pourquoi chante-t-elle ? Parce que le si solennel bénéfice d'engendrer le Dieu humain dans sa chair ne méritait pas moins de splendides acclamations). Quelques années plus tard, dans son deuxième Sermon sur l'Incarnation du Fils de Dieu (1682), El Lunarejo définissait ainsi la Vierge : « sirena de este globo ; ... María es la que canta y encanta a Dios. ... María, mejor Eva, desterró esos lloros y con su canto excluye duelos tan plañidos. » (36 ; sirène de ce globe ; ... Marie est celle qui chante pour Dieu et l'enchante. ... Marie, meilleure Ève, déterra ces pleurs et de son chant abolit des deuils ô combien gémissants).

Ce parangon mérite toute notre attention, car il s'agit, selon nous, d'une véritable innovation rhétorique du prédicateur cuzquénien. En faisant de la Vierge une sirène des séraphins, une sirène de ce globe, il octroie à Marie une nouvelle essence : une essence en partie disruptive, en partie empreinte de continuité, que nous souhaitons brièvement ici, dans une perspective généalogique et sans prétendre à l'exhaustivité, connecter aux implications symboliques et images antérieures de la sirène. C'est une essence disruptive dans la mesure où elle est contraire à la tradition littéraire et théologique qui, depuis l'Antiquité et tout au long du Moyen Âge, considère la sirène comme une personnification des tentations et des séductions de la mer (Rossi 469), et par extension est associée à la tromperie et la luxure. Cette vision de la sirène se perpétue plus tard avec insistance dans la littérature doctrinale post-tridentine, comme dans la *Philosophia secreta …* de Juan Pérez de Moya (Madrid, 1585), que, tel qu'il était à prévoir, Espinosa Medrano avait dans sa bibliothèque, comme le confirme l'inventaire déjà mentionné (Guibovich, *El testamento e inventario* 22). C'est donc en toute conscience qu'il ose le parangon. Il crée la figure de la Vierge Sirène comme une antithèse à la sirène de l'Odyssée, des bestiaires médiévaux et de la doctrine contre-réformiste. En reliant les métaphores sur la mer et la sirène dans les sermons dédiés à Marie, on pourrait alors dire que selon la vision d'Espinosa Medrano, la Vierge Sirène est maintenant le « nord de l'Océan », c'est-à-dire une antithèse de l'antique figure de la sirène, dont le chant, au contraire, menait les navigateurs à la perdition. Précisons ici que s'agissant de la Vierge, l'incarnation charnelle de la sirène—sirène-oiseau dans la tradition homérique ou sirène-poisson, apparue au plus tard au xᵉ siècle notamment dans le *Liber Monstrum* (Faral 441)—reste rhétorique et donc abstraite.

Mais cette essence nouvelle de la Vierge sirène est également empreinte de continuité. Revenons aux deux expressions particulières de la Vierge sirène : « sirène des séraphins » (Espinosa Medrano 34) et « sirène de ce globe » (36). Cette innovation rhétorique a sans aucun doute pour arrière-plan conceptuel et culturel d'autres traditions : celles de Platon et de la Renaissance. Dans le dernier chapitre de *La République*, dans le mythe d'Er le Pamphilien (Platon x 616d–17e), Platon définit huit sphères célestes, avec une sirène au-dessus de chacune d'elles. Chaque sirène produit un son différent, et c'est l'harmonie musicale divine, le produit des huit sons, qui accompagne les âmes errantes dans l'au-delà. La théorie des harmonies des sphères, émise à l'origine par Pythagore, connut une grande popularité dans toute l'Antiquité, de Pline à Boèce, ainsi qu'au Moyen Âge et à la Renaissance, grâce à Johannes Kepler et Anasthasius Kircher en Allemagne, ou à Juan Bermudo en Espagne (Otaola). Et encore une fois, nous avons la preuve qu'Espinosa Medrano lisait Platon, dont les œuvres apparaissent dans sa bibliothèque (Guibovich, *El testamento e inventario* 27).

L'Antiquité classique, et plus particulièrement la culture néoplatonicienne, étaient très présentes dans de nombreuses strates de la société et de la culture du Pérou vice-royal : dans la vision politique, les chroniques, la scolastique, les œuvres littéraires et théâtrales, dans l'iconographie des *azulejos*, des peintures ou des manifestations éphémères telles que les processions universitaires (Hampe Martinez). Les philosophes, poètes, dramaturges, architectes, ecclésiastiques et universitaires de Cuzco, comme à Lima, s'abreuvaient de cette culture humaniste, où la présence d'êtres mythologiques comme la sirène pouvait trouver une légitimité dans le discours colonial. Il n'est donc en rien surprenant qu'un éminent homme de lettres cuzquénien comme Espinosa Medrano ait pu s'inspirer de la tradition platonicienne pour créer une Vierge Sirène, un être céleste dont le chant divin est murmuré à l'oreille de Dieu.

Arrêtons-nous un instant sur de possibles sources classiques pour Espinosa Medrano. Dans la mythologie grecque, l'une des sirènes de l'Odyssée est Parthénope, « celle qui a la voix d'une vierge. » Ou est-ce alors que le prédicateur ait pu s'inspirer d'Euripide ? Il est en effet frappant de voir en quoi les « pleurs » et les « deuils ô combien gémissants » que « déterre » et « abolit » la Vierge Sirène d'Espinosa Medrano rappellent ce passage de l'*Hélène* d'Euripide sur les sirènes : « Vierges ailées ! Filles de la Terre ! Puissent-elles faire écho à mes pleurs, sur le lotus libyen ou le syrinx et accorder à mes cris funèbres des larmes bien à l'unisson, accompagnements de mes peines et chants de mes chants » (Euripide, *Hélène* 167–75, cité par Rossi 473). Des grands textes de la Grèce antique à un sermon chrétien du Cuzco colonial ? Ce qui semble être au premier abord un abîme temporel et géographique est une possibilité réelle dans le contexte culturel énoncé, où la mythologie et en général l'héritage classique, déjà christianisé dans l'Europe médiévale, continuent d'être omniprésents dans la culture textuelle et visuelle de la Renaissance et du Baroque, s'infiltrant également dans l'Amérique coloniale. L'utilisation allégorique de figures mythologiques à des fins d'évangélisation occupe le théâtre et les écrits théologiques moralisateurs de l'Espagne post-tridentine. L'audace conceptuelle du prédicateur cuzquénien, qui offre à son public érudit la figure d'une Vierge Sirène, devient alors sous cette lumière plus compréhensible.

2.2 *Le* Sanctuaire de Notre-Dame de Copacabana au Pérou *(1641) de Fernando de Valverde*

Un autre exemple, dans la littérature coloniale, de la Vierge associée aux eaux et aux sirènes est le poème sacré de Fernando de Valverde, *Sanctuaire de Notre-Dame de Copacabana au Pérou*, publié à Lima en 1641. Après avoir reçu sa formation à Lima, Valverde devint prieur du couvent des Augustins à Cuzco (1634–37). Dans son poème écrit dans cette ville, Valverde intègre avec érudition l'univers mythologique de l'Antiquité classique à sa glorification de la Vierge de Copacabana. La Vierge devient alors une Vénus émergeant des eaux du lac Titicaca, rebaptisé lac Térébin pour l'occasion et peuplé de nymphes, tritons et sirènes qui l'accompagnent. De douces et candides sirènes y jouent du luth (« regalando al laud, blandas … y cándidas Sirenas », fol. 12v, 44v–45r), entourées de deux soleils gardiens (« dandoles por Alcaydes sus dos Soles », fol. 260v), tandis qu'une Vierge lumineuse surgissant de l'Océan (« de el mar te vean nacer en luz »), « mère de la mer » (« Madre de el mar ») et « meilleure Vénus » (« mejor Venus »), remercie le Lac et ses habitants marins pour les fêtes solennelles qui lui sont offertes (fol. 273v–74r).

Dans ces expressions, l'empreinte néoplatonicienne du poème est très nette, avec une Vierge telle une Vénus céleste, visage sacré d'un Amour aux multiples facettes. Une Vierge entourée d'êtres mythologiques et chrétiens qui, tous, sont d'essence divine pour l'accompagner dans les eaux du lac Titicaca. Dans ce monde rempli de mythes et d'allégories, les sirènes musiciennes apparaissent par deux, accompagnant les âmes, entourées de leurs deux soleils gardiens. La fonction eschatologique des sirènes est présente depuis le mythe d'Er dans *La République* de Platon, car elles accompagnent le départ des âmes de leur musique céleste. On les retrouve, christianisées, dans le poème de Valverde.

La présence toujours double des sirènes et des soleils gardiens, frappante, vient rappeler que la dualité est un aspect récurrent de la cosmovision andine. Il serait légitime de se demander dans quelle mesure les deux sirènes et les deux soleils décrits par un religieux et poète d'ascendance hidalgo et de culture éminemment européisante pourraient avoir une origine andine. Cependant, on connaît l'ouverture particulière des Augustins au métissage, qui s'exprime dès leur arrivée en Nouvelle-Espagne tant à travers leur travail missionnaire que dans la décoration hybride de leurs temples. C'est pourquoi il est raisonnable de penser que Valverde, prieur à Cuzco depuis sept ans lorsqu'il écrit le poème, adopta consciemment cette dualité dans ses vers, la Vierge de Copacabana étant une invocation mariale éminemment sud-andine.

La sirène est donc présente de diverses manières dans la prédication et la poésie du sud andin, depuis la fusion audacieuse avec la Vierge elle-même dans les sermons d'Espinosa Medrano, jusqu'à l'accompagnement et la glorification de la Vierge de Copacabana dans le poème de Valverde.

3 Sirènes des églises de l'*Altiplano* : musiciennes accompagnatrices des âmes, glorificatrices de la Vierge et défenseuses du dogme chrétien

Dans cette seconde partie, nous aborderons quelques cas, parmi d'autres existants, d'iconographie de sirènes, en particulier musiciennes, puisque la récurrence de ce motif se révèle comme une spécificité des églises bordant le lac Titicaca.

Peut-on penser que le poème de Valverde, texte érudit par excellence, ait trouvé un écho dans l'iconographie des deux sirènes musiciennes sculptées sur diverses façades d'églises sur les rives du lac Titicaca ? Teresa Gisbert l'affirme, proposant de plus un lien possible de cette iconographie avec la « masse indigène » à travers d'autres supports, tels que les textiles et les vases sacrés, les *qeros* (47–48). Mais elle attache encore bien plus d'importance au lien présumé entre la présence des sirènes sur ces façades et le mythe pré-inca de Tunuupa

(35–50). Le chroniqueur jésuite Ludovico Bertonio, dans son *Vocabulaire de la langue aymara* (1612), écrit que Tunuupa—figure complexe à la fois mythique et prédicatrice, qui sera christianisée à l'époque coloniale en étant associée à saint Barthélemy et saint Thomas—avait péché avec ses deux sœurs Quesintuu et Umantuu, « comme le racontent les fables des indiens » (291). Cet épisode serait rapidement censuré car il allait évidemment à l'encontre de la morale chrétienne. Les noms des sœurs de Tunuupa—comme l'indique Bertonio (354)—font allusion au *boga*, une espèce de poisson très commune du lac Titicaca, ce pourquoi les deux sœurs furent considérées comme des femmes-poissons. Dans cette version du mythe fournie par Bertonio, les sirènes andines apparaissent alors comme une source de tentation, comme les sirènes de l'Odyssée et les chrétiennes médiévales. C'est ainsi que Teresa Gisbert considérait les sirènes musiciennes comme des sirènes pécheresses, et qu'en apparaissant toujours par paires, elles seraient « le reflet vice-royal de Quesintuu et Umantuu » (49–51).

Bien qu'une réminiscence du mythe pré-inca soit difficile à nier, tant elle constitue une explication plausible à la popularité du motif de la sirène dans cette région, ce motif a perdu, selon nous, son essence pécheresse dans le contexte des façades coloniales, se prêtant à d'autres interprétations. Ramón Mujica, en parlant de « sirènes moralisées » dans son prologue à la *Neuvième merveille* (Espinosa Medrano x) avait déjà franchi un premier seuil, tandis qu'Hiroshige Okada, en proposant un « exotisme inversé » pour la représentation des perroquets, singes et sirènes dans l'art colonial des Andes du Sud, a cherché à renouveler la traditionnelle lecture « préhispanisante » ou « indigénisante » de ces motifs. Ces propositions herméneutiques constituent des antécédents de grand intérêt pour notre propre lecture.

Relevons tout d'abord, à propos du mythe de Tunuupa, que Bertonio ne se réfère pas aux deux sœurs comme des sirènes musiciennes. Il faut donc revenir à Fernando de Valverde comme une source possible pour ces sirènes qui, sur les façades et certains retables des églises sud-andines, de Cuzco à Puno et de Sucre à Potosí, apparaissent avec le luth, la vihuela ou encore le charango, leur variante andine. D'où l'importance du poème sacré et des sermons étudiés dans la première partie de cette étude pour la diffusion du motif de la sirène musicienne dans cette région.

Pour comprendre ce motif des sirènes musiciennes dans sa plénitude iconologique et confirmer ainsi cette lecture, il est important de se pencher sur le contexte immédiat dans lequel celles-ci sont représentées. Sur ces façades, les sirènes sont entourées du soleil, de la lune et des étoiles, éléments cosmiques utilisés depuis l'ère paleochrétienne. Mais ces sirènes sont également soumises, du point de vue de la hiérarchie spatiale, à des figures saintes traditionnellement associées à la défense du dogme, comme l'archange Michel, chef de la milice céleste et par ailleurs guide du salut des âmes (cathédrale de Puno, église Saint-Laurent de Carangas, Potosí et probablement église Saint-Sauveur de Salinas de Yocalla, Potosí), ou saint Jacques Matamore (église de la Compagnie d'Arequipa). En d'autres termes, elles intègrent un programme iconographique non exempt de composantes guerrières, une rhétorique très en phase avec celle de la Couronne espagnole, que l'on retrouve dans d'autres iconographies comme la Défense de l'Eucharistie.

Prenons ici en considération quelques cas emblématiques. La cathédrale de Puno, qui fut financée, entre autres, par le propriétaire minier Miguel Jacinto de San Román Zeballos (Gutiérrez et al. 239), et dont la façade est l'œuvre de l'indigène Simón de Asto en 1757, est assez exhaustive d'un point de vue programmatique (fig. 3.1) : les deux sirènes musiciennes, jouant du charango (fig. 3.2), accompagnent en effet une série de figures saintes de premier ordre avec, de haut en bas, Dieu le Père, saint Pierre et saint Paul, saint Thomas d'Aquin et saint Augustin flanquant la Vierge Immaculée, et juste en-dessous d'elle, au centre, Michel Archange. Dans un contexte iconographique aussi orthodoxe, il est difficile d'imaginer ces sirènes musiciennes comme des figures de tentation, et nous proposons donc plutôt de les lire comme des figures divines qui sauvent les âmes, glorifient et défendent le dogme catholique, comme c'est également le cas dans plusieurs autres églises de l'Altiplano.

Ainsi, la façade de l'église Saint-Laurent de Carangas à Potosí (fig. 3.3), réalisée entre 1728 et 1744, présente également deux sirènes jouant du charango. Au-dessus de la tête de celle de gauche, le Soleil, et de l'autre côté, la Lune. Dans un tympan transformé en voûte céleste, elles sont entourées de nombreuses étoiles. Situées juste en-dessous du grand arc aveugle qui structure la façade, elles semblent flotter à l'extérieur du corps principal de cette façade-retable travaillée en relief plat, une innovation plastique très caractéristique du baroque de l'Altiplano et peut-être inspirée des techniques sculpturales préhispaniques, comme l'a suggéré Ramón Gutierrez (171). Les sirènes musiciennes, devenues ainsi partie intégrante de la voûte céleste, accompagnent saint Laurent, patron de l'église, ainsi que saint Vincent ; plus bas, à hauteur des sirènes, réapparaît l'archange Michel. Dans le corps inférieur de la façade, sous la corniche, de chaque côté des portes en bois, on peut observer deux statues-colonnes vêtues de plumes, élément d'empreinte clairement indigène. Ces derniers ne sont ni des anges, ni des saints. Ce sont des créatures qui appartiennent au monde terrestre, tandis que les sirènes sont des êtres divins, intégrées à la voûte céleste. Le fait d'être proches spatialement de l'archange Michel nous conforte dans l'idée de les concevoir comme des figures associées à la défense du christianisme.

FIGURE 3.1 Simón de Asto, façade de la cathédrale, 1757. Pierre. Puno, actuel Pérou
PHOTO : DANIEL GIANNONI

FIGURE 3.2 Simón de Asto, façade de la cathédrale (détail d'une sirène musicienne), 1757. Pierre. Puno, actuel Pérou
PHOTO : DANIEL GIANNONI

FIGURE 3.3 Anonyme(s), façade de l'église Saint-Laurent (détail de la partie haute), 1728–1744. Pierre. Carangas, Potosí, actuelle Bolivie
PHOTO : DOMAINE PUBLIC

Une variante très similaire à Saint-Laurent de Potosí, bien que plus modeste, se trouve sur la façade de l'église Saint-Sauveur de Salinas de Yocalla, également à Potosí (fig. 3.4). Ses dates de réalisation, inscrites dans la pierre comme les précédentes, sont totalement contemporaines de celles de Saint-Laurent. La

FIGURE 3.4 Anonyme(s), façade de l'église Saint-Sauveur (détail d'une sirène musicienne), 1743. Pierre. Salinas de Yocalla, Potosí, actuelle Bolivie
PHOTO : DOMAINE PUBLIC

FIGURE 3.5 Anonyme(s), façade de l'église Saint-Jacques Apôtre (détail des sirènes avec le blason de la Vierge), XVIIIe s. Pierre. Lampa, actuel Pérou
PHOTO : DANIEL GIANNONI

voûte céleste est là aussi symbolisée par le Soleil et la Lune, et bien qu'elles ne soient accompagnées cette fois que par une paire d'étoiles, les sirènes jouant du charango apparaissent également dans la partie supérieure, indiquant à nouveau clairement qu'elles appartiennent au monde céleste. La niche occupée par Michel Archange sur la façade de l'église Saint-Laurent de Potosí est vide à Salinas, mais le mauvais état de conservation de l'église (actuellement en cours de restauration), d'une part, et la grande similitude des autres éléments structurels et décoratifs dans la composition de la façade-retable, d'autre part, suggèrent fortement que l'archange guerrier ait pu avoir pris place à cet endroit.

Enfin, la sirène accompagnatrice et glorificatrice de la Vierge apparaît par exemple sur les façades des églises Saint-Jacques Apôtre de Lampa (fig. 3.5) et de Saint-Jérôme d'Asillo (fig. 3.6) : les deux sirènes (cette fois sans instrument musical) flanquent un blason où figure le nom de la Vierge—rappelons l'importance du nom dans la prédication contemporaine, comme nous l'avons évoqué à travers Espinosa Medrano—et sur lequel est dressée sa couronne, portée par deux anges : la Reine des cieux, présentée à travers la syllabe et l'objet, est glorifiée par des sirènes célestes.

FIGURE 3.6 Anonyme(s), façade de l'église Saint Jérôme (détail des sirènes avec le blason de la Vierge), XVIIIe s. Pierre. Asillo, actuel Pérou
PHOTO : DANIEL GIANNONI

4 Conclusion

Ainsi, par de probables points de contact entre la rhétorique des sermons, la poésie sacrée et la création artistique, la Vierge, la mer et la figure de la sirène sont, dans la vice-royauté du Pérou, intimement liées. Vierge et sirène font l'objet de métaphores célestes et maritimes qui les unissent, comme des miroirs, dans les sermons d'Espinosa Medrano, tandis que les sirènes glorifient la Vierge de Copacabana chez Valverde. Ces productions à la fois littéraires et religieuses ont pu créer un substrat conceptuel pour l'iconographie de la sirène musicienne, récurrente dans le sud andin et en particulier sur les rives du Lac Titicaca. D'autre part, nous avons exploré l'iconographie de la sirène musicienne dans son contexte spatial immédiat, pour lui rendre tout son sens, celui d'une figure de glorification du christianisme, la transformant ainsi en un être divin, inconscient du péché. Une sirène andine, vivant tout à la fois dans les cieux et les eaux.

Sources citées

Bertonio, Ludovico. *Vocabulario de la lengua aymara*. Juli : Francisco del Canto, 1612. Version numérique : https://www.wdl.org/es/item/13776/view/1/1/ [consulté le 25 février 2020].

Espinosa Medrano, Juan de. 1695. *La novena maravilla*. Introduction et édition de Luis Jaime Cisneros et José Antonio Rodríguez Garrido ; prologue de Ramón Mujica Pinilla. Lima : Fondo editorial del Congreso del Perú / Fondo editorial del Banco de Crédito del Perú, 2011.

Faral, Edmond. « La Queue de poisson des sirènes ». *Romania* 74.296 (1953) : 433–506.

Gisbert, Teresa. *Iconografía y mitos indígenas en el arte*. La Paz : Gisbert y Cia., 1994.

Guibovich Pérez, Pedro. « El testamento e inventario de bienes de Espinosa Medrano ». *Histórica* XVI.1 (1992) : 1–31.

Guibovich Pérez, Pedro. Compte rendu de *Espinosa Medrano, Juan de. El robo de Proserpina y sueño de Endimión. Auto sacramental en quechua*. Edición, traducción y estudio preliminar de César Itier. Lima : Instituto Riva-Agüero e Instituto Francés de Estudios Andinos, 2010. *Lexis* XXXII.2 (2011) : 386–9.

Gutiérrez, Ramón, et al. 1979. *Arquitectura del altiplano peruano*. Puno : Universidad Nacional del Altiplano, 2015.

Hampe Martínez, Teodoro. *La tradición clásica en el Perú virreinal*. Lima : Fondo editorial Universidad Nacional Mayor de San Marcos, 1999.

Mendoza, Antonio Hurtado de. *Vida de Nuestra Señora Santísima*, Nápoles : Iuan Francisco Paz, 1672. Version numérique : https://digibug.ugr.es/handle/10481/11981 [consulté le 12 mai 2020].

Okada, Hiroshige. « Inverted Exotism? Monkeys, Parrots, and Mermaids in Andean Colonial Art ». In *The Virgin, Saints, and Angels. South American Paintings 1600–1825 from the Thoma Collection*. Éd. Susan Stratton-Pruitt. Milan : Skira, 2006. 66–79.

Otaola, Paloma. *Tradición y modernidad en los escritos musicales de Juan Bermudo : del Libro primero (1549) a la Declaración de instrumentos musicales (1555)*. Kassel : Edition Reichenberger, 2000.

Paravicino, Hortensio. 1636. *Oraciones evangélicas y panegíricos funerales*. Madrid : María de Quiñones, a costeo de Pedro Coello Mercader de Libros, 1641. Version numérique : https://books.google.com.pe/books?id=UllmAAAAcAAJ&printsec=frontcover&hl=fr#v=onepage&q&f=false [consulté le 26 février 2020].

Platon. *Περὶ πολιτείας / Perì politeías*. 370–85 av. J.-C. Français : *La République*. Trad. Georges Leroux. Paris : Flammarion, 2016.

Rossi, Paul. « Sirènes antiques. Poésie, Philosophie, Iconographie ». *Bulletin de l'Association Guillaume Budé : Lettres d'humanité* 29 (décembre 1970) : 463–81.

Valverde, Fernando de. *Santuario de N. Señora de Copacabana en el Peru: Poema sacro. Compuesto por el* R.P.M.F. *Fernando de Valverde, de la Orden de* N.P.S. *Agustin calificador de el S. Oficio*. Lima : Luis de Lyra, 1641. Version numérique : https://archive.org/details/santuariodenseoovalv/page/n6/mode/2up [consulté le 3 mars 2020].

PART 2

Geographies and Politics / Géographies et politiques

4

Pour une approche hydrocritique du genre épique

Les Lusiades *de Camões comme méta-épopée de l'eau*

Armand Erchadi

Résumé

Au rebours de l'iconographie officielle qui le représente dans une posture hiératique, le poète national du Portugal Luís de Camões se dépeint lui-même, à la fin de l'épopée marine *Os Lusíadas* (*Les Lusiades*, 1572), sous les traits d'une condamnée à mort écrivant ses derniers mots. Pour comprendre ce singulier contresens sur *Les Lusiades*, il faut réévaluer le genre épique selon une démarche hydrocritique : la fluidité de l'élément aquatique permet d'envisager un « langage gonflé d'eaux » (Bachelard) qui inverse en féminin le « profil masculin » (Eliade) traditionnellement—et rudimentairement—attribué à cet élément dans l'épopée.

Mots clefs

Luís de Camões – épique – épopée – féminin – hydrocritique – masculin – méta-épopée – naufrage – valeur

1 *Cantos* à boire

Os Lusíadas (*Les Lusiades*, 1572) commencent les pieds dans l'eau, plus précisément dans celle du Tage (Camões I, 4). Les muses qu'invoque Luís de Camões (1524/25–79/80) sont les nymphes du fleuve ibérique, qu'il élève au rang des sources dédiées aux muses antiques, comme l'Hippocrène, au premier des dix *cantos* (chants) de l'épopée ou, un peu plus loin, l'Aganippe (Camões III, 2). Car avant d'être « la grande épopée de l'Océan » (Auerbach 171–72), *Les Lusiades* sont l'épopée des sources et des fleuves : elles s'inscrivent en cela dans la continuité d'Homère, « Esse que bebeu tanto da água Aónia » (Camões V, 87 ; « celui qui s'est tant abreuvé aux sources d'Aonie »), et de Virgile, dont Camões associe la voix retentissante au Tibre. Aussi le poète comme son public ne sont-ils pas inspirés, mais « embebidos » (Camões V, 90 ; « imbibés ») par les ondes du

 | DOI:10.1163/9789004549258_006

langage : lorsque parle le personnage principal du poème, l'explorateur Vasco de Gama (*c.*1469–1524), la foule qui l'écoute, suspendue à ses lèvres, boit ses paroles, s'en imprègne et salive à son tour, répétant après lui ses prouesses les plus marquantes.

La parole épique est, pour emprunter le sous-titre de sa conclusion à *L'Eau et les Rêves* de Gaston Bachelard, une « parole de l'eau », qui passe de bouche en bouche, dans un continuum fluide du fleuve, de la salive et des larmes : quand Vasco de Gama quitte Lisbonne, les mots échangés provoquent des larmes aussi nombreuses que les grains de sable blanc (Camões IV, 92). Camões, dans une périphrase, nomme les poètes « quantos bebem a água de Parnaso » (Camões I, 32 ; « ceux qui boivent l'eau du Parnasse ») : sans ces buveurs essentiels, hommes et dieux seraient voués au néant, au « negro vaso / D'água do esquecimento » (« noir réceptacle de l'eau d'oubli »). « La liquidité est un principe du langage ; le langage doit être gonflé d'eaux » (Bachelard 215) : lorsqu'elles sont épiques, ces eaux subissent une transmutation qui leur confère une nature nouvelle, d'ordre spirituel.

2 Pour une hydrocritique des *Lusiades*

Si l'hydromancie est la méthode divinatoire qui consiste à observer les effets produits dans l'eau par des objets qu'on y a jetés, il faudrait nommer *hydrocritique* la méthode analogue que nous allons appliquer au poème pour tenter de comprendre l'épique. Vasco de Gama, qui découvrit la route des Indes par le cap de Bonne-Espérance (1497–99), est bien le personnage principal, mais le pluriel inscrit sur la couverture—en référence aux descendants de Lusus—annonce que le héros de cette épopée est le peuple lusitanien tout entier ; or c'est le peuple de la mer, un royaume « Onde a terra se acaba e o mar começa » (Camões III, 20, vers repris dans VIII, 78 ; « où la terre finit et où la mer commence »).

Les Lusiades poussent à un degré élevé la réflexion sur l'épopée. Si ses lecteurs ont pu reprocher à Camões son recours à la mythologie païenne dans une œuvre pourtant chrétienne—ainsi, pour Voltaire, « un merveilleux si absurde défigure tout l'ouvrage aux yeux des lecteurs sensés » (219)—le poète fournit toutefois plusieurs explications de son recours à Bacchus, Jupiter, Vénus ou Téthys : déesses et dieux romains doivent être pris comme des allégories, ou encore, en les réintégrant à l'univers chrétien, comme autant d'anges et de démons. Mais deux autres versions s'avèrent plus particulièrement éclairantes sur le sens de son épopée. En effet, à la fin du poème, la déesse marine Téthys, s'adressant à Vasco de Gama, rompt le quatrième mur mythologique : elle l'avoue, les dieux ne sont que des inventions humaines, dont l'objet est seulement d'inspirer la poésie—« Só pera fazer versos deleitosos / Servimos » (Camões x, 82 ; « Nous ne servons qu'à inspirer des vers harmonieux »)—et de nommer les astres—« é só que o nome nosso / Nestas estrelas pôs o engenho vosso » (« c'est que votre fantaisie a donné nos noms à ces étoiles »). *Les Lusiades* apparaissent alors comme une épopée consciente qui, tout en racontant les exploits de ses héros, se commente elle-même. C'est, pour reprendre une expression que William Marx applique déjà à l'*Odyssée*, une « méta-épopée » (Marx 20) : non seulement une épopée du Portugal, mais une « épopée de l'épopée » (Étiemble 190–203), qui se redéfinit continûment.

Avant ce passage, à la fin du chant IX, une autre explication de la présence des dieux païens dans *Les Lusiades*, qui relève de l'évhémérisme, est mentionnée : les dieux sont en réalité des grands hommes qui, après leur mort, ont été divinisés par la légende. Après avoir affirmé que les dieux de l'Olympe ne sont que des mortels renommés, le poète s'adresse directement aux lecteurs : il les appelle à devenir *à leur tour* des dieux, en se réveillant du « sono do ócio ignavo » (Camões IX, 92 ; « sommeil de la lâche oisiveté »). L'épique camonien est un épique conscient, qui pousse au labeur et à la vaillance : il révèle que l'épopée est fondamentalement le poème de la valeur. Pour comprendre l'épopée, il ne faut donc pas s'en tenir à la surface des eaux héroïques, mais plonger dans les abysses pour en sonder le sens profond.

3 Le *Topos* viril de la tempête et son renversement

La langue latine (Barrault et Grégoire 416–17) distingue *aqua* (« l'eau, considérée comme élément »), d'*unda* (l'eau avec « l'idée … de mobilité »), de *fluctus* ou *fluentum* (les *fluctus* sont présents dans « la mer, les fleuves, quand ils sont agités ») et de *lympha* (« mot poétique », avec une idée de « transparence »). Dans l'épopée, l'eau est généralement moins *aqua* statique ou même *unda* coulante que *fluctus* agité et violent. La tempête, en particulier, est un élément majeur du genre. Dans *Don Juan*, parodie d'épopée, Byron en fait même un *topos* par lequel toute épopée se doit de passer :

> My poem's epic, and is meant to be
> Divided in twelve books; each book containing,
> With love, and war, a heavy gale at sea,
> A list of ships, and captains (Byron I, 200)

> Mon poème est épique et sera divisé
> En douze chants, où l'on trouvera chaque fois
> Des guerres, de l'amour, une tempête en mer,
> Des listes de vaisseaux, de rois, des capitaines

Cet élément incontournable de toute épopée, « a grande e súbita procela » (Camões VI, 71 ; « la grande et soudaine tempête »), intervient notamment au chant VI des *Lusiades*, dont il occupe les strophes 70 à 92. La tension dramatique y est à son comble, les vers sont saturés des cris des marins et, une fois terminée, la tempête est comparée à un « horrendo sonho » (Camões VI, 94 ; « affreux cauchemar »).

Le *topos* épique des eaux violentes, que le héros est appelé à son tour à violenter, dompter, puis traverser, est associé, comme l'a démontré Gaston Bachelard, à « la joie mâle de perforer la réalité » (Bachelard 182) : « Aussi pas d'épopée sans une scène de tempête. ... La grandeur humaine a besoin de se mesurer à la grandeur d'un monde » (200–1). La rêverie héroïque suscite dans les éléments naturels—en l'occurrence, l'eau conjuguée au vent—une adversité à surmonter. Bachelard fait notamment référence aux *Travailleurs de la mer* de Victor Hugo, image qui se trouve d'ailleurs déjà dans *Les Lusiades* : les marins y exercent « o trabalho do mar, que tanto custa » (Camões VI, 41 ; « le rude travail de la mer, qui tant coûte »).

La nature virile du symbolisme de la tempête est confirmée par Mircea Eliade : tandis qu'un « circuit anthropocosmique de la fécondité » lie l'Eau, la Lune et la Femme, la mer furieuse—incarnée dans la mythologie grecque par Poséidon, également dieu des tremblements de terre—revêt un « profil masculin accentué » (Eliade 199). Neptune, nommé à vingt-quatre reprises dans *Les Lusiades*, est ainsi un des noms propres que le poète cite le plus souvent : il est présent dans tous les chants à l'exception du VII et du X ; s'il ne joue quasiment aucun rôle dans l'histoire, son nom sert à rappeler la furie potentielle des eaux. Ce profil viril apparaît au tout début du poème, où la mer est qualifiée de « farouche » et d'« irritée » ; c'est d'ailleurs le même adjectif, « irado », qui lui sert d'épithète (Camões I, 18, et passim) et qui qualifie les dieux Mars (Camões I, 36) ou Bacchus, ennemi juré des Portugais (Camões I, 77). Face à ces eaux courroucées—les mots de la famille d'« irado » reviennent à vingt-deux reprises dans le poème—les marins sont constamment présentés comme ceux qui la *fendent* et la *coupent*, comme le souligne l'omniprésence du verbe *cortar*. L'eau salée est sans cesse fendue par Vasco de Gama : c'est précisément le même verbe qui est employé par le poète pour parler des exploits guerriers portugais contre les Maures, que les Lusitaniens tranchent impitoyablement à l'épée (Camões III, 51).

Pourtant, au cours de l'épopée, Camões procède à un renversement symbolique des eaux : le profil viril est progressivement remplacé par un imaginaire de l'eau féminin, voire érotique, plus inattendu dans le genre épique. Personnification de la fécondité marine, la déesse Téthys désire, dès le premier chant du poème, que le jeune Sébastien Ier, roi du Portugal et dédicataire des *Lusiades*, devienne son gendre (Camões I, 16) ; aux chants IX et X, elle s'unit elle-même à Vasco de Gama. Mais c'est une autre déesse née des ondes qui se lie au destin des héros portugais : en effet, chaque fois que ces derniers s'apprêtent à tomber dans les pièges des Maures, c'est Vénus, avec ses obéissantes Néréides, qui leur vient en aide (Camões II, 19). Ainsi, derrière l'eau virile et neptunienne, faite pour être fendue par l'homme, transparaît une eau féminine et vénusienne, qui protège et qui guide : Vénus va jusqu'à dire des Portugais qu'ils constituent « Este povo, que é meu » (Camões II, 40 ; « Ce peuple, qui est le mien »). Le Portugal, peuple de Vénus, est en cela l'héritier spirituel de Rome et du pieux Énée.

4 Camões, poète aux ondes érotico-scientifiques

Cette mer féminine tend, au fil des dix chants des *Lusiades*, à dominer le poème. Lorsqu'en dernier recours Vasco de Gama prie le Dieu d'Israël, c'est Vénus qui intervient et calme les vents furieux grâce à ses Nymphes lascives (Camões VI, 87). Vasco de Gama remporte donc la guerre contre la tempête non par l'épée, mais par la prière, c'est-à-dire par l'amour, symbolisé par des guirlandes de fleurs pourpres dont les Nymphes ornent leurs cheveux pour charmer les vents. L'avant-dernier chant du poème est consacré aux amours des vaillants Lusitaniens avec les « aquáticas donzelas » (Camões IX, 22 ; « filles de l'onde »). Les eaux s'y font amoureuses, limpides, tranquilles et suaves : pour reprendre les catégories aquatiques latines, le *fluctus* a cédé sa place à la *lympha* (*linfa* en portugais, voir Camões IX, 54), eau claire et pure. Au sein d'une nouvelle Cythère se déroule une partie de chasse érotique où les marins courent après les nymphes. Sur l'île, « Os fermosos limões ali cheirando, / Estão virgíneas tetas imitando » (Camões IX, 56 : « les beaux citrons odorants imitent les tétons des vierges ») et les nymphes « Nuas lavar se deixam na água pura » (Camões IX, 65 ; « vont nues se baigner dans l'onde transparente »). Téthys même cède au Capitaine portugais, pour mieux lui révéler les secrets de la mer. Certes, ces parties de plaisir ont un sens allégorique, que souligne le poète à la strophe 89, mais une poétique du continu relie l'élément marin refondé par l'amour et la célébration des grands explorateurs : « Um súbito silêncio enfreia os ventos / E faz ir docemente murmurando / As águas » (Camões X, 6 ; « Un silence soudain dompte les vents et fait glisser les eaux avec un doux murmure »). Dans ces vers emplis d'allitérations—sifflantes et bilabiales—d'une puissante sensualité, les eaux susurrent : elles se révèlent symboliquement paroles, et donc vectrices de connaissance, se confondant avec la matière sonore même du poème.

Ainsi lorsqu'au chant v (strophes 16–23) les tempêtes sont évoquées par Vasco de Gama, il ne s'agit pas d'une tempête particulière, mais de toutes les tempêtes, sous un angle scientifique : fait remarquable, dans ce passage, aucune référence mythologique n'est convoquée. Décrivant successivement des phénomènes tels que le feu Saint-Elme ou la trombe marine, Camões révèle que l'aède moderne n'est pas un poète fabulateur, mais un poète scrutateur, comme en atteste l'anaphore en « Vi » (Camões v, 17–9 ; « J'ai vu »). Homme de la Renaissance, il va jusqu'à goûter—*faire l'essai*, dirait Montaigne, son contemporain—l'eau des trombes pour en connaître l'origine, céleste ou marine selon son « sabor » (Camões v, 22 ; sa « saveur ») doux ou salé. Comme Vasco de Gama, Camões sait de quoi il parle, il a *fait l'expérience* de la mer : rien ne remplace l'importance du témoignage direct, « a longa experiência » (Camões v, 17 ; la « longue expérience »). Ce faisant, il invente un héros épique humaniste et moderne, habité par la pulsion érotique de savoir.

5 Deux créations mythologiques camoniennes : Adamastor et le poète naufragé

Le renversement épique des eaux dans le poème permet d'éclairer les deux créations mythologiques les plus célèbres des *Lusiades*, celle du géant Adamastor et celle du poète plongeant dans l'eau pour sauver le manuscrit de son épopée. Le premier mythe incarne le profil viril des eaux : au cinquième chant paraît une nuée qui assombrit le ciel. C'est un géant horrible, aux cheveux crépus, à la bouche noire et aux dents jaunes. Il interpelle les Portugais d'une voix formidable « Que pareceu sair do mar profundo » (Camões v, 40 ; « qui semblait sortir du fond de la mer »). Or il ne s'agit pas pour Vasco de Gama de le combattre les armes à la main ni même de lui jouer un tour comme Ulysse à Polyphème. *Les Lusiades* redéfinissent l'épopée comme une lutte morale et non physique : l'ultime frontière n'est pas tant géographique que mentale, c'est l'inconnu, l'interdit, le nouveau, qu'incarne le géant, Adamastor, c'est-à-dire « l'Indompté » (*adamastos* en grec). Quand il s'adresse au peuple portugais, c'est pour l'accuser d'« os vedados términos quebranta[r] » (Camões v, 41 ; « viole[r] les limites interdites »), de venir « ver os segredos escondidos / Da natureza e do húmido elemento » (Camões V, 42 ; « percer les secrets cachés de la nature et de l'humide élément ») ; la mer les attaque, soit, mais ce sont les hommes qui ont commencé, en la provoquant. Adamastor prophétise—ou plutôt *apophétise*, selon le mot d'un autre poète épique, Agrippa d'Aubigné, car Camões écrit après coup—tempêtes et naufrages, mais il ne combat à nul moment lui-même les Lusitaniens. Vasco de Gama se contente de lui demander son nom : la géant dit être l'incarnation du « cap des Tempêtes » (Camões V, 50), c'est-à-dire du cap de Bonne-Espérance. Amoureux éconduit de la petite-fille de la déesse marine Téthys (elle se nomme Téthis et finit par être confondue avec sa grand-mère au cours du poème), il a été attaché à un rocher et pétrifié.

Le second mythe, inspiré d'un accident vécu par le poète lui-même, révèle sans doute la puissante singularité des *Lusiades* lues comme méta-épopée de l'eau. Dans une saisissante mise en abyme du poème, au dernier chant, Camões, par la voix de la déesse marine Téthys, qui tout à la fois expose à Vasco de Gama « a grande máquina do Mundo » (Camões X, 80 ; « la grande machine du monde ») et lui annonce l'avenir tel qu'il a été prophétisé par Protée, décrit le Cambodge et le Mékong. C'est dans ce fleuve que le poète, persécuté par la fortune, fit « naufrágio triste e miserando » (Camões X, 128 ; « Triste et déplorable naufrage »), sauvant simplement ses « Cantos ... molhados » (son « chant ... détrempé », au singulier dans la traduction de Roger Bismut). Ce que le lecteur est en train de lire, ce que l'auditeur est en train d'entendre, ce sont donc des paroles mouillées, faites d'encre et d'eau, soustraites in extremis aux ondes de l'oubli par un homme qui n'échappa à la mort que pour s'éteindre misérablement à Lisbonne vingt ans plus tard, quasi mendiant.

Or les eaux dans lesquelles plonge le poète pour repêcher son livre sont, contre toute attente, des eaux accueillantes. Féminines, elles présentent un « regaço » (« giron ») maternel et protecteur au naufragé. Le Mékong n'est pas évoqué comme un fleuve tempétueux et hostile, mais un abri « plácido e brando » (« calme et doux »). L'eau ne noie pas, elle ondoie—elle baptise presque. Le lecteur se trouve ainsi plongé dans l'élément liquide avec le livre qu'il est en train de lire et avec le poète lui-même.

En créant ce mythe du poète naufragé, Camões prend soin de le rattacher à une figure antique, en deux vers qui sont à l'origine d'un contresens iconographique très révélateur. En effet, juste avant une précédente allusion au naufrage dans le Mékong, le poète se compare à « Cánace, que à morte se condena, / Nũa mão sempre a espada e noutra a pena » (Camões VII, 79 ; « Canacé condamnée à périr, [tenant] toujours l'épée d'une main et la plume de l'autre »). Ovide, en ses *Héroïdes*, avait imaginé Canacé, fille d'Éole, écrivant une dernière lettre à son frère Macarée, avec qui elle était coupable d'inceste ; sur ses genoux une feuille bientôt teintée de sang, dans sa main droite une plume et dans sa main gauche l'épée envoyée par son père ; ce dernier avait déjà livré aux chiens et aux oiseaux de proie l'enfant dont elle venait d'accoucher ; elle s'apprête à se tuer. Le grand enlumineur Robinet Testard a représenté le suicide de Canacé dans un manuscrit des *Héroïdes* de 1497 (fig. 4.1) : la plume et l'épée sont parallèles, mais en sens opposé ; le sang qui jaillit du sein de Canacé vient se mêler à l'encre encore fraîche, tandis qu'à l'arrière-plan, derrière une baie, apparaît le souvenir—ou le fantasme—de son enfant adorablement couché sur le giron de sa nourrice.

Le poète naufragé se compare donc à une femme—amoureuse, *désenfantée*, suicidée. La « plume » et l'« épée » qu'il tient ne symbolisent en rien, comme pourrait le penser un lecteur pressé, la fierté et l'arrogance d'un poète-conquérant : le papier est mouillé, l'épée n'est pas destinée à agresser et la plume va bientôt tomber. Pour représenter Camões—des dizaines de tableaux, de gravures ou de timbres commémoratifs l'attestent—revient sans cesse l'image du poète surnageant héroïquement dans les eaux au milieu des débris d'un navire. Ce poncif se retrouve dans un tableau d'Horace Vernet, *Le Camoëns sauvant ses manuscrits du naufrage* (1822, fig. 4.2) : sur un rocher, le poète exalté, les yeux au ciel, le costume singulièrement propret en de telles circonstances, brandit son glaive et son manuscrit sauvé des eaux ; à gauche, le navire qui sombre dans la tempête ; à droite, un homme à la peau sombre, étendu et peut-être mort, serre dans ses bras de vaines richesses, par contraste avec l'authentique trésor du manuscrit poétique (l'esclave de Camões, António, était pourtant javanais, et non africain, et il est d'ailleurs probable qu'il sauva son maître lors du naufrage) ; un arc-en-ciel annonce la fin de la tempête et la gloire du poète. « M. Horace Vernet est un militaire qui fait de la peinture. [Ses] tableaux ne sont point de la peinture, mais une masturbation agile et fréquente. ... [C'est] l'antithèse absolue de l'artiste » (Baudelaire 165–66). Ces lignes, pour sévères qu'elles soient, touchent néanmoins le fond du problème : peintre d'histoire militaire, Horace Vernet incarne une compréhension superficielle de l'épique qui manque le sens profond de l'épopée, tel qu'il a été révélé dans les eaux du Mékong. En effet, le glaive et la plume ne sont pas du tout tenus de la façon qu'il croit : l'authentique poète épique n'est ni Rodomont ni Matamore ni quelque autre *miles gloriosus*—c'est Canacé.

FIGURE 4.1 Robinet Testard (actif 1471–1531), *Canacé*. Ovide, *Héroïdes*, trad. d'Octavien de Saint-Gelais, 1497. Miniature à pleine page, 36 × 25 cm. Paris : Bibliothèque nationale de France, Ms. Fr. 875, f. 58r

FIGURE 4.2 Horace Vernet (1789–1863), *Le Camoëns sauvant ses manuscrits du naufrage*, 1822. Huile sur toile, 46 × 56 cm. Bayeux : Musée d'art et d'histoire Baron-Gérard
PHOTO © RMN—GRAND PALAIS / THIERRY OLLIVIER

6 Les trois niveaux de l'épopée

Les Lusiades offrent ainsi trois plans épiques : le premier se situe sur la terre ferme, ce sont les chroniques guerrières du Portugal depuis sa fondation, les histoires de chevalerie que relatent, à l'intérieur du récit-cadre, Vasco de Gama et ses marins, et dont il n'a pas été question ici ; les deux niveaux inférieurs se situent dans l'eau, une nappe agitée et virile, correspondant au *topos* de la tempête, et une nappe érotico-scientifique et féminine, qui est la plus longue à atteindre et la plus originale du poème. Au rebours d'une erreur possible, il ne s'agit pas de dire qu'il y aurait, dans *Les Lusiades*, d'un côté l'eau épique et de l'autre l'eau lyrique : toutes deux relèvent bien de l'épopée. Le poète naufragé, le poète-Canacé, qui risque sa peau pour le poème, n'est pas moins héroïque qu'« o forte Capitão » (Camões I, 44 et II, 56 ; « le preux Capitaine ») Vasco de Gama qui trace sa route malgré les vaticinations menaçantes de l'affreux Adamastor. C'est d'ailleurs au moment même où il se fait le plus lyrique en apparence, au comble de la mélancolie (*saüdade*), à l'instant de se noyer « ao rio / Do negro esquecimento e eterno sono » (Camões X, 9 ; « au fleuve du noir oubli et de l'éternel sommeil ») que le poète vieillissant invoque Calliope, la Muse de la poésie épique—et nulle autre de ses huit sœurs.

La guerre et l'exploration peuvent bien mener à la victoire, toute vie humaine se conclut inexorablement par un échec face à la mort. L'épopée camonienne affirme les limites de la conquête : tout empire temporel est voué au néant—hors le poème. Dans *Les Lusiades*, les vraies conquêtes ne sont ni territoriales ni marchandes, mais spirituelles, car il s'agit en dernière instance de conquérir la liberté et la dignité humaines. L'approche hydrocritique dévoile un sens plus haut : si la substance réelle du poème est l'eau, et non la terre, alors les lectures impérialistes du poème échouent à comprendre ce qui fait la force de l'épopée. Car l'Océan ne se possède pas : il n'est pas fait pour être conquis ou vaincu, mais éprouvé et connu, accepté et aimé. C'est ainsi qu'il faut comprendre le mouvement du poème, qui est celui d'une spiritualisation progressive de l'épique, non plus simple genre littéraire, mais valeur. Cette clarification s'opère par l'eau : peu à peu, l'eau débarrasse l'épique de ses scories, et le hisse du matériel à l'idéal. Dès le début, le poète annonçait son projet à qui savait le lire et, congédiant les épopées antiques, il ajoutait : « Que outro valor mais alto se alevanta » (Camões I, 3 ; « Car une autre valeur s'élève plus haut »). Par l'intermédiaire d'une poétique de l'eau, *Les Lusiades* révèlent donc que le fondement du genre de l'épopée est bien la question de la *valeur* : le poème portugais prend ici sa dimension proprement universelle et nous semble susceptible d'éclairer aussi bien l'épique ancien que moderne, et autant celui d'Occident que d'Orient.

La morale épique consiste à braver la tempête—cela l'a toujours été et, sur ce plan, Camões n'invente rien, encore qu'il fasse de l'obstacle Adamastor un symbole du dépit amoureux, ce qui est significatif. C'est là un épique masculin et froid, solitaire et violent, minéral et rugueux. L'originalité des *Lusiades* réside dans une refondation de la morale épique à partir de la pensée humaniste de la Renaissance, voire d'un « second humanisme » (Lestringant 36) aux accents mélancoliques : cet autre épique est onduleux et tendre, érotique et savant, féminin et chaud. Il accepte la matière fluide du monde, il sait l'échec inéluctable et veut seulement sauver le poème.

Lors d'un naufrage, tout n'est pas sauvé : le navire sombre, le gréement se brise, les hommes se noient. Quelques-uns, on ne sait comment, échappent au chaos. Ces survivants racontent le naufrage et entretiennent la mémoire de ceux qui ne sont plus. La poésie épique est ce sauvetage de l'âme d'un peuple. C'est cela, en définitive, que *Les Lusiades* : un viatique pour aider un *grand petit peuple* du bout de l'Europe à voyager à travers le temps par les « húmidos caminhos » (Camões II, 108 ; « les chemins humides »)—une machine à fabriquer l'amour du portugais.

Sources citées

Auerbach, Erich. *Introduction aux études de philologie romane.* Frankfurt am Main : Vittorio Klostermann, 1949.

Bachelard, Gaston. *L'Eau et les Rêves. Essai sur l'imagination de la matière.* 1942. Paris : Librairie générale française, 1993.

Barrault, Émile et Grégoire, Ernest. *Traité des synonymes de la langue latine.* Paris : Hachette, 1853.

Baudelaire, Charles. *Salon de 1846. Curiosités esthétiques, L'Art romantique et autres Œuvres critiques.* Paris : Bordas, « Classiques Garnier », 1990.

Lord Byron. *Don Juan.* 1819–24. Londres : Penguin Classics, 1973. Trad. Laurent Bury et Marc Porée. Paris : Gallimard, « Folio classique », 2006.

Camões, Luís de. *Os Lusíadas.* 1572. Édition bilingue portugais-français : *Les Lusiades—Os Lusíadas.* Trad. Roger Bismut. Paris : Robert Laffont, « Bouquins », 1996.

Eliade, Mircea. *Traité d'histoire des religions.* 1949. Paris : Bibliothèque historique Payot, 2020.

Étiemble, René. *Essais de littérature (vraiment) générale.* Paris : Gallimard, 1974.

Lestringant, Frank. *« Je suis moi-même la matière de mon livre ». Lecture du livre III des « Essais ».* Mont-Saint-Aignan : PU de Rouen et du Havre, CNED, 2016.

Marx, William. *La Haine de la littérature.* Paris : Les Éditions de Minuit, 2015.

Voltaire. Première édition en anglais : *An Essay upon the Epick Poetry of the European Nations from Homer down to Milton.* 1727. *La Henriade, poème par Voltaire, suivi de l'Essai sur la poésie épique.* Lyon : Rolland, 1819.

5

La Mer dans l'imaginaire politique européen depuis Fénelon ou la pensée d'une impossible frontière

Daphné Vignon

Résumé

Le motif de la mer commence à envahir l'imaginaire politique européen en 1699 avec la parution du *Télémaque* de Fénelon. La mer n'y est pas seulement traitée comme l'espace à traverser pour pratiquer le commerce au long cours, pour « découvrir » le monde ou pour métaphoriser des lointains qui jouent comme des modèles alternatifs sous la figure du « bon sauvage ». Elle est plus fondamentalement encore le lieu d'une mystique puissante qui promet une communion avec l'infini et la totalité et, à travers elle, le salut. Cette figure de la conciliation des inconciliables infuse la logique dialectique et, avec elle, le sens de l'histoire, avec pour conséquence d'imposer l'antagonisme (et donc le conflit) comme condition même de l'histoire.

Mots clefs

conflit – Fénelon – Madame Guyon – politique – quiétisme – récit – Carl Schmitt – souveraineté – sublime

L'imaginaire marin a émergé tardivement dans la tradition européenne. En effet, outre que la mer est le territoire perdu de la Création, une relique du Déluge qui pèse du poids de la culpabilité sur le monde et sur les hommes (Corbin 16), elle est, plus essentiellement encore, synonyme d'instabilité et de dangers. On lui reproche d'être dépourvue de chemins qu'on puisse borner, et donc de ne promettre que l'errance et la perte. Michel Foucault consacre le premier chapitre de son *Histoire de la folie à l'âge classique* à explorer ce paradigme qui fait de la mer le lieu de l'insensé par excellence. Il note, à propos de Tristan, que celui-ci est troublant précisément parce qu'il « ne vient pas de la terre solide, avec ses solides cités, mais bien de l'inquiétude incessante de la mer, de ces chemins inconnus qui recèlent tant d'étranges savoirs, de cette plaine fantastique, envers du monde » (Foucault 23). Tristan semble tout droit

 | DOI:10.1163/9789004549258_007

débarqué de la *Nef des fous*. Envers du monde, la mer l'est d'autant plus qu'elle est investie d'une puissance qu'on ne peut maîtriser. Pour le dire avec Alain Corbin, elle illustre le pouvoir de résistance de la nature face à « la poussée de la civilisation » (Corbin 145–46). De fait, le premier des grands récits maritimes, l'*Odyssée*, peut être lu comme un périple par lequel Ulysse définit les frontières du monde grec dans la mesure même où il ne cesse de les transgresser. Éprouvant les confins, Ulysse apparaît régulièrement ensauvagé par une plongée dans l'eau « vineuse ». Il ne recouvre que sur terre, après force bain et huile, l'apparence héroïque qui le signale aux siens, amis comme ennemis, rejetant à l'extérieur le barbare véritable[1].

Folie, errance, sauvagerie, force inquiétante … Une telle description pourrait laisser croire que le seul rôle que la mer puisse jouer dans l'imaginaire politique est celui d'un repoussoir—incarnation liquide et mouvante de la plus débridée des anarchies. Ce serait ignorer l'importance que la mer prendra dans les récits du pouvoir à partir du début du XVIIIe siècle—la première œuvre marquante étant, en la matière, le *Télémaque* de Fénelon publié en 1699. À partir de cette date, l'envahissement du récit par les motifs maritimes ira crescendo depuis la réinvention du modèle antique de l'épopée jusqu'à la célébration d'un « sublime marin » (Corbin 145–46) plus ou moins exalté, dont Carl Schmitt est peut-être le dernier chantre avec son étrange essai *Terre et Mer*.

On peut voir dans cette évolution une conséquence de l'apprivoisement technique de la mer, dans le sillage de la circumnavigation et de la colonisation du Nouveau Monde. Montesquieu, dans *L'Esprit des lois*, se félicite ainsi de la « sagesse » des « peuples » européens qui « ont donné l'empire à des compagnies de négociants qui, gouvernant ces États éloignés uniquement pour le négoce, ont fait une grande puissance accessoire, sans embarrasser l'État principal ». Sans embarras donc mais avec un résultat : « l'Europe est parvenue à un si haut degré de puissance que l'histoire n'a rien à comparer là-dessus » (Montesquieu 65–68). Il n'est donc pas ici question d'arguties poétiques mais bien d'enjeux économiques et géopolitiques majeurs.

Les Génois et les Vénitiens le savaient bien, avant même la découverte de l'Amérique : le « commerce au loin » et la « fortune de mer », s'ils veulent perdurer, demandent de développer bien plus qu'une flotte performante. Ils exigent de mettre en place de véritables outils socioéconomiques dont certains produisent toujours leurs effets. Nous pensons en particulier à la comptabilité

---

1 La rencontre d'Ulysse et de Nausicaa au chant V est, en l'espèce, l'épisode le plus symbolique. Avant cette rencontre, Ulysse s'endort entre deux oliviers entrelacés : l'un sauvage, l'autre cultivé.

à partie double formalisée par Luca Pacioli en 1494[2]. Cette méthode, qui permet d'enregistrer la virtualité des débits et des crédits, garantit le contrôle à distance des agents des compagnies commerciales, la répartition des bénéfices et, plus fondamentalement encore, la prise en compte des risques inhérents à la navigation tels que le naufrage ou la piraterie (Colasse 17). Cette prise en compte du risque (voire la spéculation sur le risque qui fait tout le ressort dramatique du *Marchand de Venise*) demeure un pilier, pour ne pas dire le pilier, de notre vie économique.

Ces considérations ne furent pas les seules à être déterminantes dans le traitement narratif de la mer par le prisme du politique. On peut même dire que Fénelon, que nous donnons pour précurseur de cette sorte d'imaginaire, tient une position strictement opposée à toute forme d'utilitarisme. Question de style. Fénelon ne s'en cache pas. Il écrit pour « corriger les mœurs » à l'appui de deux maximes : l'imitation des Anciens et plus particulièrement de la « naïveté avec laquelle les passions sont exprimées dans cette espèce de tableau » qu'est l'épopée ; et la compréhension du « sentiment » comme « l'âme de la parole » (Fénelon, *Lettres sur les Anciens* 474–90). Fénelon suivra son programme à la lettre lorsqu'il décidera de parachever l'éducation du Duc de Bourgogne dont il a été le précepteur avant d'être renvoyé de la cour. Lui destinant *Les Aventures de Télémaque*, il puise son inspiration dans Homère et Virgile mais adopte un ton propre à exciter la vertu par le truchement du sentiment. Son Télémaque va donc, comme Ulysse et Énée avant lui, cingler en Méditerranée au fil d'un périple initiatique qu'il faut lire comme un roman à clés qui passionna l'Europe du XVIIIe siècle. Pour le dire avec Voltaire, « on crut voir dans le Télémaque une critique indirecte du gouvernement de Louis XIV. ... [L]es étrangers et les Français même, lassés de tant de guerres, virent avec une consolation maligne une satire dans un livre fait pour enseigner la vertu. Les éditions en furent innombrables » (Voltaire, *Siècle* 733). La critique parut indirecte, car elle était voilée des apprêts de la fable. Elle se révéla beaucoup plus tranchée lorsque parut en 1787, à l'initiative de d'Alembert, la virulente *Lettre à Louis XIV* que Fénelon écrivit en même temps que le *Télémaque* mais qu'il destinait à l'anonymat et à la clandestinité.

Il serait trop long d'exposer la totalité des reproches que Fénelon formule à l'encontre de l'absolutisme que Louis XIV a imposé grâce à la mise en place d'une « économie de la reconnaissance », selon la formule de Norbert Elias. Cette économie, qui fait rage à la cour, repose sur une course au prestige savamment orchestrée par une stricte étiquette. Économie de pure « consommation »

---

2 Voir en particulier le chapitre IX de la *Summa di arithmetica, geometria, proportioni et proportionalita*.

ironiquement intenable sans le développement des « échanges » particulièrement dissymétriques avec le Nouveau Monde (Ellul 16), elle ne produit rien sinon la nécessité du luxe et l'exigence de la gloire[3]. Luxe et gloire que Fénelon dénonce d'abondance. Selon l'archevêque, leur prodigalité dispendieuse nuit à la vertu individuelle autant qu'elle ruine le Royaume. Les sujets sont affamés ; les guerres inévitables ; et le roi se perd lui-même en tant qu'homme et en tant que souverain en ce qu'il s'imagine prendre la place de Dieu. Fénelon conclut son réquisitoire contre Louis XIV par une adresse aussi directe que virulente : « Vous rapportez tout à vous, comme si vous étiez Dieu sur terre … C'est au contraire vous que Dieu a mis au monde pour votre peuple. Mais, hélas ! vous ne comprenez point ces vérités … Vous ne connaissez point Dieu, vous ne l'aimez point, vous ne le priez point du cœur, et vous ne faites rien pour le connaître » (Fénelon, *Lettre à Louis XIV* 47).

En contrepoint de cette royale déchéance, Fénelon convoque, dans le *Télémaque*, les métaphoriques Bétiques, peuple fruste mais vigoureux qui vit, loin des rivages « civilisés », sur un parfait pied d'égalité. Grâce à l'un de leurs représentants, Adoam (Adam augmenté d'un « o »), Télémaque « se réjoui[t] qu'il y eut encore au monde un peuple qui, suivant la droite nature, fut si sage et si heureux tout ensemble » (Fénelon, *Télémaque* 160). Les Bétiques sont donc de parfaits « bons sauvages », de ceux qui deviendront chers aux Lumières, comme l'illustre exemplairement le supplément que Diderot apporta au voyage de Bougainville, grand navigateur s'il en fut. Opposant le luxe « mondain » à la frugalité « vertueuse », quoique possiblement triste (Voltaire, *Mondain* 6), qui perdure au-delà des mers, le thème semble rétroactivement banal. Pourtant, il surprend lorsqu'on le découvre sous la plume d'un archevêque instruisant, à la toute fin du XVIIe siècle, un futur roi de France. Derrière l'opposition que marque Fénelon entre la « droite nature » et l'excès de raffinement, se cache une dénonciation de l'éloignement civilisationnel que cultive le Grand Siècle et auquel s'opposera, cent ans plus tard en Allemagne, la notion de *Kultur*. Car, si la civilisation police les hommes, elle lance, sous couvert de « bel esprit », une injonction à l'arrachement à soi au profit d'un État tout puissant qui s'incarne dans la souveraineté d'un roi absolu. C'est tout l'enjeu du *Télémaque* que de substituer à cette administration qui se présente comme un « tout régulier » (Voltaire, *Siècle* 698) une « communion mystique des vertueux » (Pavel 365) beaucoup plus mouvante puisque la « félicité » commune « fait comme un flux et un reflux dans ces âmes unies » (Fénelon, *Télémaque* 399). Le flux agit ainsi

3 Norbert Elias étudie longuement le « raffinement de la consommation », autrement dit le « luxe », et l'oppose à l'économie productive de la bourgeoisie allemande aux prises avec les prémices de la révolution industrielle.

comme un adjuvant de la vertu ; il est un médiateur qui rend superflu toute médiation.

La mention d'un ressac fédérateur illustre en quoi Fénelon accompagne, dans son *Télémaque*, sa critique de l'absolutisme d'un motif marin suffisamment original pour que Corbin voie dans ces pages les « premières marines de la littérature française » (Corbin 66). L'intérêt que Fénelon nourrit pour la mer tient certes au contexte économique et géopolitique que nous avons évoqué en introduction. Ainsi, bien que le personnage de Mentor (derrière lequel se cache Athéna, la déesse du bon gouvernement) s'inspire très largement de Platon pour prodiguer ses vertueux conseils, il fait une entorse notable à l'austérité politique prônée dans *La République* autant que dans *Les Lois* lorsqu'il s'agit du commerce maritime : alors que le Grec brûlerait les vaisseaux au port plutôt que de laisser la cité céder aux « mœurs instables et malhonnêtes » qu'introduisent avec eux les « grands commerçants » (Platon 764), le Français porte une attention prioritaire au développement des échanges maritimes et à l'absolue maîtrise du risque qui leur est inhérent grâce à l'interdiction de toute forme de spéculation[4]. Fénelon concilie donc avec habileté l'imaginaire antique et l'impératif économique selon une démarche qui n'est pas sans rappeler l'étonnante ressemblance de deux toiles peintes pas Le Lorrain dans les années 1640 : *Le Matin dans un port de mer* et *L'Embarquement de la reine de Saba* (figs 5.1 et 5.2).

Néanmoins, et c'est là ce qui fait son originalité, ce n'est pas dans les ports devenus fréquentables et fréquentés que Fénelon puise les qualités marines de sa narration, mais bien dans la mer elle-même. Cette dernière intervient toujours, dans le récit du *Télémaque*, comme une instance libératrice, voire purificatrice, même et surtout si son « onde » est « amère » (Fénelon, *Télémaque* 139). L'apprentissage de la vertu demande bien quelques efforts. La mer offre donc systématiquement une échappatoire au héros, que celui-ci soit le jouet d'un tyran sans scrupule ou qu'il soit subjugué par les charmes voluptueux d'une des suivantes de Calypso (Fénelon, *Télémaque* 62–63 et 138–39). On aurait tort de voir dans la récurrence de ce motif une simple figure de style, voire un procédé narratif somme toute assez convenu tant il est vrai qu'on peut

4 « Il s'informa des pays où chaque bateau allait pour le commerce, quelles marchandises il y apportait, celles qu'il prenait au retour, quelle était la dépense du vaisseau pendant la navigation, les prêts que les marchands se faisaient les unes aux autres, les sociétés qu'ils faisaient entre'eux, pour savoir si elles étaient équitables et fidèlement observées, enfin les hasards des naufrages et les autres malheurs du commerce, pour prévenir la ruine des marchands, qui, par l'avidité du gain, entreprennent souvent des choses qui sont au-delà de leurs forces. Il voulut que soit puni sévèrement les banqueroutes, parce que celles qui sont exemptes de mauvaise foi ne le sont presque jamais de témérité » (Fénelon 216).

FIGURE 5.1 Claude Gellée, dit le Lorrain (1600–82), *Le Matin dans un port de mer*, vers 1640. Huile sur toile, 97,5 × 120,5 cm. Saint-Pétersbourg : Musée de l'Ermitage

difficilement s'échapper d'une île sans prendre le large. La mer est plus fondamentalement libératrice en ce qu'elle autorise à « ne voir plus que le ciel et l'eau, pendant que le soleil, qui se [lève], sembl[e] faire sortir de la mer ses feux étincelants » (Fénelon, *Télémaque* 63). Elle est libératrice, car elle délivre, dans l'indétermination même des éléments, la promesse d'une heureuse dissolution qu'il convient de lire comme constitutive de l'exercice même de la vertu entendue comme un flux et un reflux incessants.

Fénelon hérite cette appréhension positive de la dissolution de Madame Guyon, personnage étrange qui professa largement sa pratique du quiétisme, y compris auprès de l'archevêque. Au fil d'une correspondance particulièrement abondante (1688–89), Fénelon lui confie ses tourments intérieurs auxquels elle apporte remède. Car, si Fénelon peine à se laisser aller à « l'abîme obscur du pur abandon » (Guyon-Fénelon 119), Madame Guyon n'est jamais à court de mots pour évoquer celui-ci. Avec une prédilection particulière pour le registre aquatique. Dans *Les Torrents*, elle explique ainsi que les âmes les plus parfaites sont semblables à « ces torrents qui sortent des hautes montagnes » : elles « coulent comme des folles » jusqu'à atteindre la mer. Et c'est en s'abîmant dans

FIGURE 5.2 Claude Gellée, dit le Lorrain (1600–82), *L'Embarquement de la reine de Saba*, 1648. Huile sur toile, 149,1 × 193,7 cm. Londres : National Gallery

cette dernière que les torrents sont « enrichi[s] admirablement ». Car « il[s] ne [sont] plus riche[s] de [leur] propre richesse … mais il[s] [sont] riche[s] des richesses de la mer même » (Guyon 84–87). Madame Guyon trouve donc, en pleine mer, le paradigme d'une sorte de possession possédante par laquelle elle résout le paradoxe du « pur amour ». L'homme est, par elle, invité à aimer Dieu de manière entièrement désintéressée, c'est-à-dire sans souci du salut. Il trouve ainsi dans la dissolution maritime, et donc dans l'absence de transitivité entre soi et Dieu, une manière totalisatrice de se déposséder entièrement de lui-même tout en possédant entièrement Dieu.

Cette mystique peut, aujourd'hui, sembler suffisamment singulière pour être immédiatement reléguée au rang d'une curiosité pittoresque. Ce serait vite oublier les implications politiques qu'elle peut avoir sur un régime de droit divin. Refuser toute médiation entre Dieu et l'homme ne remet pas seulement en cause le ministère des prêtres. Elle ruine tout aussi efficacement la légitimité d'un roi qui se donne pour le représentant de Dieu sur terre en matière de justice. On comprend dès lors que, lorsque Fénelon accuse Louis XIV d'impiété, il fait plus que lui reprocher son goût pour le luxe et les relations extraconjugales. Il le ravale au rang d'homme—un homme parmi d'autres hommes, le contraire d'un roi « absolu ». Ainsi, alors que le trône, s'appuyant sur l'Église, tente d'affermir une « unité politique nationale … sur fond d'instabilité », la mystique ouvre une voie absolument contradictoire grâce à laquelle elle prétend atteindre « l'infini de l'Un » (Certeau 213–15)—ici imagé en une mer traversée de courants délicieux qui porte l'instabilité à l'idéal. Pour résumer la situation avec Michelet : « Chose bizarre, mais très réelle, Madame Guyon et Fénelon, à leur insu, étaient alliés naturels de l'effréné monde du Temple » (Michelet, *Histoire de France* XIV 109). Pourtant, ni les uns ni les autres n'eurent, dans un premier temps, gain de cause : Bossuet monte au front ainsi qu'il le relate dans *La Relation sur le quiétisme* et obtient, avec la relégation de Fénelon à Cambrai et l'internement de Madame Guyon à Vincennes, un répit pour l'absolutisme.

Est-ce à dire que l'attrait pour la mer et sa promesse de dissolution est affaibli ? Il n'en est rien. La carrière de ce motif ne fait que commencer et sera suffisamment prospère pour qu'Aragon juge nécessaire de publier en 1922 son propre *Télémaque*. Ici, le jeune héros entend faire non pas l'épreuve de sa vertu, mais la démonstration de son essentielle liberté en se jetant du haut d'une falaise. Alors « le corps nu, jeune et bien portant se précipita dans le vide, tournoya, bolide oiseau mortel, tournoya pour s'abattre, sac d'os fracassés sur les rochers, devant les vagues qui ne sanglotèrent même pas » (Aragon 79). Substituant la dislocation matérielle à la dissolution mystique, Aragon cherche à fermer la voie à une symbolique politico-religieuse dont on peut dire qu'elle contrevient autant aux idéaux communistes qu'elle mina en son temps les fondements de l'absolutisme.

Comment la mystique dissolution marine a-t-elle survécu au triomphe de Bossuet ? En trouvant « refuge » en Suisse puis en Allemagne où elle s'est « ramifié[e] non sans fruit » (Sainte-Beuve 5) ainsi que Sainte-Beuve le remarque en préface de son *Port-Royal*. C'est sur ces territoires, bien plus cléments avec le « monde du Temple » que ne le fut la France absolutiste, que va pleinement s'épanouir « le sublime marin ». Alain Corbin précise que ce dernier est une manière de « prendre la mesure de l'incommensurable » (Corbin 146). Sans être tout à fait inexacte, cette définition est trop restrictive pour comprendre les logiques à l'œuvre. Celles-ci relèvent moins d'une mesure paradoxale que d'une démesure pleine et entière qui est précisément le propre du sublime. Kant, qu'on ne peut soupçonner de mysticisme, est sans ambiguïté : le sublime est ce qui est capable de rendre compte d'un « illimité » auquel s'adjoint « par la pensée la notion de totalité » (Kant 156). L'illimité et la totalité étant, par définition, sans contours, ils relèvent de l'intensité qui s'étalonne moins au moyen des règles et de la mesure que par le truchement des normes et de la valeur. Sans pouvoir aller aux dernières conséquences de cette nuance qui va bien au-delà d'un simple glissement sémantique, on peut facilement comprendre en quoi la mer, qu'on tenait traditionnellement pour une force aussi aveugle que puissante, va submerger l'imaginaire au tournant du XVIIIe et du XIXe siècle. Car la mer est l'intensité même.

L'espace marin, parce qu'il est dissolu mais traversé de courants, de sacs et de ressacs, s'impose donc comme le lieu du sublime et de son ambition « faustienne » de donner accès simultanément à la totalité et à l'infini. Caspar David Friedrich illustre de manière frappante cette aspiration : lorsqu'il livre en 1810 son *Moine au bord de la mer* (fig. 5.3), il conjugue la « monotonie » et « l'infinitude » avec une virtuosité telle qu'on a l'impression, en contemplant le tableau, « d'avoir les paupières coupées » (Kleist 199–200). Les ports du Lorrain ouvraient sur un horizon que la mise en perspective qualifiait plastiquement comme une destination. Au contraire, la mer de Friedrich substitue à la profondeur une énigmatique densité sanctionnée par une dissolution des contours—rivage, flots et cieux se confondent dans la matérialité de la couleur. Cette esthétique, par la démesure subjective dont elle se revendique, produit des oppositions massives qu'elle cherche dans le même temps à concilier. La première d'entre elles consiste à permettre la communion de l'un minuscule, autrement dit l'individu, avec l'Un majuscule, qu'on l'appelle Dieu ou « la vie infinie ». Cette vie sans terme, la mystique allemande Karoline von Günderode la dépeint précisément comme un Océan primordial qu'elle aspire à rejoindre et où se mêlent « le temps et l'éternité ensemble, et le visible et l'invisible, qui demeure dans le

FIGURE 5.3 Caspar David Friedrich (1774–1840), *Der Mönch am Meer* (*Le Moine au bord de la mer*), 1808–10. Huile sur toile, 110 × 171,5 cm. Berlin : Alte Nationalgalerie

changement » (Günderode 684). Ce motif, partagé par Friedrich et Günderode et, plus largement, par les auteurs du *Sturm und Drang*, peut sembler radical. C'est tout au moins l'opinion de Goethe. Il demeure pourtant opératoire même lorsqu'il n'est pas poussé à son acmé. Il alimente en effet un infléchissement de la compréhension de la nature « créée » dans une perspective qui lie plus étroitement que jamais la « destination de l'homme » et le « devenir », y compris « naturel ». Par exemple, Fichte spéculera sur une moralisation progressive de la nature grâce à laquelle cette dernière renoncera à ses « violences désordonnées » matérialisées en tempêtes et cataclysmes (Fichte 172). Schiller est plus précis lorsqu'il définit, à travers la *Bildung*, l'idée d'une formation réciproque de l'individu et du paysage par le truchement d'une opération hautement esthétique. La relation qui se noue entre l'homme et « sa » nature devient ici bien plus qu'analogique. Il y a là un « travail » commun, une « création » non divine qui envahit la biologie elle-même. Aussi, Michelet, alors qu'il inventorie les dernières recherches naturalistes touchant les océans, conclut son propos sur cette envolée : « la vie impérieuse réclame [en mer] l'assistance, l'indispensable secours de sa sœur, la mort. Elles se livrent un combat, une lutte immense, qui n'est qu'harmonie et fait le salut » (Michelet, *La Mer* 109). La formule n'est pas sans rappeler l'éternité rimbaldienne par laquelle la mer va avec le soleil. L'écume concilie l'inconciliable—elle est réconciliation. Et c'est précisément cette promesse qui impose la mer comme un puissant paradigme romantique.

Car concilier l'inconciliable est l'enjeu majeur de cette période, non pas pour des raisons uniquement religieuses ou poétiques, mais pour des raisons parfaitement historiques, de nature à la fois politique et économique. Les bouleversements qui résultent de la Révolution française et de la première révolution industrielle ouvrent des temps inquiets. Il faut concilier la liberté et l'égalité, l'État et l'individu, l'économique et le politique, la machine et la nature, l'intérêt le plus farouchement personnel et le désintéressement moral, etc. Il est alors tentant de s'inspirer du modèle totalisant offert par la mer mystique de la dissolution, afin de ne renoncer à rien. Outre que de multiples narrations s'appuient sur ce symbole pour tracer des parcours initiatiques très caractéristiques de l'époque[5], de nombreux auteurs espèrent produire une œuvre totale, sublime. Schelling juge ainsi qu'il sera un jour possible d'écrire le « plus grand poème héroïque embrassant dans son esprit ... ce qui fut, ce qui est et ce qui sera » (Schelling 141). De même, Novalis, qui fut de son propre aveu un lecteur assidu de Madame Guyon, envisage de livrer une « Bible scientifique—un

5 Nous pensons, par exemple, au *Faust* de Lenau, à *La Fable adalbertine* de Chamisso ou à l'*Obéron* de Wieland.

modèle réel et idéal—et le germe de tous les livres » (Novalis 153). Enfin, l'auteur anonyme du *Plus vieux programme de système de l'idéalisme allemand* appelle de ces vœux l'élaboration d'une « mythologie rationnelle » que pourront partager le philosophe et l'homme du peuple. Ce texte, particulièrement curieux, était conservé par Hegel, à qui l'on doit d'avoir trouvé une matrice plus opérante que la mer mystique et sa fondamentale indétermination pour réconcilier les oppositions. Car c'est finalement la dialectique historique qui va prendre en charge le récit totalisateur à laquelle la période aspire. L'opposition n'est plus alors une contradiction mais une opération féconde qui promet a priori plus un dépassement qu'une dissolution. Grâce à la dialectique et au sens de l'histoire qu'elle institue, on retrouve en quelque sorte la terre ferme sans pour autant renoncer à l'horizon marin.

La mer en est-elle pour autant entièrement asséchée dans l'imaginaire politique, et ce d'autant plus efficacement que la modernité normalise une eau devenue de moins en moins aventureuse à mesure que les voies maritimes sont balisées ? Volontiers amer, Goethe note ainsi, dès juin 1825 : « richesse et vitesse, voilà ce que le monde admire et ce vers quoi chacun tend ». Et de citer, parmi les « facilités possibles de la communication » qui font peser le risque majeur de la « médiocrité » sur la « culture », les « bateaux à vapeur » (Schmidt 292). Accroître les échanges, et les échanges rapides, dépouille les lointains de leurs attraits, fussent-ils « exotiques » ou même « barbares ». Les bons sauvages ne portent plus guère de modèles alternatifs à opposer, non plus au luxe, mais à cette sorte de modernité conquérante qui est encore la nôtre. La mystique de l'infini et de la totalité s'évanouit derrière la dévoration, ici et maintenant, de ce qui paraît indéfiniment disponible. Pour le dire en raccourci, l'imaginaire de la mer semble difficilement pouvoir survivre au triomphe de l'utilité et de la performance porté par un commerce dont les risques ne dépendent plus tant de la navigation que de la spéculation que craignait Fénelon.

Cet imaginaire va pourtant perdurer grâce à une étrange modulation du *pattern* mystique de la mer. Michelet a déjà suggéré cet infléchissement lorsqu'il souligne : « ce que le globe a de plus ordonné, de plus symétrique, c'est ce qui paraît le plus libre, le jeu de la circulation » (Michelet, *La Mer* 62). Circulation … le terme permet de ne pas interrompre les échanges et la « communication » sans pour autant renoncer à une « culture » [*Kultur*] authentique. L'aporie relevée par Goethe est, de la sorte, surpassée. Autrement dit, la « souveraineté de l'État » est préservée en même temps que la « liberté des mers ». Il revient à Carl Schmitt de déplier cette adaptation de la médiation dissolue et intense que le motif maritime promet, avec pour conséquence de réaffirmer l'opposition comme une nécessité logique pour la bonne marche de la dialectique et donc de l'histoire[6]. Cette opposition est particulièrement franche puisqu'elle oppose l'ami et l'ennemi, discrimination fondamentale qui est considérée comme condition *sine qua non* de la souveraineté. Le souverain n'est donc plus conçu comme une force centralisatrice qui ordonne et civilise l'hétérogène, pas plus qu'il n'est réductible à une communion conciliatrice et harmonieuse des vertueux. Il n'est pas non plus réductible au jeu économique puisque Schmitt précise : « le libéralisme, pris entre l'esprit et l'économie, a tenté de réduire l'ennemi à un concurrent du côté des affaires et, du côté de l'esprit, à un adversaire que l'on affronte dans un débat » (Schmitt, *La Notion de politique* 66). Cette sorte de conciliation négociable n'est pas compatible avec un souverain qui ne peut se maintenir sans la confrontation dynamique d'antagonistes irréconciliables puisqu'il fait preuve de son « autorité » dans la mesure où il est capable de « trancher la situation décisive, tout exceptionnelle qu'elle soit » (Schmitt, *La Notion de politique* 78). Le risque doit être « vital » et non pas seulement commercial pour être opérant.

La mer, grâce à son indétermination fondamentale, joue un rôle décisif dans cette mise en tension des amis et des ennemis pour entretenir un risque essentiel au maintien du souverain. C'est tout le sens du curieux *opus* que Schmitt publie en 1942 sous le titre de *Terre et Mer*. En pleine guerre mondiale, alors que la dialectique est malmenée à Stalingrad aussi bien d'un point de vue idéaliste que d'un point de vue matérialiste, il s'emploie à chanter les louanges de l'opposition de la terre et de la mer grâce à laquelle, selon lui, l'homme a pu pleinement exprimer le pouvoir qui est le sien « de conquérir, par l'histoire, son existence et sa conscience » indépendamment de « son milieu » d'origine (Schmitt, *Terre et Mer* 110). Car si la terre impose le statisme, lorsque « la terre devient mer, … elle devient libre » (Schmitt, *Terre et Mer* 170). Schmitt attribue cette maxime à ceux qu'il nomme les « gueux néerlandais » dont la qualité principale est d'être des calvinistes aptes à « suivre le déploiement des énergies maritimes » précisément parce que leur foi en la prédestination leur offre « la certitude d'être sauvé[s], et ce salut n'est autre que le sens de toute l'histoire du monde, qui éclipse toute autre idée ». Un tel salut exonéré de rédemption n'est pas sans rappeler le pur amour de Madame Guyon. Mais, plutôt que de promettre une dissolution de soi dans la totalité, il est le moteur par lequel se conquiert la contradiction et s'accomplit le sens de l'histoire selon un

6 « S'il n'y avait plus sur terre que de la neutralité, ce serait la fin non seulement de toute guerre mais de la neutralité elle-même, tout comme c'est la fin de toute politique, y compris d'une politique visant à éviter le combat dès lors que l'éventualité concrète du combat disparaît » (Schmitt, *La Notion de politique* 72).

mouvement très hégélien. On retrouve ici la logique épique qui fait du périple maritime l'instrument privilégié du traçage de frontières autant que la logique marchande selon laquelle le lointain est prometteur de fructueux échanges qui ne sont pas seulement pécuniaires mais, plus fondamentalement, esthétiques. Car, grâce aux marins qui « découvrirent » le monde, « l'espace est devenu le champ de forces de l'énergie, de l'activité, de la création humaine » (Schmitt, *Terre et Mer* 190). Autrement dit, le terrain sur lequel se joue le jeu suprême des normes et des valeurs, de la virtualité et du risque.

La mer permettrait ainsi d'articuler les espaces précisément parce qu'elle les tient à distance les uns des autres. L'éloignement et l'indétermination ne sont, grâce à elle, plus considérés comme défectifs. Ils sont plutôt à entendre comme appel du large, liberté de créer ... En ce qu'elle donne du champ, la mer pourrait ainsi avoir largement participé à forger l'imaginaire d'un Occident qui s'est donné pour destin la conquête. La mer sur laquelle l'homme ne peut prendre pied aurait ainsi participé à la formalisation d'une sorte de pensée du conflit qui se veut positive en ce qu'elle recherche toujours une résolution, même dans la guerre la plus sanglante. C'est peut-être ce besoin permanent de maintenir la contradiction qui justifie sa contrepartie pour ainsi dire naturelle : la quête incessante du salut. Le modèle est puissant—mais peut-être est-il temps de le questionner en profondeur alors que les antagonismes deviennent de plus en plus virulents et que la « création » humaine a moins pour conséquence les progrès de la vertu que la dégradation d'un monde qu'on a trop cru être notre habitat exclusif—sur terre comme sur mer.

Sources citées

Anonyme. *Das älteste Systemprogramm des deutschen Idealismus*. 1796–97. Français : « Le plus vieux programme de système de l'idéalisme allemand ». Trad. Olivier Depré en annexe d'« Éclairages nouveaux sur *Le plus vieux programme de système de l'idéalisme allemand.* » In *Revue Philosophique de Louvain*. Quatrième série. Tome 88, n° 77. 79–98.

Aragon, Louis. *Les Aventures de Télémaque*. Paris : Gallimard, 2010.

Bossuet, Jacques Bénigne. *Relation sur le quiétisme, Œuvres*. Paris : Gallimard, 2007. 1099–1177.

Colasse, Bernard. *Les Fondements de la comptabilité*. Paris : La Découverte, 2012.

Corbin, Alain. *Le Territoire du vide. L'Occident et le désir du rivage : 1750–1840*. Paris : Flammarion, 2000.

Certeau, Michel de. *La Fable mystique : XVIe–XVIIe siècle*. Paris : Gallimard, 2013.

Elias, Norbert. *Die höfische Gesellschaft*. 1969. Français : *La Société de cour*. Trad. Pierre Kamnitzer et Jeanne Etoré. Paris : Flammarion, 2013.

Ellul, Jacques. *Histoire des institutions. XVIe siècle–XVIIIe siècle*, Paris, PUF, 2014.

Fénelon. *Lettre à Louis XIV et autres écrits politiques*. Paris : Omnia, 2011.

Fénelon. *Les Aventures de Télémaque*. Paris : Gallimard. 2011.

Foucault, Michel. *Histoire de la folie à l'âge classique*. Paris : Gallimard, 1993.

Günderode, Karoline von. *Ein apokalyptisches Fragment*. 1804. Français : « Un fragment d'Apocalypse ». In *Les Romantiques allemands*. Trad. Armel Guerne. Paris : Phébus libretto, 2004. 684–86.

Guyon, Jeanne et Fénelon. *La Correspondance secrète*. Paris : Devry-Livres, 1982.

Guyon, Jeanne. *Les Torrents*. Grenoble : Éditions Jérôme Million, 1992.

Houdard de la Motte et Fénelon. « Lettres sur Homère et sur les Anciens 1713–14 ». In *La Querelle des Anciens et des Modernes*, Éd. Anne-Marie Lecoq. Paris : Gallimard, 2001. 471–93.

Kant, Emmanuel. *Kritik der Urteilskraft*. 1790. Français : *Critique de la faculté de juger*. Trad. A. Philonenko. Paris : Vrin, 1993.

Kleist, Heinrich von. « Impression devant un paysage marin de Friedrich », *Petits écrits, Œuvres complètes*, tome 1. 1810. Trad. Pierre Deshusses. Paris : Gallimard, 1999. 199–200.

Michelet, Jules. *Histoire de France 14. Louis XIV et le Duc de Bourgogne*. Paris : Éditions des Équateurs, 2008.

Michelet, Jules. *La Mer*. Paris : Gallimard, 1983.

Montesquieu. *De l'Esprit des Lois*, tome 2. Paris : Flammarion, 1999.

Novalis. *Le Brouillon général*, Trad. Olivier Schefer. Paris : Éditions Allia, 2015.

Pavel, Thomas. *L'Art de l'éloignement : essai sur l'imaginaire classique*. Paris : Gallimard, 1996.

Platon. *Νόμοι*. Français : *Les Lois, Œuvres complètes*. Trad. Luc Brisson. Paris : Flammarion, 2020. 682–1010.

Sainte-Beuve, Charles Augustin. *Port-Royal*, tome 1. 1840. Paris : Robert Laffont, 2004.

Schelling, Friedrich Wilhelm Joseph. *Weltalter*. 1811. Français : *Les Âges du monde*, Trad. Pascal David. Paris : PUF, 1992.

Schmidt, Joël. *Goethe*. Paris : Gallimard, 2014.

Schmitt, Carl. *Land und Meer. Eine weltgeschichtliche Betrachtung*. 1942. Français : *Terre et Mer*. Trad. Jean-Louis Pesteil. Paris : PGDR, 2017.

Schmitt, Carl. *Der Begriff des Politischen*. 1932. Français : *La Notion de politique. Théorie du partisan*. Trad. Marie-Louise Steinhauser. Paris : Flammarion, 2009.

Voltaire. *Le Siècle de Louis XIV*. Paris : Librairie générale française, 2008.

Voltaire. *Le Mondain*. Paris : 1736.

6

Traverser l'Atlantique à la Renaissance et au Grand Siècle

La Poétique du franchissement transocéanique dans le genre viatique

Nicolas Hebbinckuys

Résumé

Dans le sillage des grandes découvertes, l'Atlantique devient un lieu de passage fréquenté par les explorateurs, les missionnaires et les marchands du Nouveau Monde. La traversée, étape incontournable du périple en Amérique, permet de découvrir les richesses de l'Océan. Mais au-delà des curiosités aquatiques, qui constituent une scénographie littéraire évidente, l'Atlantique invite à une méditation plus profonde. Face aux dangers qui l'entourent, le voyageur prend conscience de sa fragilité. Dans cet article, nous examinons la poétique du franchissement transocéanique à travers le prisme de ses motifs les plus communs et des réflexions qu'il engendre dans quelques récits de voyage emblématiques du XVIIe siècle.

Mots clefs

Atlantique – Dière de Diéreville – genre viatique – Jean de Léry – Marc Lescarbot – littérature de voyage – Nouvelle-France – Océan – poétique du franchissement

Les XVIe et XVIIe siècles marquent un tournant dans l'histoire de l'Amérique. Jusque-là préservée de l'influence européenne, cette immense contrée voit alors affluer une multitude d'Européens venus dans l'espoir de bâtir un monde nouveau. Pourtant, avant même de pouvoir prendre terre, les aventuriers du Nouveau Monde doivent d'abord vaincre la mer et surmonter maintes péripéties. Outre les conditions difficiles entraînées par la promiscuité et le manque d'hygiène à bord, s'ajoutent encore les accidents imprévus, la crainte permanente d'une attaque ennemie, l'angoisse des tempêtes qui menacent à l'horizon et bien d'autres périls … À ce titre, la traversée de l'Atlantique constitue une étape cruciale du périple vers l'Amérique que les voyageurs ne manquent pas de raconter. Et pour décrire le *Mare Magnum*, chaque chroniqueur a sa

 | DOI:10.1163/9789004549258_008

propre façon de fonctionner. Si certains ne s'attardent guère à partager leur perception, d'autres prennent plaisir à raconter en détail leurs tribulations sur la *mer océane* au risque, parfois, de métamorphoser leur périple transatlantique en une véritable odyssée. Aussi, loin de n'être qu'un simple interstice anecdotique de la relation de voyage, l'épisode transocéanique constitue au contraire l'un des temps forts du récit dans lequel se dégage une poétique du franchissement avec sa rhétorique et ses questionnements. Nous en étudions ici quelques motifs récurrents pour tenter de percevoir ce que révèle la traversée du *Mare Oceanum* à une époque où explorateurs, marchands et missionnaires se hasardent à le traverser. Pour ce faire, nous puiserons nos exemples dans les récits de quelques voyageurs emblématiques tels que Jean de Léry, pasteur huguenot, auteur de l'*Histoire d'un voyage fait en la terre du Brésil* (1578), Claude d'Abbeville, un franciscain ayant pris part à la tentative coloniale de Saint-Louis de Maragnan (Maranhão), Marc Lescarbot, auteur de l'*Histoire de la Nouvelle-France* (1609) et d'autres personnages moins connus comme Dière de Diéreville, un chirurgien-poète venu en Acadie pour compléter l'herbier du Jardin royal au tout début du XVIIIe siècle[1].

1 Prolégomènes autour de l'Atlantique

Si l'Atlantique désigne aujourd'hui l'océan qui sépare l'Europe et l'Afrique de l'Amérique, à la fin de la Renaissance plusieurs nomenclatures subdivisent cet espace (fig. 6.1) : l'*Atlanticus*, qui longe les côtes européennes de l'Angleterre jusqu'au Maroc ; l'*Aethiopicus*, qui s'étire dans la partie occidentale du reste du continent africain ; et la *Mer* dite *du Nord*[2], qui englobe le littoral oriental de l'Amérique (Mercator 7, 11, 663). Dans son dictionnaire des noms propres, l'encyclopédiste Moreri confirme que les « géographes lui donnent différentes étendues »[3] tandis que dans le corpus qui nous intéresse, les auteurs ont plutôt recours à diverses périphrases (*Mer du Ponant*, *Mer de deçà*,

1 Nous avons exclu de notre corpus les récits des voyageurs en partance pour les Indes orientales, qui, bien qu'ils longent l'*Oceanus Occidentalis* ne le franchissent pas, à proprement parler, d'Est en Ouest.

2 Ce nom calque la toponymie espagnole au même titre que la *Mer du Sud* qui désigne le Pacifique (Mercator 167–667).

3 L'occurrence *Atlantique* est absente de la première édition (1674) bien qu'on en retrouve une première définition sous l'entrée *Atlas*. Dans la réédition tardive que nous citons (1740), l'hésitation est encore très présente : les uns n'y enfermant que les « mers qui baignent les côtes occidentales de l'Espagne et de l'Afrique », les autres considérant « cette vaste mer qui est entre les côtes occidentales de l'Europe & de l'Afrique, et les côtes Orientales de l'Amérique » (Moreri 721).

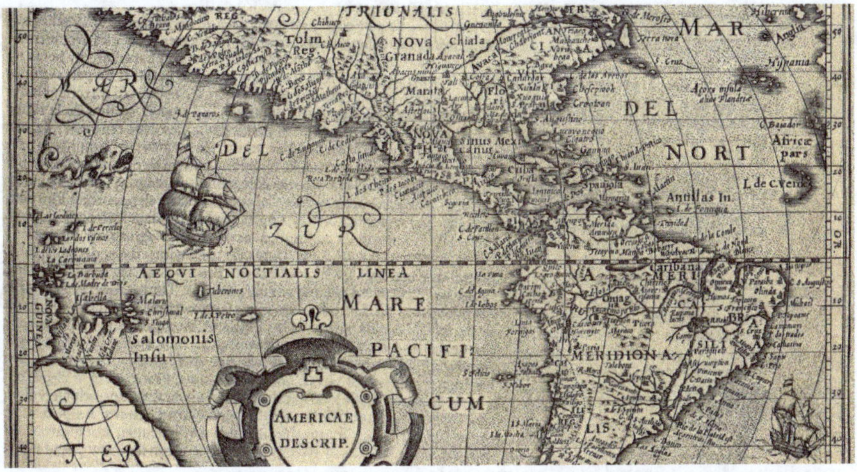

FIGURE 6.1 Gérard Mercator (1512–94), « L'Amérique », *Atlas Minor* [1607], 1614, p. 647. BnF—Gallica

Océan Gallique) pour désigner tour à tour « ceste grande et impétueuse mer océane » (Léry 515). Cependant, il faudrait d'emblée distinguer les écrivains qui voyagent—prédisposés à partager leurs impressions de l'Atlantique comme le sont les missionnaires, les chroniqueurs ou les poètes—des voyageurs qui écrivent, peu bavards sur cet épisode comme le sont les capitaines d'expédition. C'est notamment le cas de Giovanni da Verrazano envoyé par François Ier pour « acquérir de nouvelles certitudes » sur ce continent reclus entre les « deux mers de l'est et de l'ouest » (Verrazano 47). Parti de Dieppe au début de l'année 1524, le navigateur file en droiture vers l'Ouest et découvre « une terre nouvelle que nul Antique ou Moderne n'avait jamais vue » (Verrazano 13). À l'exception de quelques remarques sur les vents ou la mention d'une violente tourmente, le Florentin n'en dit pas davantage sur ses pérégrinations océaniques. Plus laconique encore se montre Jacques Cartier qui quitte Saint-Malo le vingtième jour d'avril 1534 pour rallier, trois semaines plus tard, la « Terre Neuffve » (Cartier 95). Comme son devancier, le découvreur du Canada est chiche de détails et ne s'émeut pas outre mesure du grand nombre de glaces qui le forcent à détourner sa route[4]. Il en va de même pour Jean Ribault, chargé par Coligny d'établir un refuge huguenot en Floride (1562) et qui résume son expérience transocéanique à ces quelques lignes : « Nous reprîmes le large. … Dieu nous accord[a] … un vent assez favorable, je décidai … d'établir, pour

4 *Bis repetita* pour ses deux expéditions qui suivent : l'explorateur s'en tient à un propos factuel sans longs développements (Cartier 191).

l'honneur de notre nation, une nouvelle route … sur 1800 lieues. … Le dernier jour d'Avril, au point du jour, nous découvrîmes et aperçûmes une belle côte » (Ribault 4–7). À l'image de ces trois exemples, les navigateurs n'accordent que peu d'importance à la traversée sans doute parce qu'ils se focalisent déjà sur la conquête de l'espace terrestre.

En revanche, ce n'est pas le cas des missionnaires qui s'émerveillent de ce « gros amas d'eaux » parfaitement intégré à cette « grande machine ronde » (Léry 515–16). En effet, par les interrogations qu'il soulève, l'Atlantique renvoie irrémédiablement aux mystères de la création et de son Créateur comme en témoigne le capucin Claude d'Abbeville, qui apostrophe l'Éternel de la sorte : « Ô Dieu que vous estes admirable ! Mais si vous l'estes tant sur la Terre, combien davantage le serez-vous sur la mer ? » (Abbeville 44v–45r). Car pour le croyant, Dieu est le seul qui puisse apaiser les flots (Léry 115), guider le vaisseau au milieu de « ce grand & epouventable Occean » (Sagard 118) ou savoir si « nous sommes hors de danger des ennemis et à couvert des tempêtes » comme s'en émeut Marie de l'Incarnation, la première ursuline du Canada (Guyart 320). De la même façon, les chroniqueurs consacrent également plusieurs pages à la traversée. Pour Marc Lescarbot, l'Atlantique constitue un objet littéraire qui permet de discourir sur l'origine de la navigation, de digresser sur le mouvement des glaces ou, même, de composer des vers à l'image des *Muses de la Nouvelle-France* « façonné[es] … au branle de[s] flots » (Lescarbot, *Muses* 76). Pour le poète Diéreville, les « mouvements de la Mer dans une traversée de long cours » sont également un thème de prédilection[5]. Dans un récit où la prose alterne avec la poésie, l'écrivain narre la vie à bord de la *Royale-Paix* au point où l'on se demande, d'ailleurs, si ce n'est pas là le véritable mobile (littéraire) de son périple en Acadie. Qu'il décrive la banalité d'une accalmie ou, tout au contraire, la violence de la houle, peu importe l'intensité du grain de vent, car pour cet esprit galant, c'est une occasion de moudre des vers :

> A peine entendoit-on le murmure de l'Onde,
> Tout nous invitait au repos,
> Je le goûtais aussi dans une paix profonde, …
> Et la Pipe à la main, campé sur le Gaillard
> Je tirois la vapeur de la Nicotiane.
> …

5 La citation correspond au sous-titre de l'ouvrage de Diéreville. Sur les 236 pages, 148 sont dédiées à la traversée (aller et retour).

> La Mer s'éleva jusqu'aux nuës,
> Nôtre Vaisseau prenait le même cours ;
> Et suivant le torrent des vagues suspenduës,
> Ne faisoit que monter & descendre toujours. (Diéreville 157–58 et 161)

2 Motifs et lieux communs

> Le vaisseau seul est un spectacle : … hippogriffe ou coursier ailé, il obéit à la main du pilote. … L'élégance des mâts et des cordages, la légèreté des matelots … font de cette machine savante une des merveilles du génie de l'homme. (Chateaubriand 201)

Sur le « vaste empire des ondes » (Diéreville 333), les relationnaires prennent donc plaisir à décrire tout ce qui rythme la traversée : des choses du quotidien aux curiosités de l'Atlantique. Documentant la vie à bord de cette « ville flotante » (Lescarbot 517), ils dépeignent d'abord les éléments les plus ordinaires comme le roulis qui contraint les nouvelles recrues à « rendre le tribut à Neptune » (Lescarbot 516, Sagard 119, Diéreville 164). Passagers les moins expérimentés en l'art de la navigation, ils se passionnent ensuite pour d'étranges objets tels que l'astrolabe ou l'aiguille aimantée. À l'instar de Diéreville, la plupart critiquent la nourriture ou se plaignent du manque d'hygiène :

> Telle soupe d'ailleurs n'est pas fort excellente,
> On ne perd pas beaucoup à n'en manger qu'un peu,
> C'est le seul appétit qui la fait ragoûtante,
> …
> J'avois sur tout horreur de la Gamelle ;
> Quelle malpropreté de Linge & de Vaisselle !
> Jamais on n'écuroit les plats
> Qu'on entourait d'un torchon gras,
> Pour en empêcher la culbutte. (Diéreville 159 et 178)

Par ailleurs, admirer les mariniers à l'œuvre est toujours un spectacle à ne pas manquer. Si les uns s'émerveillent de leur ingéniosité à produire de l'eau potable après avoir lesté quelques draps tendus d'une « pièce de plomb fort pesante » (Abbeville 28v), les autres admirent leur courage à rechercher « trous et fentes » sous le tillac pour colmater les brèches « avec du lard, du plomb, des draps » (Léry 510). À l'unanimité, tous louent l'agilité des matelots lorsqu'au

FIGURE 6.2 Pierre de Vaulx (15..–16..), détail de la « ligne Aequinoctialle » d'après une carte manuscrite, 1612. BnF—Gallica

beau milieu de la tempête ceux-ci grimpent dans les haubans « soutenus seulement de la force de leurs bras & piés » pour démêler les cordages et raccoutrer au péril de leur vie « ce qui étoit decousu » (Lescarbot 522). En outre, relater les étapes importantes constitue un autre truisme manifeste. Dans l'Atlantique Sud, c'est le franchissement de la *Ceinture du Monde* (fig. 6.2) qui donne lieu à un rituel au cours duquel « ceux qui n'ont jamais passé sous l'Equateur » sont plongés en pleine mer pieds et poings liés (Léry 143). Dans l'Atlantique Nord, c'est l'arrivée sur les Grands Bancs qui provoque des scènes de liesse comme s'en souvient Lescarbot le 22 juin 1606 : « Je ne sçaurois exprimer la Joye que nous eumes de nous voir là où nous avions tant desiré d'étre parvenus » (Lescarbot 526). Bien qu'elle survienne en pleine mer, cette étape cruciale permet à l'équipage de se ravitailler en morues fraîches, la plupart des « volailles et des moutons » étant morts de froid ou de maladie (Bacqueville 38). Flottant au-dessus des « montagnes assises sur le profond des abîmes » le vaisseau, s'adonne à la « pécherie de la Moruë verte », qui, hachée avec du lard et des épices, donne « d'aussi bons cervelas » que ceux de Paris (Lescarbot 526–28). Les Grands-Bancs font ainsi l'objet d'une iconographie très riche qui illustre bien l'espoir suscité par leur proximité avec la terre et le réconfort qu'ils procurent par l'abondance des ressources halieutiques. Au début du XVIIe siècle, leur emplacement est soigneusement répertorié comme sur la carte de Samuel de Champlain (fig. 6.3).

Viennent ensuite les éléments appartenant à l'éventail des « singularités observées en navigant » (Thevet 113). Le cosmographe André Thevet décrit plusieurs créatures (la tortue de mer, qui a le goût du veau, le marsouin annonciateur de tempêtes, la dorade, le thon albacore, le dauphin, le requin …), qui inspireront de nombreux voyageurs après lui. Imitant les bestiaires de la Renaissance[6], ces descriptions animalières s'érigent en poncifs du genre

6 Pensons, par exemple, aux ouvrages de Pierre Belon : l'*Histoire Naturelle des estranges poissons marins* (1551) et la *Nature et diversité des poissons* (1555).

FIGURE 6.3 Samuel de Champlain (*c.*1570–1635), les Grands Bancs, détail de la « Carte Géographique de la Nouvelle-France », 1612
COURTESY OF THE JOHN CARTER BROWN LIBRARY

viatique, l'exemple le plus frappant demeurant sans doute celui des poissons volants. Croisés au large de la zone torride, les *exocoeti volitantes* ne manquent pas de surprendre l'équipage lorsqu'ils percutent le navire : « Nous commençâsmes ... de voir ... s'eslever en l'air des grosses troupes de poissons volans hors de l'eau (ainsi que sur terre on voit les alouettes et estourneaux) ..., quelques-uns s'ahurtans contre les mats de nos navires ... ; nous les prenions ainsi aisément à la main » (Léry 127). Cette scène sera d'ailleurs mise en image par le graveur Théodore de Bry dans une célèbre taille-douce des *Grands Voyages* (fig. 6.4). Quant à l'Atlantique Nord, il n'est pas non plus dépourvu de curiosités : grands pingouins, fous de Bassan, macareux, bélugas, respectivement baptisés par Cartier *apponatz, margaulx, richars, marsouins blancs*, ne donnent qu'un aperçu de l'inventaire océanique. Sans pouvoir les commenter de manière exhaustive, on se contentera de reporter ici la description du *Siguenoc*. Cet arthropode, mieux connu sous le nom de limule, ne manque pas d'interloquer le futur fondateur de Québec :

> En ce lieu, ... il y a quantité de siguenocs, ... un poisson portant une écaille sur le dos ..., laquelle a au milieu une rangée de petits piquants de couleur de feuille morte. ... Il en a une autre plus petite qui est bordée d'aiguillons fort piquants. La queue est longue ..., [l]es peuples [en] ferrent leurs flèches. ... [Le siguenoc a] aussi une rangée d'aiguillons comme la grande écaille sur laquelle sont les yeux. Il a huit petits pieds, ..., et, derrière, deux plus longs et plats, dont il se sert pour nager. (Champlain 273 ; fig. 6.5)

FIGURE 6.4 Théodore de Bry (1528–98), *Navigatio in Brasiliam Americae*, 1592
COURTESY OF THE JOHN CARTER BROWN LIBRARY

FIGURE 6.5
Détail de la carte de Champlain, 1612
COURTESY OF THE JOHN CARTER BROWN LIBRARY

Enfin, on ne saurait refermer cette section sans aborder le motif océanique le plus emblématique, la baleine. Qu'ils l'aient observée de près ou d'un peu plus loin (Léry 145 ; Lescarbot 544 ; Champlain 385 ; Sagard 127), d'aucuns la décrivent même quand ils avouent ne pas avoir croisé sa route (Thevet 398). Figure de l'épouvante par excellence, la baleine est encore représentée au milieu du XVIe siècle sous les traits d'un monstre marin avec des nageoires griffues et deux évents effrayants (fig. 6.6). En lui consacrant un chapitre au complet, Champlain livre une description plus authentique et se moque de ceux qui croient qu'on la pêche encore « à coups de canon » (Champlain 383–87).

FIGURE 6.6 Diego Gutiérrez (XVIe siècle), détail d'une baleine, *Americae Sive Qvartae Orbis Partis Nova Et Exactissima Descriptio*, 1562. Library of Congress (Rosenwald Collection)

3 La Poétique du franchissement

> Animé d'un souffle impétueux, le navire, avec sa quille, comme avec le soc d'une charrue, laboure à grand bruit le champ des mers. (Chateaubriand 201)

Au-delà de l'évocation documentaire qu'il suscite, l'Atlantique constitue un espace littéraire dont les lieux communs, les événements et les phénomènes prennent une dimension poétique, voire philosophique, dans la mesure où la traversée devient une allégorie de l'homme face à sa propre condition de mortel. À cet égard, le franchissement transocéanique trahit la double volonté, consciente ou inconsciente, du relationnaire. Augmenter la tension dramatique du récit, d'une part, par un discours et des figures de style qui touchent le lecteur pour l'associer le plus possible à l'expérience ; et tenter de toucher le sublime, d'autre part, par une méditation plus profonde sur le sens de l'existence et dont la prise de conscience se révèle dans le creux d'une vague ou dans le mugissement de la tempête. La rhétorique d'un danger omniprésent se manifeste ainsi de manière très concrète et les périls qui incarnent l'Océan sont de deux ordres : les menaces extérieures, qui, quand elles ne sont pas provoquées par la rencontre d'une voile ennemie, peuvent venir de la dégradation des conditions climatiques ; et celles qui proviennent de l'intérieur même du navire. Les descriptions de la tempête ou plutôt l'éventail de ses déclinaisons (les vents contraires, le coup de mer, l'ouragan) sont le lieu commun le plus répandu. Les religieux voient d'ailleurs dans ces « bourrasques épouvantables » une manifestation du diable (Abbeville 23r). Dans leur fureur, elles amputent la nef de son hunier, de ses galeries, de ses occupants (Abbeville 129r, 133v ; Lescarbot 175, 433 ; Champlain 372 ; Sagard 123). À proximité du Labrador, ce sont les glaces qui « quelquefois se voient en bancs longs de huit ou dix lieuës » (Lescarbot 524). Au sud de Terre-Neuve, ce sont les écueils naturels comme l'Île-de-Sable, au large de l'actuelle Nouvelle-Écosse, qu'il faut soigneusement éviter. Sous le ciel du Pot-au-noir, ce sont les « pluies infectes et pestilentieuses », qui couvrent les corps de pustules (Abbeville 28r), gâtent les provisions tant elles sont diluviennes et obligent l'équipage à « manger pourri » ou à « mourir de faim » (Léry 139). À l'intérieur du navire, il faut prendre garde à la contamination de l'eau potable par le bétail[7], mais aussi aux risques d'incendie où peut s'en faut, lorsque le feu embrase accidentellement voiles et cordages, d'être « tous bruslez au milieu des eaux » (Léry 525). Quant au scorbut, cette terrible « maladie qui prend aux gencives » et finit de décimer l'équipage (Abbeville 27v°), il est à classer au même rang que la famine qui contraint les matelots à pourchasser rats et souris, comme l'atteste cette touchante hypotypose de Jean de Léry :

> quelque bien cachez qu'ils fussent …, il y en demeura fort peu. … Quand quelqu'un avoit prins un rat, l'estimant beaucoup plus [qu']un bœuf sur terre …, j'en ay veu qui ont esté vendus … jusques à quatre escus la piece. … Bref vous eussiez vu bouillir les souris dans de l'eau de mer, avec les tripes et les boyaux, desquelles ceux qui les pouvoyent avoir faisaient plus de cas, que nous ne faisons ordinairement en terre de membres de moutons. (Léry 531)

7 Le premier jésuite venu au Canada, Pierre Biard, explique comment, à cause de la présence des chevaux qui urinent, l'eau potable devient infecte et puante. Pour un épisode similaire, voir aussi Sagard (131).

Lieu commun de la traversée, la faim contraste avec les scènes de pêches miraculeuses. Engendrant colère et rage, elle pousse les hommes jusque dans leur dernier retranchement : envisager de se sustenter de chair humaine. Cependant, tous les relationnaires gardent en tête le sort des aventuriers de la première expédition de Floride[8] et mentionner le cannibalisme relève, le plus souvent, d'un effet de prétérition (Léry 534–38).

En jouant sur l'antagonisme des émotions (l'euphorie, l'angoisse, la terreur, la sérénité) et l'alternance de situations contraires—de la brutalité du coup de tabac à l'indolence du calme plat—le relationnaire parvient à créer une tension permanente. À grand renfort d'antithèses (du meilleur au pire ; du tout au rien) et de métaphores, il transforme l'averse en un « orage affreux et plein de neige » et transfigure cette « vaste étendue de mer » en une « montagne escarpée d'une hauteur prodigieuse » au risque de créer un adynaton : « on voyait les vagues s'enfoncer dans le sable, presque jusqu'au centre de la terre » (Bacqueville 36–37). Cependant, ce discours de l'excès semble trouver une correspondance dans une image tout aussi saisissante, celle de la petitesse de l'homme face à la grandeur de l'Océan. Dans une alliance parfaite des quatre éléments, l'Atlantique entremêle l'air et l'eau pour gouverner ce qu'il reste de terre en portant cette frêle « maison de bois flottante »[9] qui préserve en son sein le feu, unique réconfort à bord. Seul, dans cet environnement hostile, le voyageur prend alors conscience de sa fragilité et met en pause le récit pour décrire l'étrange sensation d'un possible point de non-retour qui, soudainement, se révèle comme une évidence. Ainsi, le jésuite Paul Le Jeune remarque sous la forme d'une épiphanie que « c'est bien autre chose de sentir dessous soy la furie de l'Océan, que de la contempler du rivage », avant de renchérir que c'est encore « autre chose de méditer la mort dans sa cellule devant l'image du Crucifix » que « dans une tempeste et devant la mort mesme » (*Relation des Jésuites* [1632] 2). Deux siècles plus tard, Chateaubriand éprouvera un sentiment identique lors de sa traversée de l'Atlantique (1791). En proie à la fureur de l'Océan, l'auteur du *Génie du Christianisme* affirme à son tour qu'il « est difficile aux personnes qui n'ont jamais navigué de se faire une idée des sentiments qu'on éprouve lorsque du bord du vaisseau on n'aperçoit de toutes parts que la face sérieuse de l'abîme » (Chateaubriand 198). Aussi, tous les voyageurs

8 Au printemps de 1563, après avoir construit un brigantin de fortune pour repasser en France, les rescapés de Charlesfort se retrouvent sur l'Océan sans vivres. Contraints à se nourrir du cuir bouilli de leurs souliers, ils en viennent à boire leur propre urine avant de passer à l'impensable en dévorant le soldat Lachère au patronyme prémonitoire. Cet épisode relaté par René de Laudonnière, André Thevet, Jean de Léry et Marc Lescarbot, hantera pendant longtemps la tant redoutée traversée de l'Atlantique.

9 Cette périphrase est de Barthélemy Vimont (*Relation des Jésuites* [1640] 2).

comprennent-ils implicitement que la distance « entre la vie et la mort » ne tient plus qu'à l'épaisseur d'une « planche » (Diéreville 177). Tous perçoivent qu'ils n'ont d'autre choix que d'unir leur destin à celui du navire : « C'est chose admirable de voir qu'un vaisseau de bois, quelque fort et grand qu'il soit, puisse ainsi resister à la fureur et force de ce tant terrible élément. Car combien que les navires soyent basties de gros bois bien lié, chevillé, et bien godronné … qu'est-ce en comparaison de ce gouffre de telle largeur, profondeur, et abysmes d'eau qu'est ceste mer du Ponent ? »[10] (Léry 115). Se remémorant la douzième satire de Juvénal, Léry compose à son tour quelques vers pour garder l'instant en mémoire et s'en remettre à Dieu :

> … l'homme se fie au bois,
> Qui d'épaisseur n'a que quatre ou cinq doigts,
> De quoi est fait le vaisseau qui le porte :
> Ne voyant pas qu'il vit en telle sorte
> Qu'il a la mort à quatre doigts de lui.
> Reputer fol on peut donc bien celuy
> Qui va sur mer, si en Dieu ne se fie,
> Car c'est Dieu seul qui peut sauver sa vie. (Léry 119)

4 Conclusion

Dans le sillage des grandes découvertes, l'Atlantique devient une voie de circulation par laquelle transitent désormais les richesses du Nouveau Monde, tout autant qu'un corridor emprunté par les terre-neuvas et les marchands de pelleteries. Mais c'est surtout le lieu d'un inévitable passage pour le voyageur, curieux de découvrir cet ailleurs qui l'invite au grand large. L'*homo viator* qui prend la mer réalise une double découverte, celle des trésors océaniques et de sa vie qui grouille dans les abysses et celle, plus intérieure, du *nosce te ipsum* qui invite à l'introspection. Devant les risques que comporte la traversée, même les plus dévots ont leurs doutes, et il n'y a guère que les appelés à devenir bienheureux qui ne vacillent pas. Qu'on en juge par ce témoignage de Marie de l'Incarnation : « Ô qu'il me tarde que je n'ay déjà fait le sacrifice de ma vie … ; il me semble qu'au milieu des dangers, je serai plus sûre et plus tranquille sur la mer que sur la terre … ; on ne peut expliquer ni concevoir le repos qu'on ressent quand l'on s'est donné une bonne fois à Dieu » (Guyart 318, 320).

10 Voir encore Lescarbot qui écrit : « c'étoit une chose apprehensive … de se voir portez sur un element si peu solide & étre … à deux doitz de la mort » (Lescarbot 516).

Espace intermédiaire entre deux continents, espace littéraire qui invite à la réflexion philosophique, la traversée est un voyage dans le voyage tout autant que la première, et la dernière, des épreuves initiatiques. Aux antipodes du *locus amoenus*, le franchissement transocéanique devient la condition *sine qua non* du périple viatique, et s'il soulève la peur devant le gros temps qui s'annonce, il procure également la joie de retrouver un littoral familier et, avec lui, comme en conclut Diéreville, le goût de la vie sédentaire :

> J'en ay couru la bonne & mauvaise fortune,
> Je goût sur la terre un tranquille repos,
> Et las de naviguer je promets à Neptune
> De ne m'exposer plus au caprice des Flots. (Diéreville 343)

Sources citées

Abbeville, Claude d'. *Histoire de la Mission des Pères capucins en l'Isle de Maragnan et terres circonvoysines*. Paris : Huby, 1614.

Bacqueville de la Potherie, Claude-Charles. *Histoire de l'Amérique septentrionale*. 1721. Texte établi et commenté par Olivier Delavaut, Daniel Dubois et Isabelle Zéo. Monaco : Éditions du Rocher, 1997.

Champlain, Samuel de. *Les Œuvres complètes de Champlain*. 1603–32. Textes en français moderne établis, annotés et présentés par Éric Thierry. Québec : Septentrion, 2019.

Cartier, Jacques. *Relations*. 1534–43. Édition critique établie par Michel Bideaux. Montréal : Bibliothèque du Nouveau Monde, 1984.

Chateaubriand, François-René de. *Mémoires d'outre-tombe*. 1809–41. Édition critique par Maurice Levaillant et Georges Moulinier. Paris : Gallimard, 1951.

Diéreville, Dière de. *Relation du voyage du Port-Royal de l'Acadie ou de la Nouvelle-France*. 1708. Édition critique établie par Normand Doiron. Montréal : Bibliothèque du Nouveau Monde, 1997.

Guyart, Marie. *Lettres de la vénérable mère Marie de l'Incarnation*. Paris : Billaine, 1781.

Léry, Jean de. *Histoire d'un voyage faict en la terre du Brésil*. 1580. Texte établi, annoté et présenté par Frank Lestringant. Paris : Hachette, 2008.

Lescarbot, Marc. *Histoire de la Nouvelle-France*. Paris : Perier, 1618. [Les « Muses de la Nouvelle-France » sont annexées à la chronique dans une pagination séparée.]

Mercator, Gérard. *Atlas Minor*. Amsterdam : Nicolai & Hondi, 1607.

Moreri, Louis. *Le grand dictionnaire historique*. Lyon : Girin et Rivière, 1740 [1674].

Ribault, Jean. *The Whole Discoverye of terra Florida*. 1563. Traduction et annotations de Suzanne Lussagnet. Paris : PUF, 1958.

Relation des Jésuites. 1611–73. Texte établi par Charles-Honoré Laverdière. Québec : Côté, 1858.

Sagard, Gabriel. *Le grand voyage au pays des Hurons*. 1632. Édition critique par Jack Warwick. Montréal : Bibliothèque du Nouveau Monde, 1998.

Thevet, André. *Les Singularités de la France Antarctique*. 1557. Édition critique établie, présentée et annotée par Frank Lestringant. Paris : Chandeigne, 2011.

Verrazano, Giovanni da. *Relation du voyage de la Dauphine*. 1524. Édition critique par Jacques Habert et Michel Mollat du Jourdin. Paris : Imprimerie Nationale, 1982.

7

Describing the Ocean and the Journals of Eighteenth-Century Pacific Exploration

Daniel Gane

Abstract

This essay argues that the journals of Pacific exploration in the eighteenth century by John Byron, Samuel Wallis, Philip Carteret, and James Cook began to develop an engagement with and description of the ocean. They contended with a mostly unknown and uncertain space conceived as an emptiness or void in the cultural imagination. I suggest that the navigational description and the record of events in the journals engaged with that emptiness and began to delineate a sense of the experience of the ocean. This description was part of a larger imaginative engagement and of a changing relationship with the ocean centered on the mariner's experience.

Keywords

exploration – imagination – mariner – navigation – observation – ocean – Pacific – science

How do we describe the ocean when, as Naomi Oreskes points out, we cannot even properly define it? "Is it the physical body (or bodies) of salt water that cover those otherwise terrestrial three-fifths," she asks, "or is it something we, as humans, variably conceptualize: one world ocean, five oceans, seven seas, or a diverse array of bodies of salty water?" (Oreskes 382). Philip Steinberg argues that it is only through "narrated understandings … continually reconstructed through our encounters" that we can understand the ocean space (Steinberg, *Mediterranean Metaphors* 23). In the journals examined here, there was an attempt to construct such narrated understandings through the mariners' professional articulation of the voyage and the navigational and maritime account, but also through a tentative narrative of the emotional engagement with the ocean and the voyage experience. The journals are the accounts by John Byron, Samuel Wallis, Philip Carteret, and James Cook of their voyages to

 | DOI:10.1163/9789004549258_009

the Pacific between 1764 and 1780. For them, exploring the Pacific also meant exploring ways in which to write about the ocean. John Cawte Beaglehole wrote of James Cook's first Pacific voyage, that it was not only "an apprenticeship" in discovery but also "an apprenticeship in reporting on discovery" (Beaglehole 8). Thus, these journals provide a way of understanding the engagement with and description of the ocean as a negotiation between the scientific, the professional, and the personal narrative. These different approaches reinforced one another to create an image of the ocean space and the mariner's place within it. I will begin by giving a little background to the journals, then, I will turn to some examples of the different ways in which the mariners approached oceanic description. What emerges is how these journals were an important part of making the Pacific a place of lived experience in the Western imagination.

The British voyages marked a very different and new approach to maritime adventure. They began in a rare time of peace in Europe and were charged with discovery for both the advantages of trade and, increasingly, science. The Admiralty's instructions for the first of these voyages articulated this new motivation and, for example, asked Byron to "extend the knowledge of Parts of the British Empire" that had been "imperfectly explored" and to "make Discoveries of Countries hitherto unknown" (Gallagher 3). This instruction was unusual then and became more so later as it became explicitly scientific in James Cook's first voyage, following the precedent set by the French navigator Louis de Bougainville. Cook's voyage clearly signaled its scientific purpose with the intention to observe the transit of Venus at the newly found Tahiti, the inclusion of the naturalist Joseph Banks, and the use of a specially adapted ship, a former collier, *The Endeavour*. This purpose was an important change in emphasis that affected the relationship with the ocean, as it asked the mariners to look about them and to describe what they saw, to give "a full account of your Proceedings in the whole Course of your Voyage" (Cook cclxxxii). Their observations and experiences then passed into the European public imagination with the first official publication of the journals in 1773, the many other unofficial sources, and the different adaptations of the journals that followed.

However, while science, trade, and diplomatic advantage motivated the British voyages, they also came out of an already established imaginative engagement with the Pacific. At the end of the previous century with the publication of the account of his travels, *A New Voyage Round the World* (1697), William Dampier had established the Pacific as a place of wonder. There was enormous imaginative expectation for the Pacific, as Dampier's work seeded itself into the literary imagination. Margarette Lincoln notes that following it, "Since the reading public literally could not obtain enough authentic voyage literature, fiction writers soon supplied more" (Lincoln 221). Dennis Reinhartz has described a circle around the cartographer Herman Moll, including Daniel Defoe and Jonathan Swift, which created an impression of the Pacific "as a vast domain of diverse riches, actual and potential" (Reinhartz 46). *A New Voyage Round the World* (1724), attributed to Daniel Defoe, made the imagined Pacific a site for commercial exploitation, the narrator claiming that everything was "to be subservient to the profits" (Defoe 66). What emerged out of this enthusiasm was a fantasy of the Pacific. The idea of the Terra Australis Incognita flourished: a great southern continent to balance those of the northern hemisphere, which would fill the empty ocean with land and thus potential commerce. Water was to be avoided, as it was commonly understood, as Alain Corbin has argued, as a "vision of the 'great abyss'" (Corbin 1). Thus, the voyages set out and their accounts were written against a background of great interest in the Pacific but this was a view of the ocean as "other" and a terrestrially orientated imaginative construction of it.

While expectations for the mariners' journals were problematic, how they engaged with and described the ocean space came from competing impulses: navigational demands; scientific observations; practical considerations of the mariner's craft and management of the ship and crew. These all competed with the existing imaginative constructions of the Pacific. The clearest example of that was the insistence that observations made by Wallis and Cook must have been wrong, as otherwise, the mariners would have sailed where there should have been the new continent. Alexander Dalrymple, a vocal advocate for the Great Southern Continent, accused Cook of not attending properly to its discovery and was particularly disappointed that the mariner had refused to go further south in March of 1769 when others thought they would find land there (Dalrymple). Dalrymple might also have been prompted by more than his insistence on the existence of the continent: the Royal Society had suggested him as leader of the expedition only for him to be rejected by the Navy in favour of one of their own, Cook. John Hawkesworth, the editor of the first journals, added a preface to the second edition of *The Voyages* defending Cook's observations fiercely and personally, describing Dalrymple as "an old woman whose mind had contracted a splenetic turn" (Hawkesworth Preface to the Second Edition). Yet still, Cook was charged with looking for the continent on his second voyage. Cook's first biographer, Andrew Kippis, admitted the pull of the idea of the continent and that he had "often dwelt on it in rapture" (Kippis 184). The description of the ocean was not simply empirical, therefore, but had to contend with an existing and persistent imaginative engagement.

If an imaginative engagement set the parameters in which the voyages began, it also informed how the journals were then prepared for publication and read. This was particularly apparent in the first official publication of Byron, Wallis, Carteret, and Cook's first voyage. It made the mariner integral to any understanding of the Pacific and influenced the way in which oceanic description emerged. Originally, the journals were written for the mariners' peers. They were professional accounts submitted to the Admiralty at the conclusion of each voyage. Following the completion of Cook's first voyage, John Hawkesworth edited the four mariners' accounts of their voyages for publication. This first published version can be understood as a form of translation, as the mariners' oceanic experience was adapted for the domestic reader: nautical terms were explained, navigational material was edited, and narrative elided and condensed. The decision to maintain the first person across the four different accounts, "to bring the Adventurer and Reader nearer together," meant that there was a single narrative voice of a mariner/hero (Hawkesworth iv). This was problematic, particularly in the account of Cook's voyage, where Hawkesworth had also used the journal of the naturalist Joseph Banks to create what Philip Edwards calls "a curious three-headed monster" (Edwards 89). However, it meant that the mariner became a significant and reliable hero at the center of the narrative and of the experience of the ocean. In spite of the reduction of the navigational description, Hawkesworth's edition included charts showing the tracks of each voyage while the margins of the text gave dates and important locations. Thus, the reader was included in the progress of each voyage. This offered the reader the vicarious appeal of discovery and adventure but with the confidence of a safe return. Gillian Beer describes this process as "a double motion" that "offers reassurance: the experiences undergone, the knowledge gained, the treasure or the specimens preserved, are all trophies for the returning traveller and are proffered also to the reader" (Beer 322). The merging of the professional with the public account meant that the description of the ocean combined the certainty of scientific and maritime observations with a narrative of personal experience that fitted the tale of adventure.

The mariners' descriptions of the ocean began in the navigational account. It was in many ways the spine of the mariner's journal, a record of place, and a way of authenticating their experience. Essentially, it countered that fantasy of the Pacific, as the dispute over the existence of the Terra Australis Incognita illustrated. Philip Steinberg is skeptical of the navigational, or statistical, account as "a false staticization of geophysical processes" (Steinberg, *Thalassography* xv). However, here the staticization was not only a practical necessity for the mariner but also provided a way for the mariners to cope with the relatively unknown space of the ocean, to begin to give it form or shape and size. It would then, through constant reference, provide a way for the reader to follow the narrative of the voyage and navigate the ocean space, building a picture of the ocean's impermanence as they went.

The navigational account was present in all four mariners' journals. Carried over from the ship's log, it contained the position, usually an estimate, given regularly as a noon site of the sun (the ship's day ran from noon to noon). However, it presented in different ways in the journals. Byron usually gave the ships position at the beginning of each entry with the ship's speed, the wind strength, and weather followed by a general summary of the day. In contrast, Samuel Wallis's journal was closer to the schematic format of the ship's log with entries ruled into hourly sections when at sea, each day ending with the noon site. This provides a picture of how the mariner attempted to measure the progress of time and space and how those two elements regulated the voyage. Navigational notation connected mariners to the time and place of home and thus was a reminder of their separation or displacement. That it was by looking to the heavens that the mariner constructed these lines of position only emphasized how the mariners appeared to float between worlds, between space and time. Where the published journals replicated the statistical description for readers at home there was a reciprocal gesture as the web of longitude and latitude showed the progress of the voyage and brought them to the ocean. Thus, the navigational position emphasized the simultaneity of the ocean space.

It is in James Cook's journal of his first Pacific voyage that we see the navigational account at its most thorough. The routine entries of weather and position became a narrative of navigation and the beginning of a scientific record. Cook enjoyed the mathematics of navigation and wanted to show his skill to his superiors for whom his journal was written. From the entry for 28 January 1769, after *The Endeavour* had left Cape Horn and first come into the South Pacific, he described an observation made that morning:

> Had 3 sets of Observation of the Sun and Moon which gave the Longitude 69°7′15″. The longd of the Ship at Noon by this Obsern is 69°24′ – 1°48′, the Longd made from C. Horn, is = 67°36′, the Longd of the Cape which is 52′ less then the result of yesterdays observations. This difference may arise partly from the observations and partly from the Ships Run: the Mean of the two gives 68°2′ + 68°24′, the Longitude of the Cape from the observations taken at Strait Le Maire 136°26′ $\frac{136.26}{2}$ = 68°13′ West from

> Greenwich, the Longd of Cape Horn, being deduced form no less than 24 observations, taken at no very great distance from the Cape and on both sides of it, and when the Sun was both to the East and West of the Moon, for in this case the errors arising from Observation are most likely to correct one another. (Cook 54)

Here, Cook was not only interested in his place at sea but also the process of locating that place. He tells the reader something about himself: by explaining his calculations he self-consciously asserts his skill as a navigator and then goes further. The text is no longer a simple record of the ship's location in the ocean or, later, a point drawn on a chart, as it was in Wallis's or Byron's journals. Now it is the description and record of a process of scientific observation and its problems; the mariner is a scientist. However, it also suggests more than solely navigational observation. Cape Horn marked the transition from the familiar Atlantic to the more unfamiliar Pacific. Cook's desire to make certain of the location of the Horn suggests the commander's insecurity as he made that transition, it suggests the isolation and strangeness of the place as much as would any word picture of the cold, turbulent seas found there.

Philip Carteret rewrote his journal after his return, though he failed to find a publisher. He had felt neglected by the Admiralty and ill treated by Wallis, whom he had accompanied on the first part of the voyage. Carteret's disappointment and the process of reflection inherent in rewriting appeared to provoke more vivid language. The following passage describes a storm shortly after his ship, *The Swallow*, had left the comparative shelter of the Straits of Magellan for the Pacific and been separated from Wallis in *The Dolphin*.

> I was much afraid [the ship] would have founder'd [sic.], for at every Pitch she made, against this terrible high sea, it was with the end of her bowsprit under water, over which: and the forecastle, these mighty great Seas broke in as far aft, as the main mast, & as if it had been over a Rock; so that we were quite under water, and had not the Ship been, an extraordinary good sea boat, (which was the only good quality she had) she could never have out lived this Storm. The hollow high Sea made the Ship pitch very hard, labour & strain much, in her hull, & rigging, this wind continued till 8 o'Clock in the Evening, when all at once it fell calm, and then this great hollow confused sea did toss about the Ship, as if she had been an Egg shell, breaking upon her in a strange manner, so that we had no kind of Command of the Ship which roll'd, & labored in such a manner, that at each roll, I was afraid she would have jerked all her masts overboard [sic]. (Carteret 127)

Here Carteret's engagement with oceanic description is in marked contrast to Cook's navigational description. Cook hid behind his role as a navigator, while Carteret wanted to emphasize the inadequacies of his ship. In Carteret's handling, the ocean resonates with a chaotic emptiness unfixable by observations of longitude and latitude. The hollowness of the sea appears to reflect his feelings of neglect and his inability to make any headway in the confused seas. With the ship vulnerable as an "eggshell," there appears an emotional confusion, a loss of place and direction.

However, Cook did not always hide behind the navigational detail. Another brief excerpt, from Cook's first voyage again, suggests how the ocean isolated the mariner: "At 5 PM" he wrote, "Saw some Sea Weed pass the Ship, and at 7 Wm Greenslade Marine either by Accident or design went over board and was drownded [sic]" (Cook 67). Greenslade's death happened after *The Endeavour* had begun the voyage across the Pacific toward Tahiti. Greenslade's fellow mariners had accused him of stealing a piece of sealskin and possibly the isolation of the ship and his place within it had prompted him to slip over the side. The drifting weed emphasizes the mariners' search for land and provides a sense of the ship's displacement, subject to both the vagaries of current and wind. The seaweed foreshadowed Greenslade's death or acted as a replacement for the marine. Thus observations of the ocean and what was found there or of events on board the ship were not simply uninflected records but reflected the emotional experience of the place while the description of the ocean appeared unable to escape being a metaphor for the human condition or a place of the sublime. The navigational account was the frame of the oceanic narrative and contributed to a description of the personal experience of the ocean that went beyond the statistical. The experience of the voyage contributed to, and was part of, the description of the ocean; it was a lived experience.

However, because the description was experiential, the tendency to metaphor or sublimity had a different emphasis to that more often found in descriptions of the sea, as the following two quotations show. The first is from Addison in the *Spectator* (1712) and illustrates a more commonly held view of the ocean, one that looked from the land to the sea:

> Of all the objects that I have ever seen there is none which affects my imagination so much as the Sea or Ocean. I cannot see the heavings of this prodigious Bulk of Waters, even in a Calm, without a very pleasing astonishment; but when it is worked up in a Tempest, so that the Horizon on every side is nothing but foaming billows and floating mountains, it is impossible to describe the agreeable horror that rises from such a prospect. (Addison 489)

Addison's ocean was a direct appeal to the sublime, emphasizing the wonder of its disruptive potential (Burke 103). In a sense it is similar to Carteret's description of his ship tossed in a storm or Cook's note of Greenslade's death—except that he looks at the ocean as a picture, it is distanced, and the experience is vicarious. Thus, the "astonishment" can be "pleasing" and the "horror" can be "agreeable." However, Addison illustrates what Anna Ryan calls the "inescapable emotional content" of the spatial experience of the coast: "The sea's appearance and mood changes so regularly" she writes, "giving it a personality that moves both with the seasons, and with the hours" (Ryan 17). The mariner's perspective was different because it was from the ocean. From that perspective, the emotional content is exaggerated but it is also moderated by the necessity of something more practical. John Byron shows how these two approaches came together: "Wind from NbW to NWbW for the most part fresh Gales. A great number of Birds about the Ship, by seeing of which & the wind shifting to the Wtward & having lost the great SW Swell, I imagine we must be near some Land; we keep hands constantly looking out for it" (Byron 93).

Byron shows immediately how the mariner reversed the usual visual perspective given by Addison and discussed by Ryan. Instead of looking out from the land to water, the mariner looked hopefully for land. Thus, there was a focus on the detail of the environment about the ship: the birds, the shifting wind, and the swell. These evoke a sense of the instability of the environment but the need to fix the details of weather, location, and environment also challenged the idea of the ocean as indeterminate and empty, its sublimity. Instead, Byron was looking for the limits of the ocean, attempting to describe it and contain it. Thus, the wonder expressed in Addison's description became, for Byron and the other mariners, a "lived" experience. While they evoked the sublime, they also attempted to rationalize this sublimity.

The mariners' descriptions had to counteract the sense of emptiness, the ocean as a void that Addison so enjoyed. It is why these journals were so important in finding a way to describe the ocean. The statistical/navigational account began to measure the ocean, to give it shape, but also allowed the emotional experience of the voyage—the mariner's oceanic experience—to be narrated and take hold. In a sense, observations of position became points of emotional and narrative engagement for the mariner and then the reader, so that the experience of the ocean could not be separated from any description of it. This had an important effect in the first published editions of the voyages. Hawkesworth had made each of the individual mariners a collective hero culminating in the figure of Cook. The publication of Cook's journals of his two subsequent voyages to the Pacific cemented his place as that mariner hero. Any description of the ocean was seen through the figure of that hero, which meant that the description, already subjective, became essentially a place through which to understand the actions of the mariner. The four mariners, Byron, Wallis, Carteret, and Cook all attempted to describe the ocean objectively but, as records of experience, the journals could not help but place each of them at the center of their experience. Thus, the description of the ocean could not escape being a metaphor for the human condition, now centered on the mariner hero. It led to "the sea" becoming what the poet W. H. Auden has described as "the real situation" and the voyage as "the true condition of man" in the European cultural imagination (Auden 21).

Sources Cited

Addison, Joseph. *The Spectator*. 489, 20 September 1712.

Auden, W. H. *The Enchaféd Flood, or the Romantic Iconography of the Sea*. London: Faber and Faber, 1985.

Beaglehole, J. C. *Cook the Writer*. Sydney: Sydney UP, 1970.

Beer, Gillian. "Travelling the Other Way." *Cultures of Natural History*. Ed. Nicholas Jardine, James A. Second, and Emma C. Spary. Cambridge: Cambridge UP, 1996. 322–37.

Burke, Edmund. *A Philosophical Enquiry into the Origin of our Ideas of the Sublime and Beautiful*. Ed. David Wormsley. London: Penguin Books, 2004.

Byron, John. *Journal of his Circumnavigation 1764–1766*. Ed. Robert E. Gallagher. Cambridge: Cambridge UP for the Hakluyt Society, 1964.

Carteret, Philip. *Carteret's Voyage Round the World 1766–1769*. Ed. Helen Wallis. Vol. 1. Cambridge: Cambridge UP for the Hakluyt Society, 1965.

Cook, James. *The Journals of Captain James Cook on his Voyages of Discovery*. Ed. John C. Beaglehole. Vol. 1. Woodbridge: Boydell and Brewer, 1999.

Corbin, Alain. *The Lure of the Sea*. Trans. Jocelyn Phelps. Cambridge: Polity Press, 1994.

Dalrymple, Alexander. *A Letter from Mr Dalrymple to Dr Hawkesworth*. London: J. Nourse, 1773.

Defoe, Daniel. *A New Voyage Round the World*. London: A. Bettesworth & W. Mears, 1725.

Edwards, Philip. *The Story of the Voyage*. Cambridge: Cambridge UP, 1994.

Gallagher, Robert E. "Introduction." In John Byron, *Journal of his Circumnavigation 1764–1766*. Ed. Robert E. Gallagher. Cambridge: Cambridge UP for the Hakluyt Society, 1964. xix–lxxxii.

Gane, Daniel. "The Pacific Self: Oceanic Narratives and Self-Representation in Accounts of Eighteenth-Century British Voyages of Pacific Exploration." Unpublished Ph.D. dissertation. Newcastle University, 2020.

Hawkesworth, John. *An Account of the Voyages undertaken … for making discoveries in the Southern Hemisphere and performed by Commodore Byron, Captain Wallis, Captain Cartaret and Captain Cook*. 2nd edn. Vol. 1. London: W. Strahan & T. Cadell, 1773.

Kippis, Andrew. *Life of Captain Cook*. London: G. G. J. and J. Robinson, 1788.

Lincoln, Margarette. "Tales of Wonder, 1650–1750." *Journal for Eighteenth-Century Studies* 27.2 (2004): 219–32.

Oreskes, Naomi. "Scaling Up Our Vision." *Isis* 105.2 (June 2014): 379–39.

Reinhartz, Dennis. "Shared Vision: Herman Moll and His Circle and the Great South Seas." *Science, Empire and the European Exploration of the Pacific*. Ed. Tony Ballantyne. Aldershot: Ashgate, 2004, 43–52.

Ryan, Anna. *Where Land Meets Sea: Coastal Explorations of Landscape, Representation and Spatial Experience*. Farnham: Ashgate, 2012.

Steinberg, Philip E. "Mediterranean Metaphors: Travel, Translation and Oceanic Imaginaries in the 'New Mediterraneans' of the Arctic Ocean, the Gulf of Mexico and the Caribbean." In *Water Worlds: Human Geographies of the Ocean*. Ed. Jon Anderson and Kimberley Peters. Farnham: Ashgate, 2014. 23–38.

Steinberg, Philip E. "On Thalassography." In *Water Worlds: Human Geographies of the Ocean*. Ed. Jon Anderson and Kimberley Peters. Farnham: Ashgate, 2014. xiii–xvii.

Wallis, Samuel. MS Dolphin: *Log kept by Captain S Wallis, containing all his observations and remarks*. ADM 55.35. London, The National Archives.

PART 3

Landscapes and Waterscapes / Paysages et rivages

8

« Le Dessein d'un jardin autant délectable et d'utile invention »

L'Évocation des jeux d'eau dans quelques recueils descriptifs à la Renaissance ou l'art de la nature joueuse

Pouneh Mochiri

Résumé

Au XVIe siècle, outre les relations de voyage, la littérature cosmographique et les paysages peints, nombre de recueils descriptifs manifestent une véritable fascination pour l'eau vive ou dormante, en accord avec l'art des jardins. C'est à la lumière de deux de ces ouvrages—les *Discours des Champs faëz* (1553) de Claude de Taillemont et la *Recepte veritable* (1563) de Bernard Palissy—que seront examinées les modalités des jeux d'eau. Au-delà d'un parti pris esthétique, leur présence alimente une vaste réflexion sur les rapports entre l'art et la nature et vise une conciliation idéale du fruit et du plaisir.

Mots clefs

automate – description – fontaine – grotte – irrigation – jardin – jeux d'eau – Bernard Palissy – Renaissance – Claude de Taillemont

On pourrait appliquer à la démarche de l'écrivain décrivant les jeux d'eau les termes dans lesquels le prédicateur jésuite Estienne Binet, dans l'*Essay des merveilles de nature, et des plus nobles artifices* (1621), célèbre la peinture qui rend hommage au Grand Vivant : « Cela n'est pas peinture, mais nature … Voyez comme ces fontaines sourdent des croupes de ces montagnes, *comme la main du peintre mène* ces ruisseaux aussi bien que saurait faire la nature, ils poussent par endroits tout plein de petits surgeons bouillonnants, commodes à ces petits folâtres de poissons qui nagent entre flot et flot.[1]»

1 Nous soulignons.

 | DOI:10.1163/9789004549258_010

La conscience de l'espace, en particulier dans le premier XVIe siècle, est essentiellement déterminée par le réseau hydrographique. L'art des fontainiers exploite cette fascination indéniable pour l'eau, vive ou dormante, notamment dans la construction des parcs domaniaux. On en trouve la trace écrite dans un certain nombre de recueils descriptifs qui doivent beaucoup à deux modèles littéraires fondateurs, imités ou dépassés : le *Décaméron* de Boccace et *l'Hypnerotomachie ou Discours du Songe de Poliphile* (1499) attribué à Francesco Colonna. Au fil de ces recueils, on remarque une inflation descriptive : si les jeux d'eau entrent d'abord à titre ornemental comme une composante inerte du paysage, ils en figureront, en apothéose, un élément marquant. Dans le domaine français, deux ouvrages, que sépare une décennie, retiendront l'attention : un recueil à cadre néoplatonicien composé « à l'honneur des dames »[2], les *Discours des Champs faëz* (1553) du Lyonnais Claude de Taillemont, et un débat huguenot adressé aux membres de la famille royale et au lecteur chrétien, la *Recepte veritable* (1563) du maître potier et naturaliste Bernard Palissy[3]. La fiction d'une déambulation au sein d'un lieu d'élection d'un ou de plusieurs promeneurs, tous vertueux, y sert de prétexte narratif pour dérouler la visite de paysages ordonnés à partir d'une ingénierie hydraulique remarquable, fruit de l'imagination des auteurs. La comparaison se fera entre deux jardins d'esprit différent, bien que relevant l'un et l'autre d'un « dessein autant delectable et d'utile invention, qu'il en fut onques veu », comme le mentionne le titre complet de la *Recepte veritable* : un domaine d'apparat et un jardin engagé, refuge pour les persécutés huguenots. Deux attitudes divergentes également : Taillemont a pour devise « Le devoir de voir », tandis que Palissy nourrit pour les images une suspicion toute calviniste[4]. À l'inverse de l'abondante iconographie du *Songe de Poliphile*, aucun bois gravé n'accompagne le texte, la description détaillée tenant lieu d'illustration[5], qu'elle constitue une enclave autonome limitée au temps d'une visite chez Taillemont ou qu'elle soit étendue à l'échelle d'un long discours chez Palissy.

2 Les diverses pièces liminaires identifient ces dames à Catherine de Médicis, Marguerite de Valois et Jeanne d'Albret.

3 Considéré comme un des premiers empiristes, Palissy a déjà œuvré au service du Duc de Montmorency au projet de la grotte du château d'Écouen (aujourd'hui disparue) et il composera ultérieurement les *Discours admirables, de la nature des eaux et fonteines*. Sur l'approche expérimentale de Palissy, voir les tout récents articles de Juliette Ferdinand.

4 Connu pour son iconoclasme, Palissy a été soupçonné d'avoir participé au sac de la cathédrale de Saintes, lors de la première des Guerres de Religion, au printemps 1562.

5 Raison pour laquelle le présent article n'est pas accompagné de planches illustratives.

1 L'Ingéniosité des machines hydrauliques

Le cheminement de l'eau, artifice descriptif pour progresser le long d'un parcours, conduit à des réalisations surprenantes, redevables autant à l'art qu'à la science mécanique, dont la machinerie des fontaines, placée en point de mire du domaine.

Dans les *Discours des Champs faëz*, la fontaine ubérale de la belle Eumathe, hôtesse des lieux, constitue incontestablement le clou visuel et acoustique du spectacle. Sa réussite plastique tient à la combinaison ornementale entre les volumes de pierre et l'architecture aérienne des jeux d'eau, faite de mouvements contraires : « au XVIe siècle, l'eau monte, contre les lois de la gravitation : le jet d'eau antigravitationnel, serré et comprimé en des formes artificielles, participe donc à la fois de la nature de l'eau et de celle de l'air » (Frigo 240). Dans le cas présent, l'eau jaillit de groupes sculptés, de la gueule des dragons et des mamelles des trois Grâces, elle rebondit ensuite sur un réceptacle de marbre avant d'être recueillie dans un bassin d'albâtre ; puis elle est propulsée par l'ouverture des cornes d'abondance, pour retomber avec « grâce » en des « laz ou filez d'amour faits de vergettes d'argent ou cordes de perles »[6] (86). L'ouvrage se distingue également par l'ingéniosité de son mécanisme : les piliers abritent une machinerie complexe de tuyaux qui produisent une musique euphonique. Ainsi, l'eau est tantôt acheminée en un débit puissant par un conduit de la grosseur d'un large pilier, tantôt par des « sanguettes ou glissoires » en des jets aussi fins que la circonférence d'un « doigt seulement » (98), tantôt enfin en jets encore plus ténus qui s'échappent des tétons des Grâces. Cette musique d'eau aux intensités variables est l'ultime surprise que recèle la fontaine, la description s'achevant sur son évocation explicite.

Dans le domaine évoqué par Palissy, l'eau remplit aussi son office à toutes les étapes du parcours, le long de huit cabinets en forme de grottes, disposés autour d'un cabinet central et surmontés de deux galeries percées de chambres. Tout d'abord, chaque cabinet abrite une fontaine en forme de rocher, dont l'apparence naturelle est agrémentée de trouvailles sonores. La fontaine de l'est, par exemple, est constituée de jets d'eau actionnant un mécanisme musical pour faire entendre des pépiements d'oiseaux, ceux du rossignol en particulier (143). Dans le cabinet nord, le bassin recevant l'eau accueille indifféremment des spécimens vivants de poissons et de batraciens, mêlés à leurs

6 On pense aux ouvrages d'eau du *Songe de Poliphile* : à échelle réduite, la très sophistiquée fontaine sans fin qui sert aux ablutions des convives à table, la fontaine de la nymphe et surtout la fontaine des trois Grâces dont l'eau jaillit de trois sources (cornes d'abondance au sommet, mamelles des Charités, gueules béantes des six dragons).

répliques en céramique (136). L'art de la mystification culmine avec la fabrication de personnages de terre cuite accoudés au parapet de la galerie, vrais à s'y méprendre, que les visiteurs ne manquent d'ailleurs pas de saluer. Ce sont en réalité des automates espiègles arrosant les curieux (157–58), dans la lignée du *puer migens*, de la machine « faisant rire » (*geloiastos*) disposée sur la paroi intérieure des bains d'Éleuthérilide dans le *Songe de Poliphile*.

On change ainsi de paradigme, comme c'est le cas pour les gouttières et canalisations décrites dans le *Songe de Poliphile* : « le maître d'œuvre (jamais nommé et partout présent) des merveilles, machines et édifices du *Songe de Poliphile* n'est plus "Virgile l'enchanteur" mais "Vitruve l'ingénieur" ». De même, l'intelligence pratique, mobilisée dans les fontaines ingénieuses comme dans les automates et trompe-l'œil, conditionne des réflexes nouveaux chez le lecteur de Palissy. Passé son émerveillement premier, il est conduit à replacer l'objet, véritable *opus contra natura*, dans « le contexte technologique de sa fabrication » (Polizzi 36–37), bien que l'enchantement résiste davantage chez Taillemont, les chefs-d'œuvre prenant place dans des champs *faëz*, visités par les fées.

Le discours descriptif en porte ostensiblement la trace. Ainsi, dans la machine hydraulique musicale du second cabinet vert, les rouages de la transmission de mouvement sont démontés, puis recomposés de sorte à dégager l'effet acoustique d'ensemble :

> [E]t d'icelui rocher sortira un nombre infini de pisseures d'eau, qui feront mouvoir certains moulinets, et les moulinets feront jouer certains soufflets, et les soufflets jetteront leur vent dedans certains flajols qui seront dedans un ruisseau qui sera au pied du rocher, en telle sorte que les soufflets contraindront les flajols rendre leur voix, eux étant dedans l'eau ; dont s'en ensuivront plusieurs voix de flajols gargouillantes, qui en leurs gargouillements imiteront de bien près les chants de divers oiseaux, et singulièrement le chant du rossignol. (143)

Par une forme d'imitation active, la description du jardin anticipe sur sa réalisation pour en proposer un accomplissement mental et restituer à l'intention du lecteur la complexité des engins, leur élaboration conceptuelle telle qu'elle a pu se former progressivement dans l'esprit de leur inventeur.

2 Clivages de l'artifice et de la nature

Au sein du parc paysager, la maîtrise des eaux alimente une réflexion plus vaste sur les rapports entre la force régulatrice de l'*ars* et la spontanéité naturelle de l'*ingenium*. Le pouvoir de dominer cette énergie naturelle et d'en produire un spectacle pour l'œil et pour l'oreille est à porter au crédit de l'ingéniosité du maître des lieux.

Portant l'empreinte d'un goût naturaliste prononcé, le jardin de Palissy témoigne à cet égard d'un questionnement étiologique conforme au commandement de Dieu qui ordonne que l'art aide à la nature en tant que modèle premier. Outre les cabinets verts dessinés à partir de plantations d'ormeaux, les grottes s'acheminent vers une apparence de plus en plus naturelle, obtenue au prix d'un art de plus en plus élaboré, jusqu'à l'antre grossièrement façonnée où se lit paradoxalement un art sans art et un naturel sans nature. Le jardin de sagesse offre surtout un précipité des lois de transformation perpétuelle qui sous-tendent la nature intelligible. Les cabinets sont tout d'abord livrés à l'action palingénésique des *scherzi d'acqua* : le flux fertilisant de l'eau, acheminé par des canaux invisibles, relie les huit cabinets et le pavillon central, ainsi que l'ensemble du jardin avec l'extérieur, et cette circulation ininterrompue résume les mouvements d'une nature qui refait ce qui ne cesse de se défaire. Au spectacle d'eau du fontainier se mêle le travail du potier : le revêtement en brique des grottes sert en effet de four pour la fusion des émaux polychromes qui décorent de leurs coulures la surface des rochers. L'association de l'eau et du feu ainsi obtenue remonte à la fois aux origines de l'art et rappelle les processus de formation minérale par pétrification de l'eau. D'une certaine manière, les contraintes de l'art mettent à profit la « pulsion qui pousse la nature à la métamorphose », en en révélant les variations hasardeuses, les réalisations hybrides et les formes instables : « L'*ars* permet à l'auto-expérimentation monstrueuse et ratée de la nature de parvenir à une forme parfaitement réussie » (Bredekamp 92).

3 Jeux d'eau et irrigation

La recherche d'une belle ordonnance se doit d'être profitable, ce que vise à l'évidence la domestication des eaux vives. L'irrigation, que Cicéron loue comme ce qui permet de contenir les cours d'eau dans leur lit, est indispensable, et la fontaine-citerne, placée au centre du domaine, peut être conçue en tant que maillon principal de ce circuit d'alimentation. Le *Décaméron* de Boccace sert à cet égard de modèle. La troisième journée s'ouvre sur l'évocation d'un jardin d'agrément disposé autour de sa fontaine centrale. La description est d'abord sensible aux effets visuels et acoustiques des jets d'eau, dont le jaillissement puissant, indifféremment attribué à une cause naturelle ou artificielle, pourrait, est-il précisé de manière imagée, actionner un moulin. L'image devient vite réalité et la fin du passage souligne tout le bénéfice à retirer du dispositif hydraulique : l'eau recueillie dans la fontaine est dispersée par des canaux artificiels et de modestes rigoles pour alimenter un ruisseau qui, à son tour, actionne des moulins le long de son passage à travers la plaine. Dans le second site bien connu de la Vallée des Dames, évoqué à la fin de la sixième journée, un petit ruisseau prend sa source dans l'une des vallées environnantes, puis, giclant de rocher en rocher, serpente en un filet plus resserré vers la plaine, où il forme un lac abritant un vivier de poissons. Lorsque prend fin la baignade des dames, l'on suit le parcours du canal sillonnant à travers la prairie et acheminant le surplus d'eau vers des lieux situés en contrebas du vallon.

Claude de Taillemont s'inspire d'un tel dispositif. Le domaine d'Eumathe, avec son jardin d'agrément, son verger et son carré de simples, est ordonné à partir d'une source unique, la fontaine. L'eau qui ruisselle de ses multiples étages sert à fertiliser les diverses parties du parc. Propulsée tout d'abord de la gueule béante des dragons, elle asperge l'ensemble du labyrinthe de gouttelettes, de « menue eau, causant une frescheur indicible » (84). Un peu plus loin dans son parcours, la gerbe d'eau que dardent les trois Grâces alimente un dispositif souterrain de rigoles qui permet de relier la fontaine à la nature environnante (85) et d'arroser de manière égale les arbres disposés en quinconce. La mention des viviers, où la pêche est abondante et le spectacle des poissons acrobates divertissant, souligne le paradigme de l'utile et du plaisant. Enfin, dernière étape de l'irrigation, les petits flots continus qui s'écoulent du sommet de l'édifice arrosent directement, mais au gré du hasard, grâce à l'action combinée du vent, les confins du jardin[7] (86).

Poussant la formule plus loin, Palissy veut penser l'ordonnance générale de son projet en fonction de la circulation de l'eau. Le relevé hydrographique indique d'ailleurs à quel point le voisinage d'une rivière ou d'un fleuve conditionne l'emplacement du domaine et son tracé, au point que l'inventeur n'hésite pas à infléchir le cours naturel des rivières pour les besoins de son entreprise[8]. Le jardin de piémont est ainsi alimenté par les sources provenant de la montagne, et cette eau pure est acheminée ensuite vers la rivière, à travers la prairie, pour irriguer autant les végétaux *intra-muros* que les haies d'arbres et l'étendue des vergers au sud et à l'est de l'enceinte (156–57).

---

7 Dans le *Songe de Poliphile*, deux bassins recueillent l'eau de la fontaine de la nymphe et communiquent avec un petit canal s'élargissant en rivière et arrosant sur son passage les champs de cannes à sucre et le potager.

8 « Il y a en France plus de quatre mille maisons nobles, où ladite commodité se pourroit aisement trouver, et singulierement le long des fleuves, comme tu dirois le long de la rivière de Loire, le long de la Gironde, de la Garonne, du Lot, du Tar, et presque le long des autres fleuves » (126).

Le savant jardinier se lance dans un exposé circonstancié sur le dispositif d'arrosage qu'il a modestement imaginé, soit en tirant parti des caractéristiques naturelles du site pour former des îlots artificiels, soit par le concours à moindres frais d'un bricolage artisanal, fruit néanmoins de calculs précis : il s'agira d'assembler bout à bout des conduits percés en bois de sureau et de surélever ces rigoles d'écoulement au moyen de piquets, en prenant soin de n'endommager ni la terre, ni les plantations. L'eau s'écoulera avec modération et sera distillée avec la délicatesse de la rosée au travers de bondes semblables à la pomme des arrosoirs. Ce flux fertilisant servira à actionner les jets d'eau en chacun des huit cabinets, en vue d'accroître cette fois le bien-être des visiteurs venus se reposer en leur sein. Dans le premier cabinet, une fontaine sans fin, creusée à flanc de rocher, est destinée à rafraîchir les convives, tandis que dans le dernier cabinet vert, le visiteur est invité à boire l'eau qui jaillit des « pisseures » et qui est recueillie dans un service disposé à cet office. Il se désaltère conformément à la sentence divine qui orne le rocher : « J'escriray une sentence prise en Esaie le Prophete, chap. 55. qui dit ainsi, Vous tous ayans soif, venez, et buvez pour neant de l'eau de la fontaine vive » (147).

Une fois achevée la description du domaine, s'opère un mouvement de décentrement en direction du sud-est, calqué sur le flux de la rivière. Le jardin ne se limite plus à une enceinte fermée et devient un lieu de passage entre deux pans de paysage : montagnes, bois et rochers d'un côté, prairies, vergers et champs de l'autre. Enfin, dans un ultime rêve qui ouvre à un tableau pastoral, le promeneur quitte définitivement cet espace clos pour longer la rivière et parcourir les alentours (151). Que permet l'irrigation dans le parcours descriptif ? Description et périégèse ayant partie liée, l'écoulement de l'eau à travers un large périmètre sert ainsi de vecteur au regard, pour couvrir, de proche en proche, les variations de paysages, dans une alternance d'eaux vives et d'eaux dormantes. Théâtre de dynamiques complémentaires, le jardin se présente d'abord comme une parcelle prélevée sur le monde, un îlot remarquable abrité dans l'enceinte tracée par les murs, les bordures de massifs et le relief naturel. Traversé cependant par les filets d'eau, il est continument relié à la nature environnante et reproduit le système d'échanges universel. Sa perfection tient ainsi à ce mouvement d'auto-alimentation qui part de la nature comme matrice originelle pour y revenir, l'écoulement de l'eau en constituant le dessin visible.

4 Le Fruit et le plaisir

Enfin, dans une conciliation idéale du fruit et du plaisir, les jeux d'eau décrits dans nos deux recueils flattent la vue de l'amateur d'art, tout en nourrissant l'esprit curieux du savant. Les fontaines en constituent un exemple emblématique : nécessitant le concours de la sculpture, de l'architecture et de la *tekhnê*, tout en laissant s'exprimer la nature folâtre, elles offrent ainsi à l'œil et à l'oreille l'agrément de leurs jeux d'eau, au corps toute la fraîcheur souhaitée et à la végétation environnante la sève nourricière dont elle a besoin, abreuvant l'homme et la nature d'un même mouvement.

Bien que l'enchantement visuel domine chez Taillemont, la préoccupation d'une belle ordonnance ne contredit pas la visée édifiante, qui est aussi celle du recueil : la fontaine, par son programme iconographique et l'inscription versifiée qui l'accompagne, est une exhortation à la Vertu. La fantaisie des jeux d'eau est ainsi compensée par une signification morale aisément mémorisable parce que l'ouvrage de pierre, surmontant un monticule labyrinthique de forme circulaire, est placé au centre du parc, entièrement visible « de tous costez et autant loing que près » (85). La promenade délectable aux « champs faëz » revêt également une dimension mystique. Au-delà de la réminiscence topique du *locus amoenus*, des Champs élyséens et du paradis terrestre, la célébration néoplatonicienne d'une « nature inspirée » (Arnould 27), opulente et variée est pour le croyant le signe tangible de l'effusion divine. Il faudrait encore évoquer le motif de la *terra incognita*, en l'occurrence une minuscule île vierge, abritée des regards par la voûte touffue des cannes. La petite compagnie y accoste de manière inattendue, au terme d'une promenade en barque à travers le labyrinthe des joncs et roseaux, pour prendre le repos, souper abondamment et se repaître du spectacle des poissons voltigeurs (228–29).

C'est dans la *Recepte veritable* surtout que le travail du jardinier projette un espace paradisiaque, tout en érigeant un mémorial à la cause huguenote. Le dispositif mnémonique du jardin s'apparente, en effet, à la traditionnelle grille à neuf points : un carré divisé en quatre cantons et surmonté, à l'intersection de deux allées perpendiculaires, par une île. Loin du tumulte de la cité, Palissy cherche à édifier un jardin princier et un jardin de sagesse à vocation exclusivement agricole. L'intention édifiante et pragmatique s'affiche dès la déclaration publicitaire du titre complet : l'écrivain huguenot veut composer pour ses contemporains, nobles, doctes ou simples gens, une *Recepte veritable* grâce à laquelle « tous les hommes de la France pourront apprendre à multiplier et augmenter leurs thresors ». Il en recommande une application pratique : il se trouvera plus de quatre mille maisons nobles en France susceptibles d'accueillir un tel projet, dont le coût modeste offre une garantie supplémentaire.

L'utilité immédiate n'interdit nullement une leçon de plus longue portée, au-delà même de la leçon morale explicitement délivrée : la sagesse protestante dicte la nécessité d'offrir un refuge aux sages et aux persécutés huguenots, dans l'espoir de protéger les secrets du Seigneur de ceux qui seraient mal intentionnés et d'encourager aux bienfaits de Sapience. Se devant de représenter les merveilles du Créateur telles que le Prophète les décrit dans le Psaume cent quatre, l'inventeur huguenot ne fait qu'exalter dans la nature généreuse l'unité providentielle de la Création, où sa démarche de jardinier-fontainier trouve sa place. Cette dimension nettement plus dévotionnelle est manifeste lorsque l'humble promeneur, sortant du périmètre du jardin, se prosterne devant les « œuvres excellentes et merveilleuses de Dieu » (165). Le jardin de la *Recepte veritable*, les commentateurs y ont insisté[9], est tout en lisibilité : les citations du Psaume cent quatre se muent en écriture végétale et en écriture minérale, gravées dans la roche ou taillées dans les branchages. Parcourir le jardin, c'est feuilleter le Livre de Dieu, et le maître potier propose donc un jardin d'écriture vidé de toute obscurité allégorique, limpide comme l'eau qui y ruisselle.

5 Conclusion : l'intelligence de la nature joueuse

Tout, dans le sanctuaire palisséen, est expression d'une vitalité empreinte d'intelligence : l'architecture évolutive des cabinets verts, les machines aquatiques et éoliennes, les engins sonores. On notera la conformité des réalisations aux prototypes naturels—la coquille spiralée de murex pour la ville de forteresse, le corps humain pour les colonnes végétales des cabinets verts—ou encore l'anthropomorphisme de la terre, dont les rochers figurent les ossements humains, l'argile et le sol la chair, et dont l'irrigation est comparable à la circulation des fluides dans les merveilleux vaisseaux de la machine corporelle. L'analogie que développe Aristote entre la technique d'irrigation du jardin à partir d'une source unique et la circulation du sang est éclairante à cet égard : « Il faut, en effet, que le sang traverse et baigne tout, s'il est vrai que chaque partie est formée de sang. C'est ainsi que dans les jardins l'irrigation se fait à partir d'un principe unique, d'une seule source, par une foule de conduits qui sans cesse se dirigent dans des directions différentes, afin de porter l'eau partout ... de manière que ... les plantes des jardins poussent grâce à l'eau » (cité par Pigeaud 349–50). De même, sur les parois des grottes, les images fortuites décelables dans les coulures des émaux tendent un reflet miniaturisé de l'esthétique supérieure. En une sorte d'accéléré de la création, se fait jour ici le souci d'harmoniser histoire de l'art et histoire naturelle, l'eau servant de liant. Préfigurant l'organisation des cabinets de curiosités, s'établit ainsi une progression qui conduit à ciel ouvert des *naturalia*, éléments à l'état brut de la nature

9 Voir les travaux inestimables de Jean Céard et de Frank Lestringant.

libre, aux *artificialia*, objets naturels travaillés par la main de l'homme, et enfin aux *scientifica*, ces expérimentations mécaniques qui permettent de transformer la nature (Bredekamp 87), dont l'action exercée par l'eau.

On peut voir enfin dans ces jardins irrigués la manifestation d'une nature qui joue librement. Palissy décrit le rêve non pas d'une collection passive, mais de « laboratoires actifs » (Bredekamp 70), conforme à l'idéal prométhéen d'une unité entre collection, étude et création. L'absolue liberté du jeu y est aussi un adjuvant essentiel de l'imagination créatrice et de la recherche empirique que l'homme, en singe de la nature, déploie pour rivaliser avec la fabrication démiurgique. « L'esprit doit *jouer* s'il veut être créateur » (Bredekamp 151) : les jeux d'eau, au même titre que les automates arroseurs imaginés par Palissy, simples jouets pour le plaisir, portent la marque de cette jubilation créatrice de la nature et prolongent le geste fondamentalement désintéressé du maître d'œuvre divin.

Sources citées

Le Songe de Poliphile. Éd. Gilles Polizzi. Paris : Imprimerie nationale, La Salamandre, 1994.

Bacon, Francis. *Of the Proficience and Advancement of Learning Divine and Human*. 1605. Français : *Du progrès et de la promotion des savoirs*. Trad. Michèle Le Doeuff. Paris : Gallimard, coll. Tel, 1991.

Bredekamp, Horst. *La Nostalgie de l'antique : statues, machines et cabinets de curiosités*. Trad. Nicole Casanova. Paris : Diderot Éditeur, Arts et Sciences, 1996.

Ferdinand, Juliette. « Pratique vs Théorie dans l'œuvre de Bernard Palissy » et « "En contemplant tu connaîtras". Voir contre savoir dans les écrits de Bernard Palissy ». In *La Science prise aux mots*. Éd. Violaine Giacomotto-Charra et Myriam Marrache-Gouraud. Paris : Classiques Garnier, 2021. 123–36 et 273–88.

Frigo, R. M. « Le Jardin d'eau dans les relations de voyage au XVIe siècle ». In *La letteratura e i giardini*. Vol. 207. Florence : Olschki, 1988. 227–40.

Palissy, Bernard. *Recepte véritable, par laquelle tous les hommes de la France pourront apprendre à multiplier et augmenter leurs thrésors* (La Rochelle, Barthélemy Berton, 1563 et 1564). Éd. Frank Lestringant. Paris : Macula, coll. Argô, 1996.

Pigeaud, Jackie. *L'Art et le Vivant*. Paris : Gallimard, coll. Essais, 1995.

Polizzi, Gilles. « Les Machines, la technique et le mythe dans le *Songe de Poliphile* ». In *L'Invention au XVIe siècle*. Éd. C.-G. Dubois. P.U. de Bordeaux, 1987. 27–50.

Taillemont, Claude de. *Discours des Champs faëz. A l'honneur et exaltation de l'Amour et des Dames* (Lyon, Michel du Boys, 1553). Éd. Jean-Claude Arnould. Genève : Droz, 1991.

9

"Where Monsters Wander in the Foamy Paths"

The Chaotic Waterscape of William Blake's The Four Zoas

Camille Adnot

Abstract

This article considers the ways in which William Blake's *The Four Zoas* portrays and embodies water. It argues that the poem's focus on water through the figure of Tharmas, a water deity invented by Blake, contributed to the poem being left in manuscript form. The article explores how water seeped into the format of the text and into its aquarelle images, making them too unruly for printing in Blake's usual etching method. The central motif of the flood affects the manuscript's outlines, which become porous, and run the risk of disintegrating altogether. Yet water is also shown to allow a rebirth for the poem, giving it fluid, dynamic, and lasting energy.

Keywords

William Blake – *The Four Zoas* – English Romanticism – poetry – mythology – apocalypse – flood – manuscript – watercolor – sketch

Among the Romantic poet, painter, and engraver William Blake's major works, *The Four Zoas* (composed *c.*1796–1807) is famous for being an abandoned project. Left in manuscript form, the poem was never etched. Instead, it remained a collection of 145 unevenly completed unbound pages, filled with over four thousand lines with abundant corrections, surrounded by or written over elusive sketches and blue watercolors. While Blake often made preparatory manuscripts before etching his illuminated poems on copper plates where the lines of text and image would meet in inextricable ways, there is no such holistic version of *The Four Zoas*.

What is seldom linked to this loose, unfinished quality is how prevalent water is in the narrative, diluting the text and pervading the pages in sketches and aquarelle images that replace the more definite etchings that Blake's illuminated books are known for. Water permeates the poem through the Titan-like

 | DOI:10.1163/9789004549258_011

figure of Tharmas—one of the four protagonists, the Zoas, or "Living Beings." Inspired by Oceanus in Greek mythology, Tharmas embodies the ocean. Unlike in other works by Blake, Tharmas looms large in *The Four Zoas*, and his watery realm is abundantly illustrated, since the world is flooded early on in the poem. This aquatic world is a threat to the characters, including Tharmas, who keeps on drowning and dissolving. However, water threatens more than the characters. The narrative itself is shifting and hard to construct, and the very manuscript is flooded, overloaded with sketches of sea monsters and figures melting in watery environments, superimposed over poetry lines whose meter keeps changing.[1] In its very materiality, the manuscript becomes akin to the watery world it depicts and is brought to the brink of dissolution.

Some evidence suggests that the manuscript was intended as the final copy of the book. Certain pages have received a polished treatment, with elegantly traced verse and refined pictures. Yet most have a rougher appearance, with lines that are harder to decipher and sketches or watercolors showing multiple signs of *pentimenti*. These suggest that if the manuscript was ever intended as a book, that project was abandoned. Brian Wilkie and Mary Lynn Johnson retrace the manuscript's conception:

> Much of the manuscript was written in ink on fresh sheets of high-quality paper in painstaking engraver's script; we can therefore infer that during some stage or stages of the poem's gestation the manuscript was meant to be a finished product in itself, and not merely a workbook. On the other hand, the latter parts of the poem were written in ordinary handwriting, often hasty and difficult to decipher … Moreover, many even of the earlier pages, originally so elegant in their calligraphy, have been written over with revisions, sometimes extensively and messily. It is also certain, then, that at some point the manuscript did become a workbook. (Wilkie and Johnson xii–xiii)

Thus, the manuscript demands a special kind of reception, one which even experienced Blake readers—and beholders, since Blake's "mixed media" or "imagetext" (Mitchell 89)[2] demands a hybrid kind of reading, which is also an act of beholding—are not accustomed to. Here, one must receive a poem

1 For sketches of sea monsters and figures melting in watery environments, see pages 4, 5, 44, 46, 70, and 83.

2 For more on Mitchell's concept of the "imagetext," see *Picture Theory*: "The term 'imagetext' designates composite, synthetic works (or concepts) that combine image and text" (89).

which is also a work in progress. It is as if what elsewhere in Blake constitutes the preparatory form were the final form, except it is signally not final.

In this article, I explore some crucial ways in which water shapes *The Four Zoas*. I argue that the poem being left in manuscript form derives from the central motif of the flood, as the poem positions itself as a rewriting of mythological and biblical flood narratives. I first focus on the manuscript's porous outlines, before moving on to examine the link between death and the flood. Lastly, I explore the waters of life and the rebirth they offer for the poem.

1 "A Watry Vision of Man": Porous Outlines

In contrast to Blake's other books, which exist in several copies and vary, there is only one copy of *The Four Zoas*. Blake etched most of his books on copper plates, then inked them and printed several versions of each plate, which he would color and arrange in different ways. While Blake is known as a great colorist, he always emphasized the primacy of outline, declaring in the Descriptive Catalogue to his 1809 exhibition "the disposition of forms always directs colouring in works of true art" and "the more distinct, sharp, and wirey the bounding line, the more perfect the work of art" (Blake 545 and 550). As an engraver by trade, who invented a unique relief etching method which he called illuminated printing, Blake advocated strong lines and positioned himself as the heir to the art of Raphael, Michelangelo, and Dürer, whose linear style he praised, as opposed to Titian, Correggio, Rembrandt, and Rubens, whom he repeatedly criticized for their perceived lack of structure. Illuminated printing afforded Blake the possibility of combining his linear style with reproductivity. Yet *The Four Zoas* was not made through this method; in fact, it was not printed at all, and the manuscript is the only basis for the work. While aesthetic instability is usually to be found in the various versions of one poem, here, the unfinished poem asserts itself as an unstable artifact. It also flouts Blake's principles of definiteness, its execution being decidedly indefinite. This is apparent in the title itself. While the poem was originally titled *Vala*, after the female character Vala, who is a fire entity, and subtitled "A DREAM of Nine Nights," both the title and subtitle were crossed out and the poem was renamed *The Four Zoas* without Blake removing the inscription "Vala" at the start of each chapter, nor their denomination as Nights. Like the manuscript, the world of *The Four Zoas* is characterized by its lack of reliable structure and order. Or rather, it enacts the loss of structure and order. When the fall takes place, violent cosmic consequences are expressed through aquatic crises:

> A crash ran thro the immense The bounds of Destiny were broken
> The bounds of Destiny crashd direful & the swelling Sea
> Burst from its bonds in whirlpools fierce. (Blake 329, 43:27–29)[3]

The "swelling Sea" and the "whirlpools fierce" convey the untamable quality of water. It could be said of the manuscript that it exceeds its "bonds" as well, with its unbound pages for which there is no authoritative order. The Nine Nights meant to structure the poem are shifting; the end of the First Night is indicated in two different places, there is no mention of the start of the Second Night, and there are two different versions of the Seventh Night, which scholars agree to merge, but not in the same order. Even on individual pages, it is unclear in which order to map out scattered lines and verses; pages 9, 12, 25, 34, and 105 have several textual sections aligned vertically and horizontally. Page 34 is the most extreme example, with six different sections. These have been numbered, but the numbering does not remove the visual crisis felt on first looking at the page, nor the challenging process of reading the text.

Because of such difficulties, Northrop Frye famously called *The Four Zoas* "the greatest abortive masterpiece in English literature" (Frye 269). Staying within the range of birth-related metaphors, I would argue that *The Four Zoas* is more akin to the stage of waters breaking; it is almost the birth of a new opus, but not quite—more like a promise than a realization. Recently, commentators have welcomed the roughness of the manuscript for its inherent literary and artistic value. In the foreword to Ault's *Narrative Unbound* (1987), George Quasha makes a strong case for it to be considered as a completed artifact:

> Habituated as we are to reading typeset editions, we easily confuse *The Four Zoas* with 'ordinary text,' literature. A by-product of ignoring its non-ordinary, very special reality is mistaking its evident unfinished state for incompletion and underestimating the complexity of Blake's realized intentions. To acknowledge its completion (which is not to say its revisionary process could not have continued) is to accept its invitation to be willingly disrupted by its narrative interruptions and to engage transubstantially with its matter. (Ault x)

The change in title itself signals the start of a new system. In Blake's mythopoetic world, the Zoas are the embodiment of what he perceives as the four human principles, partly modelled on the Aristotelian four elements and

---

3 This and all subsequent quotations of Blake's *The Four Zoas* are from Blake's complete works edited by David Erdman, and cited parenthetically with the page in the edition, then page and line numbers in the manuscript as it is conventionally constructed.

Classical humoral theory. Together, they form a complete map of humanity. These Four Zoas are Los (earth, the imagination), Luvah (fire, passion), Urizen (air, reason), and Tharmas (water, instinct). The latter had never appeared in Blake's earlier poetry and has a much lesser role in his later poetry. *The Four Zoas* is undeniably the poem where he is given most presence. He is the focus for most of the narrative, which presents an apocalyptic, overflooded world: "the World of Tharmas, where in ceaseless torrents / His billows roll where monsters wander in the foamy paths" (Blake 321, 33:6–7). Moreover, he and his female pendant, Enion, both act as personifications of the act of writing. In Night I, Tharmas and Enion quarrel, which results in Enion weaving a woof within which Tharmas dissolves:

> he sunk down into the sea a pale white corse
> In torment he sunk down & flowd among her filmy Woof
> … Shuddring she wove—nine days & nights Sleepless her food was tears
> Wondring she saw her woof begin to animate. & not
> As Garments woven subservient to her hands but having a will
> Of its own perverse & wayward. (Blake 302, 5:13–22)

Enion's labor of Nine Nights recalls the nine chapters of the poem, and her woof recalls the quality of the text as an elaborate, textile artefact. As for Tharmas's flight and dissolution, they call to mind the evasiveness and stubbornness of the poem as something that will not be restricted by a stable outline. In *Narrative Unbound*, Donald Ault analyzes this parallel:

> Tharmas's withdrawal beneath the surface of the sea and Enion's weaving. These actions constitute two opposing aspects of Blake's *Four Zoas* text. The word text has etymological roots in the process of weaving and the aspect of Blake's text that interweaves minute details into complex and interfering ("perverse") patterns is dialectically opposed to the aspect of Blake's text which conceals, and evades in flight, withdrawal, and hiding; this flight manifests itself as discrepancies, gaps, and discontinuities in the text. (Ault 7–8)

Yet Tharmas's dissolution is not only metaliterary, but also metapictural, as it calls to mind the elusive quality of the sketches and the—dominantly blue—watercolors. As the Zoa of the ocean, Tharmas is uncontrollable. However, he does not control the ocean either. He is stuck in a constant ebb and flow, unable to keep enduring shapes. Many lines emphasize the ephemeral and fragile quality of his constructions: "Tharmas rolld his billows in ceaseless eddies" (Blake 351, 74:19) and "Tharmas endurd not, he fled howling. then a

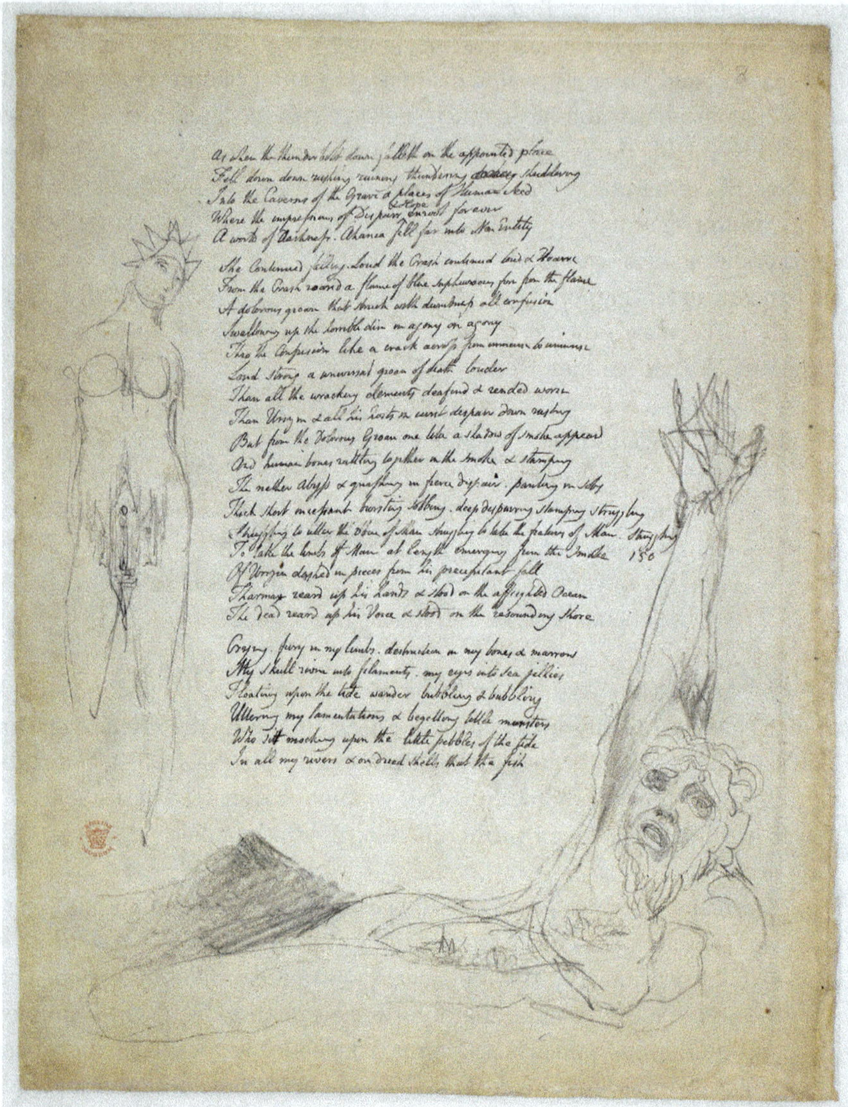

FIGURE 9.1 William Blake (1757–1827), *The Four Zoas*, page 44, *c.*1796–1807. Pen and ink, pencil, and charcoal and/or crayon on paper, approx. 32 × 40 cm. London: British Library

barren waste sunk / Conglobing in the dark confusion" (Blake 309, 15:18–9). Such dissolution is transcribed by a sketch showing a distressed Tharmas on page 44 (fig. 9.1). At the bottom, under the text, a man with uncertain outlines emerges from a watery environment from the torso up, raising his arm as if calling for help, his face bearing an expression of despair. His features are blurry, undefined, with several lines superimposed over one another, conveying the impression of frantic motion, as if the very sketch were trembling, or as if being covered in water were already a form of obliteration.

As several others, this sketch expunges Tharmas more than it creates him. With its inconclusive quality, it presents the picture of a body that is dying before it has fully come into existence. Indeed, Tharmas's formless body is ultimately that of a drowned man, sucked into the waters before he can rise. In a sense, so is the body of the manuscript, flooded under the weight of multiple edits.

2 The Flood: Death by Water?

The narrative of *The Four Zoas* is an apocalyptic one. Drawing on Deluge myths such as Noah's Ark in the Book of Genesis, or Deucalion in Greek mythology, it plunges the reader into a world where man's fall results in a devastating flood. However, man is not punished by an external, wrathful god for his fall. Rather, the flood is simultaneous with the fall. It is a man-made phenomenon, directly linked to the crisis of the human psyche. The balance of the four human faculties ensures cosmic balance, and no Zoa can err without cataclysmic consequences.

As the Zoa of instinct, Tharmas is the one who feels the fall most vividly. His emotions also have the strongest cosmic consequences. Since he is the Zoa of water, it is only fitting that the prevalent apocalyptic motif in *The Four Zoas* is that of the flood. Yet, the destruction caused by water is not dramatic throughout the narrative. On the contrary, a significant portion of the poem is dedicated to verbal scenes of stagnant water and static action, surrounded by multiple sketches of sleeping or sluggish figures that reinforce its oneiric tone. All the while, Tharmas wastes away. In his essay *L'Eau et les Rêves*, philosopher Gaston Bachelard comments on the slow, endless death associated with water: "L'être voué à l'eau est un être en vertige. Il meurt à chaque minute, sans cesse quelque chose de sa substance s'écroule. … la mort quotidienne est la mort de l'eau. L'eau coule toujours, l'eau tombe toujours, elle finit toujours en sa mort horizontale. Dans d'innombrables exemples nous verrons que pour l'imagination matérialisante la mort de l'eau est plus songeuse que la mort de la terre : la peine de l'eau est infinie." (Bachelard 9). He adds: "L'eau meurt avec le mort dans sa substance. L'eau est alors un *néant substantiel*. On ne peut aller plus loin dans le désespoir. Pour certaines âmes, *l'eau est la matière du désespoir.*" (Bachelard 125). There is a process of this nature taking place in *The Four Zoas*. When Tharmas is tragically separated from Enion, she dissolves under his eyes. He laments:

> Enion return
> Why does thy piteous face Evanish like a rainy cloud
> Melting. a shower of falling tears. nothing but tears! Enion:
> Substanceless. voiceless, weeping. vanishd. nothing but tears! Enion
> Art thou for ever vanishd from the watry eyes of Tharmas. (Blake 331, 45:31–46:3)

Yet Enion disappears—a moment illustrated by a sketch on page 46 (fig. 9.2), where an evanescent female figure, her arms bent towards her face in distress, is carried away to the left by a large wave which engulfs her. To the right of the wave, a male figure drawn in darker, clearer strokes reaches out to her, his face alarmed. His hand penetrates the outer layer of the wave, but not deep enough to reach Enion. This is the last place where Tharmas is identifiably shown standing up. In all subsequent representations, he is reclining or even drowning. Tharmas spends the rest of the poem crying as he roams the ocean, a "cold expanse where watry Tharmas mourns" (Blake 306, 11:18). It is a world of death and mourning, reminiscent of the Styx, the river of death in Classical mythology. Numerous images of dead or dying bodies surrounded by mourners accompany the text. Page 5 features a striking watercolor with a crying winged figure, probably Tharmas, his face lowered in his hands, emerging from the water from the torso up (fig. 9.3). Other examples, such as pages 48, 49, 68, 77, and 130, present recumbent figures on the brink of death. The endless death Bachelard writes about can also be observed in this passage, where Tharmas strives to emerge from the ocean:

> But from the Dolorous Groan one like a shadow of smoke appeard
> And human bones rattling together in the smoke & stamping
> The nether Abyss & gnasshing in fierce despair. panting in sobs
> Thick short incessant bursting sobbing. deep despairing stamping struggling
> Struggling to utter the voice of Man struggling to take the features of Man. Struggling
> To take the limbs of Man at length emerging from the smoke
> Of Urizen dashed in pieces from his precipitant fall
> Tharmas reard up his hands & stood on the affrighted Ocean
> The dead reard up his Voice & stood on the resounding shore
> Crying. Fury in my limbs. destruction in my bones & marrow
> My skull riven into filaments. my eyes into sea jellies
> Floating upon the tide wander bubbling & bubbling
> Uttering my lamentations & begetting little monsters. (Blake 329–30, 44:14–26)

The repetition of "struggling," three times in one line, as well as that of "bubbling & bubbling," conveys a feeling of weight, helplessness, and syntactic exhaustion. The widely uneven lines also break the bounds from the dominant heptameter. Commenting on this passage, Alicia Ostriker writes: "Blake lets his struggling Chaos burst from septenary to an eight-foot and then a nine-foot line" (Ostriker 174). Andrew Lincoln too emphasizes the violent quality of the longer lines: "The verse itself bursts its bounds and re-forms" (Lincoln 93).

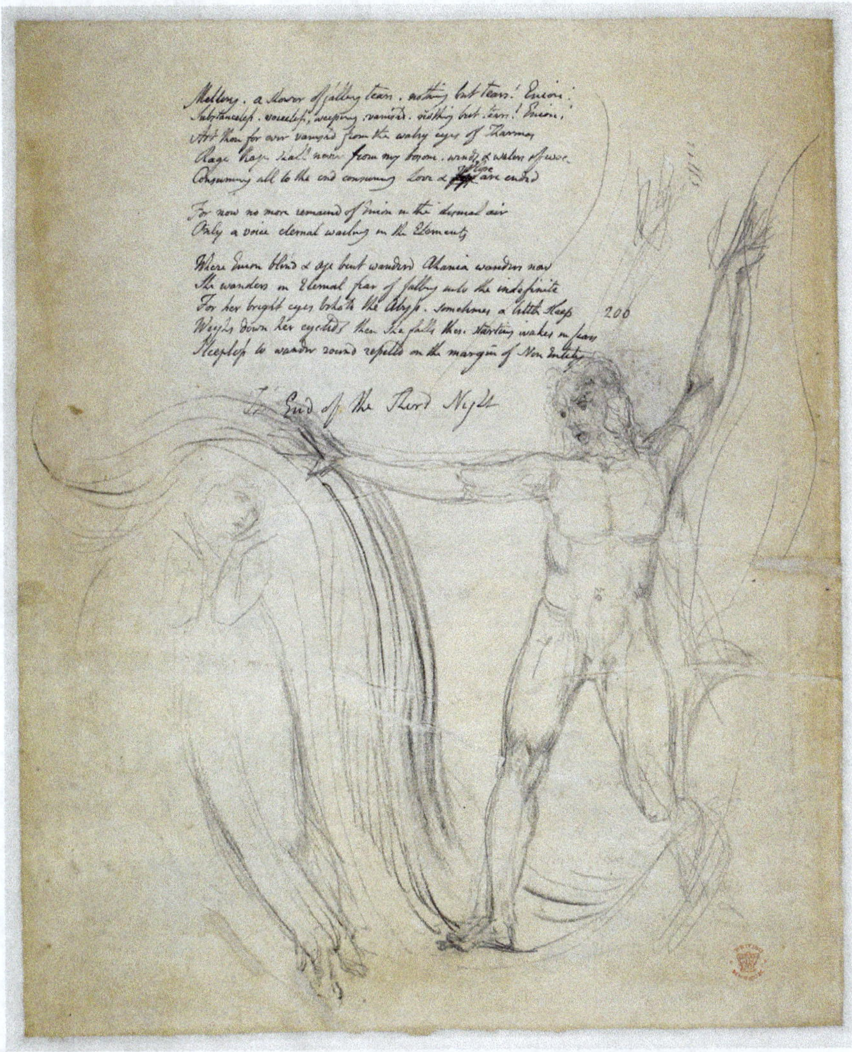

FIGURE 9.2 William Blake (1757–1827), *The Four Zoas*, page 46, *c.*1796–1807. Pen and ink, pencil, and charcoal and/or crayon on paper, approx. 32 × 40 cm. London: British Library

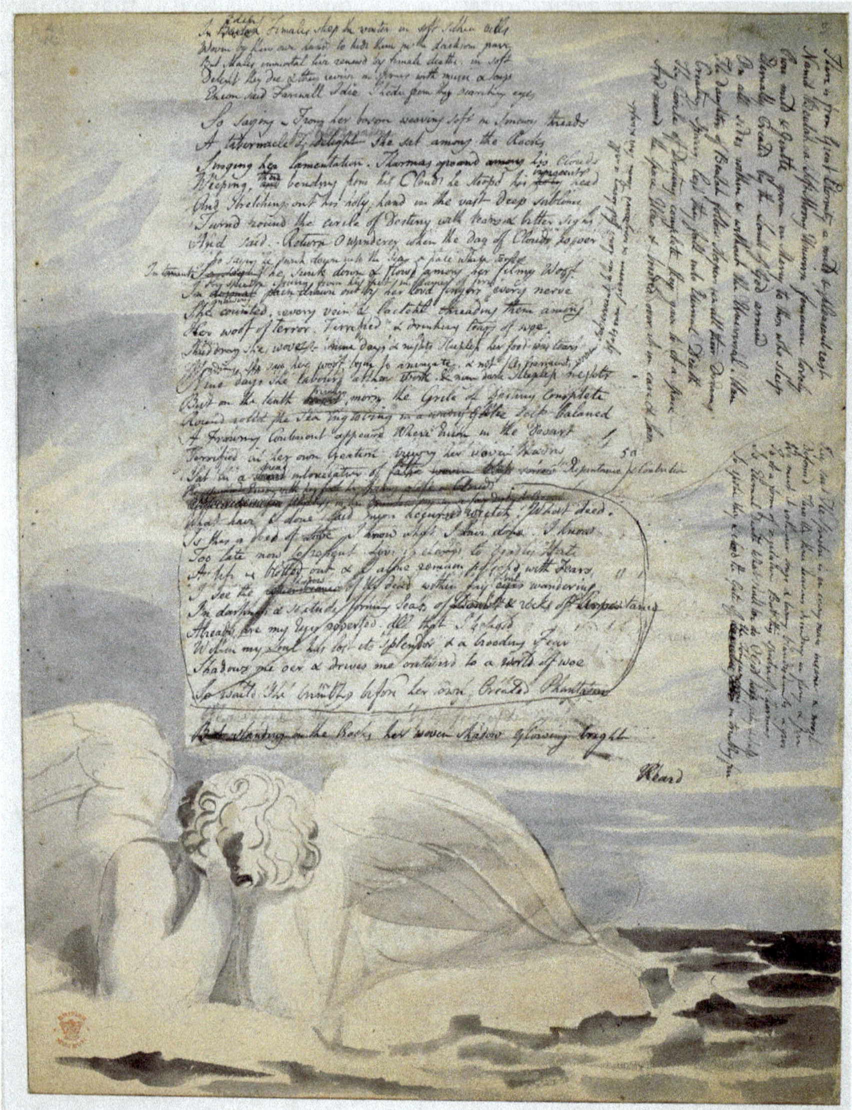

FIGURE 9.3 William Blake (1757–1827), *The Four Zoas*, page 5, *c.*1796–1807. Pen and ink, watercolors, pencil, and charcoal and/or crayon on paper, approx. 32 × 40 cm. London: British Library

These remarks highlight the visual quality of this textual swelling process, mimicking the way in which water overfills Blake's mythopoetic world. On page 44, where that passage can be found, the longest line almost overwrites the sketch of the drowning Tharmas with his arm raised vertically to the right of the text (fig. 9.1). He is in as much danger of being drowned by water as he is of being submerged by the text.

Moreover, Tharmas's struggle to shape himself into a solid body echoes the eternal torture of mythological figures such as Tantalus or Prometheus. He begs for permanent death:

> give me death
> For death to me is better far than life. death my desire
> That I in vain in various paths have sought but still I live
> The Body of Man is given to me I seek in vain to destroy
> For still it surges forth in fish & monsters of the deeps
> And in these monstrous forms I Live in an Eternal woe. (Blake 346, 69:8–13)

Tharmas's torment stems not only from his endless suffering, but also from having a monstrous body. This echoes the hybridity of the manuscript, made of pages which Blake numbered in different ways, making the poem's diegetic order unclear. The manuscript then lay dormant for almost a century, staying in the family of John Linnell, one of Blake's patrons, to whom he had given the manuscript without publishing it. Blake scholars rediscovered the manuscript at the end of the nineteenth century and started arranging the pages in different orders.[4] William Butler Yeats and Edwin John Ellis were the first to publish it in 1893, freely reworking the poem and presenting the text with very few of its accompanying images. Other editions followed, such as Geoffrey Keynes's in 1925, which left Blake's revisions visible. G. E. Bentley's facsimile edition of 1963 offers a reproduction of the manuscript, although in black and white. David Erdman's edition is now authoritative, with extensive use of notes to help keep track of the various ways in which the narrative can be constructed, but it presents only the text. Short of consulting the manuscript at the British Library, which is possible only for scholars, currently the best way of reading *The Four Zoas* with the text and the images is through its digitized version on *The Blake Archive*.

4 It is now assembled in the conventional order at the British Library (London, UK).

Like the manuscript's, Tharmas's body is monstrous, but it is also immortal; his identity is not stable enough to die. Although his water cannot remain fixed, it can reorder itself until it reaches redemption through a more life-asserting metamorphosis.

3 The Waters of Life: Rebirth

The Romantic poet John Keats famously asked for his epitaph to be "Here lies one whose name was writ in water." The same could be said of Tharmas, and of *The Four Zoas*. Yet this epitaph could be read as a life-asserting message. Life and death, construction and destruction, are two sides of the same coin. Water synthesizes these polar opposites and shows them to be inextricably bound. No other element has the capacity to be both so lifegiving and threatening. Water denotes the biblical water of life, amniotic fluid, and quenching one's thirst. Yet it also denotes the river of death, the biblical Flood, and drowning. Tharmas's cycle of births and deaths powerfully merges such opposites:

> Deathless for ever now I wander seeking oblivion
> In torrents of despair in vain. for if I plunge beneath
> Stifling I live. If dashd in pieces from a rocky height
> I reunite in endless torment. (Blake 331, 47:12–5)

Although tragic, this passage sketches a vision of the body as something fluid which cannot be permanently affected by disjunctions. Tharmas's limbs disintegrate and rearrange themselves like a group of atoms, to which he compares himself: "I am like an atom/ A Nothing left in darkness yet I am an identity" (Blake 302, 4:43–4). The image of the atom is one that carries hope when compared to the limitless ocean of despair.

Indeed, the ocean is vast and uncontrollable, yet the atom is on the opposite side of the spectrum. It is reminiscent of the tear as the smallest unit of water perceivable. From this, life can be created. When Enion disappears, she does so in "a shower of falling tears" (Blake 331, 46:1). Yet Tharmas is described as having "watry eyes" (Blake 331, 366, 399, 46:3, 93:40, 130:23), signaling his persistent bond with Enion. And because the flood is man-made, it can be annihilated. Once the human faculties are balanced again, Tharmas can become stabler, and Enion can be reborn from the tears that drop from his eyes. Commenting on drops of water, Bachelard writes: "Une goutte d'eau puissante suffit pour créer un monde et pour dissoudre la nuit. Pour rêver la puissance, il n'est besoin que d'une goutte imaginée en profondeur. L'eau ainsi dynamisée est un germe ; elle donne à la vie un essor inépuisable." (Bachelard 13–14). A drop of water or a tear, this is that from which Enion is ultimately reborn. At the end of Night IX, she is resurrected "in tears":

> And when Morning began to dawn upon the distant hills
> Then a whirlwind rose up in the Center & in the Whirlwind a Shriek
> And in the Shriek a rattling of bones & in the rattling of bones
> A dolorous groan & from the dolorous groan in tears
> Rose Enion like a gentle light. (Blake 400, 132:13–7)

This passage reveals that the "shower of falling tears" Enion previously disappeared in is not ineluctably morbid. The same tears that dispersed her body are watery seeds, ("germes") to take up Bachelard's metaphor, from which she can rise again. They do dissolve the night, as the Nine Nights of the poem end with a reference to the "End of the Dream" (Blake 407, 139:11), from which the characters as well as the readers are supposed to awake. Before Enion is resurrected, her voice is heard singing a song. Wilkie and Johnson underline the life-asserting symbolism of the tension between sleeping and waking that pervades her song and the poem: "Enion's song suggests another meaning of the subtitle of *The Four Zoas*: the poem is a 'DREAM of Nine Nights' not only because it is a visionary work organized according to the logic of dreams, but also because it describes the nightmare of the sleep of death as something from which it is possible to awaken" (Wilkie and Johnson 199).

As the narrative draws to a close, sketches and watercolors of sleepers or dying figures are gradually replaced by figures of the dead coming back to life (pages 45, 97, 105, 121, 129, 131), or newborns (pages 63, 101). They are increasingly present in the last Nights, as if urging the poem to finish, visually promising a new beginning before it is given verbally.

4 Conclusion

The Four Zoas not only portrays water; it is an embodiment of that element. It can only be regretted that Bachelard could not know of *The Four Zoas*, which was not translated and published in France when *L'Eau et les Rêves* came out in 1942.[5] The essay does not mention Blake even once, while Bachelard quotes Blake extensively in *La Terre et les rêveries de la volonté* (1948). That is not to say that earth is a more prominent element in Blake's mythopoetic world.

5 *The Four Zoas* was first translated into French in 1983 by Jacques Blondel.

Although stabler and easier to grasp, earth is no more important than the other elements. However, water is the more elusive one, and while readers of Blake are accustomed to devils clashing within the fire, winged creatures flying through the air, or humans carving their way through the earth, water is less obvious when one thinks of his illuminated books. One may remember that Blake etched his copper plates in acid before printing his books, and reflect on the affinity between acid and water, which is signaled in French by the term *eau-forte*.

Yet it is a book which was not etched that has the most kinship with water, not only because of its blue watercolors, but also due to its focus on Tharmas and the dissolution that ensues. It is no coincidence that the book Blake made in which water looms so large happens to be left in manuscript form. Just like Tharmas, the manuscript refuses definite, static form. Blake created a paradox: a material object whose substance is evasive. Bachelard writes: "Les poètes et les rêveurs sont souvent plus amusés que séduits par les jeux superficiels des eaux. L'eau est, alors un ornement de leurs paysages ; elle n'est pas vraiment la 'substance' de leurs rêveries." (Bachelard 7–8). Had Bachelard read *The Four Zoas*, he might have changed that statement. Water is the very substance of the dream from which *The Four Zoas* unfolds.

Sources Cited

Ault, Donald. *Narrative Unbound: Re-Visioning Blake's* The Four Zoas. Barrytown: Station Hill Press, 1987.

Bachelard, Gaston. *L'Eau et les Rêves*. Paris: Librairie José Corti, 1942.

The Blake Archive. http://www.blakearchive.org/work/bb209 [accessed 30 August 2022].

Blake, William. *The Complete Poetry and Prose of William Blake*. Ed. David Erdman, commentary by Harold Bloom. Newly Revised Edition. Berkeley: U of California P, 1998.

Blake, William. *The Writings of William Blake*. Ed. Geoffrey Keynes. London: Nonesuch Press, 1925.

Blake, William. *Œuvres IV : Vala ou les Quatre Vivants, et Annotations à divers ouvrages*. Trans. Jacques Blondel. Paris: Aubier-Flammarion, 1983.

Blake, William. *Vala or The Four Zoas: A Facsimile of the Manuscript, a Transcript of the Poem and a Study of its Growth and Significance*. Ed. Gerald Eades Bentley Jr. Oxford: Clarendon Press, 1963.

Frye, Northrop. *Fearful Symmetry, A Study of William Blake*. Boston: Beacon Press, 1947.

Lincoln, Andrew. *Spiritual History: A Reading of William Blake's* Vala *or* The Four Zoas. Oxford: Clarendon Press, 1995.

Mitchell, W. J. T. *Picture Theory: Essays on Verbal and Visual Representation*. Chicago: U of Chicago P, 1995.

Ostriker, Alicia. *Vision and Verse in William Blake*. Madison: U of Wisconsin P, 1965.

Wilkie, Brian, and Mary Lynn Johnson. *Blake's* Four Zoas*: The Design of a Dream*. Cambridge: Harvard UP, 1978.

10

The River of Life

Drawing Lessons from Thomas Cole in Images and Words

Véronique Plesch

Abstract

The Reverend Jared B. Waterbury's *The Voyage of Life; Suggested by Cole's Celebrated Allegorical Paintings* (Boston, 1852) is based on Thomas Cole's four paintings forming *The Voyage of Life*. This paper considers Cole's paintings, a copy of the second painting in the series made by young lady in 1854 in Central Maine, Waterbury's text, as well as a bookplate and an inscription made in 1883 by a sailor. The book helps understand why a young lady would copy this particular painting while the bookplate and inscription afford an entry into a seaman's perception of a clergyman's reading of Cole's paintings.

Keywords

Gorham D. Abbott – Thomas Cole – John Bunyan – John Halpin – Maine – *The Pilgrim's Progress* (John Bunyan) – reproductive prints – James Smillie – Spingler Institute – *The Voyage of Life* (Thomas Cole) – J. B. Waterbury

Serendipity had it that, as I was working on the question of copies in the visual arts and the negative way in which we tend to view them, I included a work in the collections of my local historical society in Waterville, Maine: a copy of one of the paintings from Thomas Cole's celebrated series *The Voyage of Life* (figs. 10.1 and 10.2; Plesch). When, subsequently, I was invited by the Historical Society to deliver a talk on "their" painting, I researched the artist, a local lady, Lydia Crosby, who was barely twenty-two years old when she painted the picture. I learned who her parents were, what house she grew up in, who she married, and when, and where she was buried. Most importantly—at least for me, an art historian whose specialty is not American art—I found out how

 | DOI:10.1163/9789004549258_012

FIGURE 10.1 Thomas Cole (1801–48), *The Voyage of Life: Youth*, 1840. Oil on canvas, 132.1 × 198.1 cm. Utica, NY: Munson-Williams-Proctor Institute Museum of Art

FIGURE 10.2 Lydia Crosby Hayden (1832–1904). *The Voyage of Life: Youth* (after Thomas Cole), 1854. Oil on canvas. 95 × 141 cm. Waterville: Historical Society & Redington Museum

popular Thomas Cole's *Voyage of Life* was at the time[1] and, as I was researching its impact, I stumbled upon a little book: the Reverend Jared Bell Waterbury's *The Voyage of Life; Suggested by Cole's Celebrated Allegorical Paintings*, published in 1852 in Boston. Because my Historical Society lecture was fast approaching, the quickest solution was to purchase a copy online. Clearly, this kind of nineteenth-century inspirational literature does not attract many buyers as the low price—a mere twenty dollars—proved! But the minute I had this book in my hands, it struck me as a wonderful word-and-image topic, for the Reverend both describes the paintings and uses them as a springboard to draw lessons. As it turned out, from their very conception, Cole's paintings were themselves embedded in a word-and-image nexus.

1 Thomas Cole's *Voyage of Life*

Considered the founder of the Hudson River school, Thomas Cole was born in England in 1801 and emigrated with his family to the United States in 1818; he eventually settled in Catskill, NY, where he died in 1848. Mostly self-taught, he became famous for his landscapes. Cole conceived *The Voyage of Life* as early as 1836, after completing his first series, *The Course of Empire* (although, as we will see, poems anticipated the subject matter). *The Voyage of Life* was commissioned in early March 1839 by New York banker Samuel Ward. On 24 March 1839, Cole wrote in his diary:

> I have received a noble commission from Samuel Ward ... to paint a Series of Pictures the plan of which I conceived several years since & had an opportunity of presenting to him this Spring. The Subject is to be executed in four pictures about 6 ft. 6 in. or 7 ft. long each, and is entitled the Voyage of Life.
>
> I earnestly & sincerely hope that I shall be able to execute the work in a manner worthy of Mr. Ward's liberality and honourable to myself. The Subject is an allegorical one, but perfectly intelligible & I think capable to making a strong moral and religious impression. (Cole, *Essays* 163)

In September 1839, Cole started working on *Childhood*, the first picture in the series. Although Ward died in late November of that year, Cole did not

1 See, for instance, Wallach. Schweizer notes "the widespread interest in Cole's art that surfaced in the decade following the artist's death in 1848," which corresponds to the time Lydia made her copy ("Transcript" 1.2).

abandon the project, completing *Childhood* in early 1840. He then painted the three remaining pictures: *Youth*, *Manhood*, and finally *Old Age*, wrapping up the ensemble by September (Schweizer, "Chronology" 14). The series, today in the Munson-Williams-Proctor Institute Museum of Art in Utica, New York, was exhibited in late 1840 in a one-man show at the National Academy of Design and was accompanied by a booklet with Cole's descriptions and interpretation of each painting.[2] Concerned with the series' fate after Ward's heirs became the owners, Cole decided to paint a second set, today in the National Gallery of Art in Washington, DC, which was completed in 1842 while Cole was in Rome during his second European trip.[3]

Cole symbolized the Journey of Life as taking place on the "Stream of Life" (Cole, "Description" 6). Each age is set to a different time of day and a different season. We start at sunrise in the spring: on a quiet river emerging from a cave, a boat "steered by an angelic form" carries an infant. *Youth* is set at noon in the summer, in a landscape with "verdant hills" and "trees of rich growth." The "voyager" (as Cole calls him) is now a teenager, who grasps the rudder with one hand and reaches for "an air-built Castle, that rises dome above dome in the far-off blue sky," while the angel watches on from the shore (5). At dusk and in autumn, under stormy skies, the middle-aged voyager braves "turbulent waters" that rush "furiously down a dark ravine" and approach an ocean seen in the distance. In the last picture, "the voyager, now an old man," has reached the "great ocean of Eternity ... to which all life is tending" (6). The angel directs him to look up to an opening in the dark clouds as he joins his hands in prayer.

In "The eager vessel flies the broken surge," a poem written in 1832 and slightly revised in 1834, Cole reflected on aging and the passing of time:

> The eager vessel flies the broken surge
> The surge that it has broken—so my soul
> Leaving the stormy past does onward urge
> Its course through the wild waves that roll
> tempestuously. (Cole, *Poetry* 60)

---

2 It should be noted that among Cole's papers at the New York State Library in Albany, a sketchbook that Cole started in 1827 contains a "running list of possible subjects for pictures" (Merritt 82). Items number 83, 85, and 91 refer to the *Voyage of Life* and show that Cole originally considered including "words or verses ... inscribed on rocks or elsewhere" in the pictures (Merritt 90; specific inscriptions listed p. 92).

3 Cole stressed that the National Gallery set is not a copy: see Schweizer, Voyage 44; Schweizer 45–48 details the differences.

These opening lines contain many of the elements that will appear in the paintings, establishing metaphorical parallels between sailing and life. Further on in the poem, there are mentions of a "guardian spirit," of prayer, of sin, and of the hope for "everlasting peace."

Cole drew from different pictorial traditions, such as *The Steps of Life*, in which a staircase leads up and down, as man passes from cradle to grave, in nine different moments,[4] an image that was very popular in the nineteenth century, when many versions were published and displayed in homes. A recognized literary source for Cole was *The Pilgrim's Progress* (Kasson).[5] The work of an English Puritan preacher, John Bunyan, it was first published in 1678 and is the most read book in English after the Bible. The protagonist, named Christian, travels to God's Celestial City, but, first, has to traverse places such as the Valley of Humiliation or the Hill of Difficulty. Like the allegorical *Pilgrim's Progress*, *The Voyage of Life* is grounded in Christian doctrine,[6] but Cole's voyager may also be read as a personification of America, then in its own adolescence (which might explain why, of all of the paintings in the series, it is *Youth* that was the most popular). Some scholars consider that Cole may have intended the series as a warning to his fellow Americans, who at that time were engaged in the westward expansion, led by the belief of what soon would be called "Manifest Destiny."[7]

Cole died in February 1848 but the series continued spreading his fame.[8] That same year, the American Art-Union, a subscription society that distributed paintings and prints to its members, purchased the original series from Samuel Ward's heirs and offered it as the prize in its annual lottery. The four paintings were won by a pool of five individuals but eventually one of them, J. Taylor Brodt, became the sole owner of the series ("What is Talked About" 13). Also in 1848, the Art-Union commissioned James Smillie to make an

4 Jörg Breu the Younger was the first to depict the theme in a woodcut dated 1540.

5 Schweizer reports that Cole was reading *The Pilgrim's Progress* in fall–winter 1839–40 ("Chronology" 12). On 1 January 1843, Cole wrote a poem titled "Life's Pilgrimage" in which the Pilgrim travels by foot (*Poetry* 137–39).

6 Cole came from the English "dissenting, non-Anglican tradition" but through his marriage to Maria Bartow became a member of the Episcopal Church, see Wright (295 for quote).

7 The term was coined in 1845 by John O'Sullivan, founder and editor of the *United States Magazine and Democratic* Review, who writes about "the fulfilment of our manifest destiny to overspread the continent" (5).

8 Schweizer details the complex history of the paintings, their owners, exhibitions, and reproductions (Voyage).

FIGURE 10.3 James Smillie (1807–85) after Thomas Cole, *The Voyage of Life: Youth*, 1850. Engraving, image: 39.0 × 58.2 cm, published by the American Art-Union. Washington, DC: Smithsonian American Art Museum

engraving of *Youth* (fig. 10.3).[9] Smillie recounts in his memoirs that the print took him a year and that he worked from drawings he had made from Cole's painting (Smillie 51–52).[10] In 1849, a Presbyterian minister, the Reverend Gorham D. Abbott, purchased the series from Brodt and installed it in the Lecture Room of the Spingler Institute, a "collegiate institution for young ladies" he had founded in New York City.[11] The purchase and display of the

9 Scottish-born Smillie was already an accomplished engraver when he settled in New York in 1828. He was elected associate of the National Academy of Design in 1832 and became full member in 1851 (Raftery 12). Schweizer discusses the selection process that eventually settled on Cole's *Youth* ("Transcript" 4–5).

10 The painting was in Smillie's studio by July 1848 and back at the Art-Union by September (Raftery 15). Raftery details the whole sequence of work on the plate of *Youth*, and reproduces proofs.

11 Born in Brunswick, Maine, Gorham Dummer Abbott (1807–74), was a pioneer in the education of women (see Cioffi 4). His papers in Bowdoin College's George J. Mitchell Department of Special Collections & Archives bear witness to his involvement in the founding of institutions likes Vassar and Wellesley colleges (respectively founded 1861 and 1870). Abbott's Collegiate Institution for Young Ladies became known as the Spingler Institute after it moved in 1848 to a building (built for the college) on the West side of

paintings was announced in the *Bulletin of the American Art-Union*: "The Institute is an establishment of the highest class, for the education of young ladies, and these pictures are to be among the permanent decorations of its walls" ("Fine Art Gossip" 26).

In 1851, Abbott commissioned Smillie engravings of the whole series and purchased *Youth*'s steel plate. In his memoirs, Smillie's notes that the plate "was very much worn" after having been used for the staggering number of twenty thousand impressions. He agreed "to retouch it and make it equal to a new plate" (52). The entire set was completed by 1856 and a sixteen-page booklet was issued along with the prints, opening on a text by Abbott extoling the "pure moral tone and Christian sentiment" of what he calls "true family pictures" (4). It is followed by the descriptions of the paintings Cole had written in 1840 for the series' first exhibition at the National Academy of Design. The booklet concludes with twenty-three "testimonials" by ministers,[12] Hudson River School artists, and other noted figures.

The prints were issued and sold in three different sets, on different papers and at different prices; custom-made frames could also be purchased (Schweizer, "Transcript" 2.18–19). The two cheaper sets bear at the bottom two unattributed stanzas of poetry.[13] Already in 1850, the Art-Union commissioned Robert Hinshelwood[14] etchings of *Childhood*, *Manhood*, and *Old Age* for their bulletin (Schweizer, "Chronology" 50). Such reproductive prints were extremely popular, as Cole's moral message appealed to many Americans. Smillie's series in particular "was one of the most famous and widely distributed print publications of the 19th century; it graced church halls, schools, hospitals and private homes for generations" (Raftery 12). As already mentioned, *Youth* was the most popular of the four images and thus the most frequently copied,[15] as was the case for young Lydia Crosby (fig. 10.2).

---

what was then called Union Park (now Union Square). For the importance of art in the Spingler Institute's curriculum and for Cole's paintings displayed in the Lecture Room see Schweizer, "Transcript" 1.8 and 1.12.

12 They come from a variety of Protestant denominations: several are Episcopalian, others Congregational, Dutch Reformed, Presbyterian, and Unitarian.

13 See Schweizer, *Voyage* 55, who discusses possible sources for these verses. Schweizer explained to me that the text was omitted from the most expensive set that was sold for $50 and consisted in "Artists' Proofs, on India Paper, before lettering" (email).

14 Hinshelwood happened to be Smillie's brother-in-law and "sometimes business partner" (Raftery 14).

15 It must have also held special resonance for Cole: in his 1844 poem, *Youth* is the longest of the four sections, with 173 lines; the first, third, and fourth sections are respectively 132, 119, and 121 lines.

2 Waterbury's *Voyage of Life*

The engravings in "my" book are by one John Halpin (fig. 10.4).[16] *The Voyage of Life; Suggested by Cole's Celebrated Allegorical Paintings* was written by Jared Bell Waterbury, who, at the time of its publication, was pastor of a Congregational Church in Boston and had already written two books for young people: *Advice to a Young Christian* and *Considerations for Young Men* (Kasson 43).[17] The book, published by the Massachusetts Sabbath School Society, a Congregational Sunday school that offered Bible readings for groups of all ages, instructed readers on how to lead a proper Christian life in four stages, just as in Cole's series. The preface explains: "Upon this series of beautiful allegorical paintings this little book founds its lessons of moral wisdom. It is designed, as the title imports, to furnish the voyager with the requisite outfit. It is hoped that all who may give their attention to its pages will be better prepared to encounter the vicissitudes of the voyage, and be more likely in the end to arrive at the haven of eternal rest" (iv).

FIGURE 10.4 John Halpin after Thomas Cole, *The Voyage of Life: Youth*, 1852. Engraving, image: 8.4 × 12.9 cm (Waterbury, *Voyage* facing 25)

16 On Halpin, see Hawkins. Schweizer considers that Halpin based his prints on Hinshelwood's ("Transcript" 2.13).

17 On Waterbury's life, see *Obituary Record* 248.

The relationship between paintings and text is made clear in Waterbury's title: the text was "suggested" to him by Cole's paintings, which act as a springboard for his reflection on the different ages and for his advice on how to live morally, avoiding vices and "moral shipwreck" (60). Each section starts with a description of the painting and in some cases, the author simply relies on lengthy excerpts from Cole's own description of the paintings.[18] In the first chapter, after three pages describing and commenting upon Cole's painting, Waterbury declares that he leaves art criticism to "those who have more artistical skill than myself. My business is with the *moral* of the painting" (10; italics in the original).

We find fascinating word and image passages, for instance when Waterbury states in his preface that the paintings "constitute together an impressive moral lesson, which *speaks* through the *eyes* to the *heart*" and that, when artists first saw them, "the impression on their minds, it is said, was so deep, that, for a while, *not a word was spoken*" (iii; emphasis mine). The reader is repeatedly asked to "see" and the senses are often brought into play: in the first picture, "the very atmosphere is redolent of sweets" and we even hear "melodies of the bird and the murmur of the stream" (7 and 9). Even though the reader is looking at black and white prints (fig. 10.4), we find abundant references to colors: the banks of the river at its source, for instance, are "enamelled green" (8).

And then, my copy bears a hand-written inscription on the verso of the book's last page, left by one Frank A. Smith, who was a mate (that is, second-in-command) on a schooner, the George Walker (fig. 10.5). Smith wrote: "Have just finished reading this book and consider it [sic] teachings extremely good for all ages and conditions of life." He added the date, 25 November 1883, and his coordinates ("Lat. 17°.06′ N / Long. 60°.48′ W"), locating him in the Caribbean Sea, not far from Antigua. The George Walker was a schooner, a type of two- or three-masted vessel used for many different purposes in the nineteenth century. She was registered in Machias, a town in Northern Maine. A cursory online search for the George Walker yields the mentions of wrecks in 1874 and 1878 in locations off the coast of Nova Scotia and Massachusetts. In the *Annual Report of the Operations of the United States Life-Saving Service* we read that the George Walker was wrecked off the coast of Rhode Island, on 26 November 1882 on a trip from New Brunswick to Rondout, NY, with a cargo of plaster. We also learn that there was a crew of seven men (143). She finally foundered in 1891 in the north Atlantic on her way to New York, transporting

18 For instance, concerning *Manhood*, Waterbury explains that he quotes the artist's words "as descriptive of the scene" and follows with a page and a half of Cole's own description (68–69).

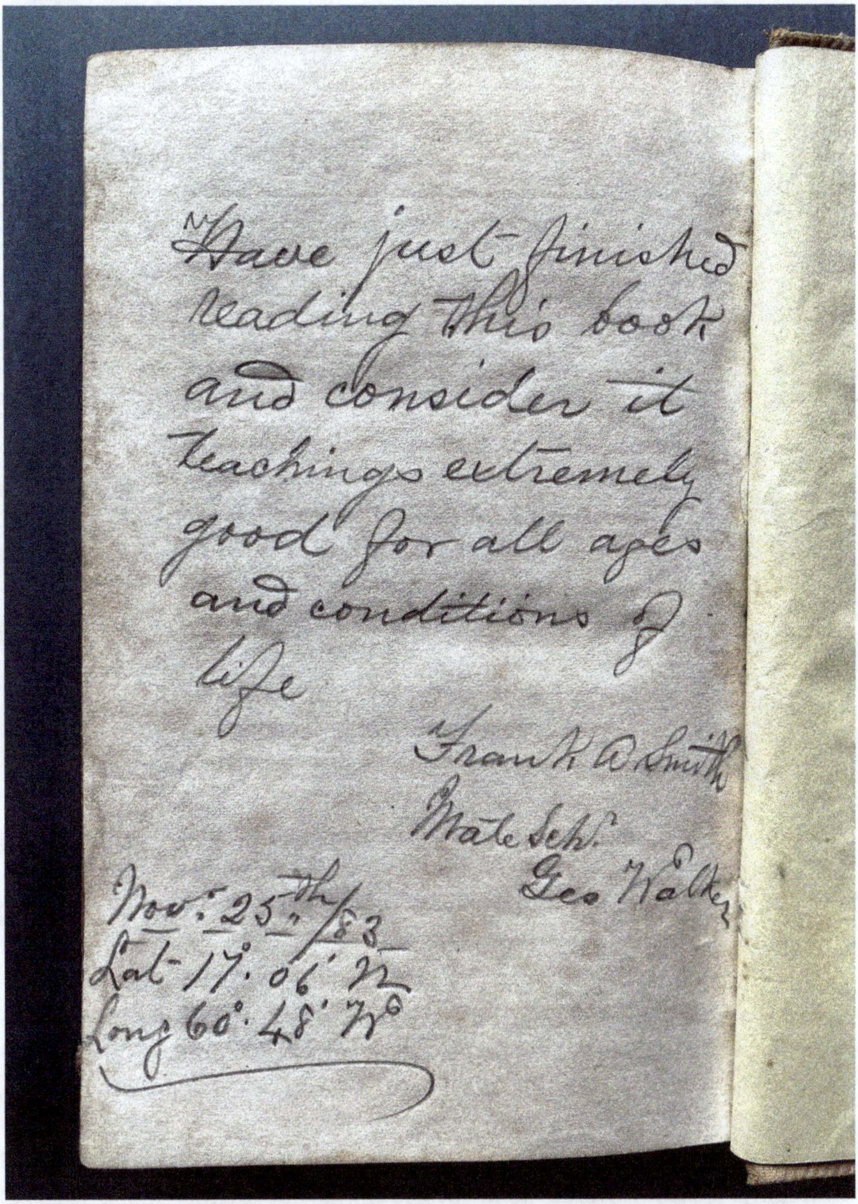
Have just finished
reading this book
and consider it
teachings extremely
good for all ages
and conditions of
life

Frank A Smith
Mate Sch.
Geo Walker

Nov. 25th/83
Lat 17° 06' N
Long 60° 48' W

FIGURE 10.5 Frank A. Smith, hand-written inscription dated 25 November 1883. Author's personal copy of J. B. Waterbury, *The Voyage of Life: Suggested by Cole's Celebrated Allegorical Paintings*. Boston: Sabbath School Society, 1852 (inside the front cover)

FIGURE 10.6 Bookplate from the American Seamen's Friend Society, pasted inside the front cover of the author's copy of J. B. Waterbury, *The Voyage of Life: Suggested by Cole's Celebrated Allegorical Paintings*. Boston: Sabbath School Society, 1852

salt from Turk's Island in the Caribbean (not far from where Smith wrote his inscription; Wreck Site).

Pasted inside the front cover of my copy is a book plate from the American Seamen's Friend Society (fig. 10.6), a Christian organization that "was a product of the Sunday School movement" (Hovde 391)—the very movement that published Waterbury's book.[19] The Society's 1826 constitution states that it aims "to improve the social and moral conditions of seamen" among other things by "promoting in every port boarding houses of good character, savings banks, register offices, libraries, museums, reading rooms and schools; and also, the ministrations of the gospel, and other religious blessings" (Mystic Seaport Museum). It also provided "food for the mind" aboard the ships with loan libraries (Webster 82). It therefore makes sense that the book made its way into the hands of mate Frank Smith and that is probably why it ended up in a

19 In fact, the Massachusetts Sabbath School Society, the publisher of Waterbury's book, was one of the principal donors of books to the American Seamen's Friend Society. See Hovde 399.

bookstore in Maine. The dealer, from a town in Mid-Coast Maine, couldn't tell me much about the book's provenance, other than that she had purchased it from a shop in the town of Addison, Maine, whose owner frequents estates sales. Perhaps not coincidentally, Addison is less than 20 miles from Machias, where the George Walker was registered.

An important issue at stake here is that of the audience, for this kind of book fleshes out our understanding of the visual and moral/devotional culture of a nineteenth-century well-to-do young lady in a provincial town in Central Maine, helping us understand why (to borrow the title of my talk at the Waterville Historical Society) Lydia Crosby would copy this particular painting. Although the purchase of Cole's paintings by Abbott, their display in the Spingler Institute, and Abbott's commission of the engravings, show that the series was considered fitting for young ladies, Waterbury aimed his book's message towards a wider audience, as he mentions different ages and a whole range of professions. The clues in my own copy of the book—the bookplate and inscription—show that both a Christian society dedicated to the moral improvement of seamen and one seaman in particular found this book inspirational, considering its message beneficial to "all ages and conditions of life." This makes sense, for maritime metaphors abound in Waterbury's book. An image that recurs many times is that of the shipwreck[20]—the word appears no less than ten times and "wreck" three more times; to take one example: intemperance is "a shipwreck which takes with it body and soul" (102). Concluding the book is an appendix titled "The Outfit" (173–80), wrought with seafaring tropes, as it recommends sailing through the "ocean of existence" (178) on "the eventful and perilous voyage of life" (174) with the Bible serving as chart, Providence as compass, and Hope as anchor.

3 Cole's Reception in Words and Images

We thus have several instances of reception of Cole's artwork, by very different people, who responded in different manners, by different actions. Collectors (both private and institutional) *acquired*, *owned*, and *displayed* Cole's series. Printmakers *reproduced* the paintings. Reproductive prints after paintings are of course instances of intermedial transposition and Smillie's and Halpin's prints show a range in size and quality (figs. 10.3 and 10.4). A young lady *painted a copy* of the painting, very likely using a reproductive print. A minister drew

20 As Catriona MacLeod observed to me, Bunyan also uses this shipwreck allegory extensively, for instance, in his chapter on The Celestial City.

upon the paintings to *write* an inspirational book. A charitable religious organization *acquired* the book, *affixed* their bookplate, and *made it available* to a specific readership. Obviously, the book must have been considered worthy of such diffusion and the fact that it is based on a fluvial metaphor and that the main character, who stands for humanity, travels on a boat must have found a special resonance with its members. This is proved by our seaman, who, upon completing his *reading*, *wrote* an inscription at the end of the book, recording his opinion. He documented with precision when and where this occurred.

Besides the popularity of Cole's series and in particular of *Youth*, further clues for Lydia's motivations might be found on the painting's reverse—more words. An inscription reads "For J. Crosby," referring most likely to Josiah Crosby, Lydia's father. 1854, the year Lydia completed the painting, is also when her brother Andrew died, and thus this inscription suggests it could have been a gift to the father, in memory of the deceased son.[21] There is one more paratextual verbal element: the label that the Historical Society affixed at some point on the frame and that documents the gift of the picture by Lydia's daughter Armenia in 1927 (the year Armenia died).

Joy Kasson suggests that Cole wrote his descriptive text because he was "envisioning his series as a story that could be told in words as well as pictures" (43) and indeed, beyond the original four paintings and Cole's accompanying text, we have several instances of word-and-image interactions, a back-and-forth *between* the verbal and the visual and *within* verbal and visual expressions. We can consider that the process started with Cole's 1832 poem, which anticipated the paintings. After having completed the series, Cole wrote the descriptive text to accompany their exhibition in 1840 and in 1844, he wrote a long poem based on the paintings. In 1849, Cole's series were hung in the Spingler Institute's Lecture Room, a location suggesting that they incited didactic verbal elaborations. Waterbury took the paintings as a springboard to articulate a verbal message in his 1852 book and at times quoted Cole's descriptions. When Abbott commissioned prints from Smillie (with most of the sets featuring verses), he issued a booklet to accompany them. Although Lydia used the same medium as Cole, she probably based her 1854 painting on a print[22] and we should keep in mind that texts such as Cole's description and Waterbury's book might have been present in her mind as she was executing her painting.

---

21 I owe this suggestion to Louis Alexander Waldman. Born in 1827, Andrew Crosby died on 16 July 1854, at 27 years of age.

22 Very likely Smillie's first state of the folio-sized *Youth* which the American Art-Union had commissioned and distributed to its members in the early months of 1850.

•••

Lydia Crosby's painting in the Waterville Historical Society could easily be dismissed as uninteresting, just a passable copy of a famous work (figs. 10.2 and 10.1). Likewise, the Reverend Waterbury's *The Voyage of Life; Suggested by Cole's Celebrated Allegorical Paintings*, would not strike the twenty-first-century reader as great literature, but when taken together, they are more than worth our attention, as the many verbal and visual elements that make them and surround them, become a verbo-visual warp and weft that weave a rich cultural fabric—and a complex one: as Edgar Morin stated many times, "complex" is derived from the Latin *complexus*, which means "woven together" ("ce qui est tissé ensemble"; 110). It is also a collective work. As Michel Butor suggested in another textile metaphor: "L'œuvre d'un individu est une sorte de nœud qui se produit à l'intérieur d'un tissu culturel au sein duquel l'individu se trouve non pas plongé mais apparu. L'individu est, dès l'origine, un moment de ce tissu culturel. Aussi bien, une œuvre est-elle toujours une œuvre collective." (2; The work of an individual is a kind of a knot that occurs within a cultural fabric in which the individual is not immersed but appears. The individual is, from the origin, a moment of this cultural fabric. Likewise, a work is always a collective work). Focusing on word/image interactions reveals such "knots": the contributions by individuals much less known than Thomas Cole, such as Gorham D. Abbott, James Smillie, the Reverend Waterbury, Lydia Crosby, or mate Frank A. Smith, who otherwise would be overlooked but who fully participate in their time's cultural fabric.

Acknowledgements

I am grateful to my friends at the Waterville Historical Society: to Jay Violette for the invitation to lecture on Lydia Crosby's painting and to Ann Beverage, Bryan Finnemore, and Tina Serdjenian for their help in tracking information. My gratitude also goes to Mike Chenoweth, Jim Fleming, D. Lesley Hill, Catriona MacLeod, and Mary Rose Pray; to my research assistants, Lydia Burke, Audrey Loo, Annie Muller, Ari Trueba, and Katherine Zhang, as well as to Roberta Schwartz at Bowdoin College's George J. Mitchell Department of Special Collections & Archives. Paul D. Schweizer, who read and commented on a version of this paper, offered generous and invaluable assistance on Cole's series.

Sources Cited

Abbott, Gorham D. *The Voyage of Life: A Series of Allegorical Pictures Entitled "Childhood," "Youth," "Manhood," and "Old Age," Painted by the Late Lamented Thomas Cole, of Catskill, N.Y. And Engraved from the Originals, in the Highest Style of Art, by James Smillie, of New York City*. New York: Spingler Institute, 1856.

Annual Report of the Operations of the United States Life-Saving Service for the Fiscal Year Ending June 30, 1883. Washington, DC: Government Printing Office, 1884.

Bunyan, John. 1678. *The Pilgrim's Progress*. Ed. W. R. Owens. Oxford: Oxford UP, 2003.

Butor, Michel. "Préface." *L'Arc* 39 (1969): 2–3.

Cioffi, Michael R., "Abbott, Gorham Drummer." *Biographical Dictionary of American Educators*. Ed. John F. Ohles. Vol. 1. Westport, CT and London: Greenwood Press, 1978. 3–4.

Cole, Thomas. *The Collected Essays and Prose Sketches*. Ed. Marshall Tymn. St. Paul, MN: The John Colet Press, 1980.

Cole, Thomas. "Description of The Voyage of Life." In Abbott, Gorham D. *The Voyage of Life: A Series of Allegorical Pictures Entitled "Childhood," "Youth," "Manhood," and "Old Age," Painted by the Late Lamented Thomas Cole, of Catskill, N.Y. And Engraved from the Originals, in the Highest Style of Art, by James Smillie, of New York City*. New York: Spingler Institute, 1856. 5–6.

Cole, Thomas. *Thomas Cole's Poetry: The Collected Poems of America's Foremost Painter of the Hudson River School Reflecting His Feelings for Nature and the Romantic Spirit of the Nineteenth Century*. Ed. Marshall B. Tymn. York, PA: Liberty Cap Books, 1972.

"Fine Art Gossip," *Bulletin of the American Art-Union* II.7 (October 1849): 25–26.

Hawkins, Jeffrey Alan. "A Tale of Two Halpins," *The Confederate Philatelist* First Quarter (2015): 30–36.

Hovde, David M. "Sea Colportage: The Loan Library System of the American Seamen's Friend Society, 1859–1967," *Libraries & Culture* 29.4 (1994): 389–414.

Kasson, Joy "The Voyage of Life: Thomas Cole and Romantic Disillusionment." *American Quarterly* 27.1 (1975): 42–56.

Merritt, Howard S. "Appendix II: Thomas Cole's List: 'Subjects for Pictures.'" In *The Baltimore Museum of Art, Annual II: Studies on Thomas Cole, An American Romanticist*. Baltimore, Maryland: The Baltimore Museum of Art, 1967. 82–101.

Morin, Edgar. "La stratégie de reliance pour l'intelligence de la complexité." *Revue internationale de systémique* 9.2 (1995): 105–12.

Mystic Seaport Museum. *Records of the American Seamen's Friend Society*. https://research.mysticseaport.org/coll/coll158/ [accessed 15 Sept. 2019].

Obituary Record of Graduates of Yale College Deceased during the Academical Year Ending in June, 1877, Including the Record of a Few Who Died a Short Time Previous, Hitherto Unreported. http://mssa.library.yale.edu/obituary_record/1859_1924/1876-77.pdf [accessed 13 December 2021].

O'Sullivan, John L. "Annexation." *United States Magazine and Democratic Review* 17.35 (1945): 5–10.

Plesch, Véronique. "The Anxiety of the Copy: Uniqueness and Reproduction in Hergé's *Le Sceptre d'Ottokar*." In *La Reproduction des images et des textes/Images and texts reproduced*. Ed. Philippe Kaenel and Kirsty Bell. Amsterdam: Brill, 2021. 387–401.

Raftery, Andrew. "James Smillie Engraves a Voyage of Life," *Art in Print* 7.2 (July–August 2017): 12–18.

Schweizer, Paul D. Email message to author, 19 January 2022.

Schweizer, Paul D. "'So Exquisite a Transcript': James Smillie's Engravings after Thomas Cole's *Voyage of Life*" Pts. 1 and 2. *Imprint. Journal of the American Historical Print Collectors Society* 11.2 (1986): 2–13; 12.1 (1987): 13–24.

Schweizer, Paul D. *Thomas Cole's Voyage of Life*. Utica, NY: Museum of Art, Munson-Williams-Proctor Institute, 2014.

Schweizer, Paul D. "The Voyage of Life: A Chronology." In *The Voyage of Life by Thomas Cole: Paintings, Drawings, and Prints*. Ed. Paul D. Schweizer et al. Utica, NY: Museum of Art, Munson-Williams-Proctor Institute, 1985. 6–53.

Smillie, James. *A Pilgrimage*, typescript, 1882, Archives of American Art, James D. Smillie and Smillie family papers, 1853–1957, Box 5, folder 15 (digitized copy available at https://www.aaa.si.edu/collections/james-d-smillie-and-smillie-family-papers-13469/subseries-2-2/box-5-folder-15 [accessed 12 December 2021]).

Wallach, Alan. "The Voyage of Life as Popular Art." *The Art Bulletin* 59.2 (1977): 234–41.

Waterbury, J. B. *Advice to a Young Christian, on the Importance of Aiming at an Elevated Standard of Piety. By a Village Pastor*. New York: New York, G & C. & H. Carvill, 1829.

Waterbury, J. B. *Considerations for Young Men*. New York, American Tract Society, 1851.

Waterbury, J. B. *The Voyage of Life: Suggested by Cole's Celebrated Allegorical Paintings*. Boston: Sabbath School Society, 1852.

Webster, George Sidney. *The Seamen's Friend: a Sketch of the American Seamen's Friend Society*. New York: The American Seamen's Friend Society, 1932.

"What is Talked About: News of the Week," *Literary World* 4.101 (6 January 1849): 13–15.

Wreck Site. "S. V. George Walker († 1891)." https://wrecksite.eu/wreck.aspx?249374 [accessed 13 December 2021].

Wright, J. Robert. "Thomas Cole and the Episcopal Church," *Anglican and Episcopal History* 83.3 (2014): 292–318.

11

La *Mer du Nord* sous la plume de Maurice Carême et dans les esquisses de Henri-Victor Wolvens

Ágnes Tóth

Résumé

Maurice Carême et Henri-Victor Wolvens créent deux ouvrages intitulés *Mer du Nord* (1968, 1971) comportant des poèmes et des dessins gravés. L'analyse de ces œuvres constitue une sorte d'enquête sur l'interférence entre la poésie et le dessin, sur l'expérience verbale et visuelle simultanée. Les rapports entre dessins et textes ne sont pas ceux d'une imitation ou d'une reproduction, mais plutôt ceux d'un dialogue autour d'une même intention : capter la mer insaisissable, constamment en mouvement. La mer apparaît comme un paysage indocile à toute hypothèse de stabilité, elle constitue une manifestation de remodelage incessant et offre des représentations diverses.

Mots clefs

Maurice Carême – facture à l'emporte-pièce – isotopie liquide – isotopie picturale – littérature et peinture belges – mer du Nord – symbiose des images – Henri-Victor Wolvens

•••

> Pour une telle métapoétique, l'eau n'est plus seulement un *groupe* d'images connues dans une contemplation vagabonde, dans une suite de rêveries brisées, instantanées ; elle est un *support* d'images et bientôt un *apport* d'images, un principe qui fonde les images (Bachelard 15–6)

∴

 | DOI:10.1163/9789004549258_013

1 Isotopie liquide

La prédilection pour les matériaux liquides dans l'œuvre du poète belge d'expression française Maurice Carême (1899–1978) démontre un important lexique de l'eau dans lequel figurent la mer, les fleuves, les rivières, les ruisseaux, les sources, les étangs, les lacs, les flaques, les mares, mais aussi le jet d'eau, la fontaine, le puits, la rosée, la pluie, la goutte d'eau, la larme selon leur consistance onirique. De multiples emplois d'adjectifs ou de verbes ayant un « noyau sémique commun » (Milly 279), appartenant ainsi à la même isotopie liquide, tels que couler, pleuvoir, boire, laver, se baigner, renforcent également la fonction de figuration, de conceptualisation et d'abstraction de cet élément archétypal.

À l'image de l'eau, Carême attache souvent des mouvements : l'eau passe, glisse, fuit, court, se presse, nous berce, tremble, danse, chante, claque, murmure, autant d'activités traduisant les manifestations spontanées existentielles de l'homme. Que ce soit l'eau tremblant dans une carafe—une image ordinaire—qui interrompt brusquement le poème du recueil *Et puis après ...*, et qui garde le mouvement du moment vécu :

> Simplement heureux d'exister,
> Je regarde, attendri, la table,
> La pomme que j'y ai posée
> Près du couteau et la carafe
> Où je vois un peu d'eau trembler (Carême, *Et puis* 17)

Ou, dans le recueil *Mère*, la même image, en tant que comparant qui croise un autre axe sémantique, celle de la maternité dans une strophe de louange écrite pour sa mère :

> Ainsi j'étais au fond de toi
> Comme un peu d'eau tremblante
> Dans un vase pur (Carême, *Mère* 9)

La poésie est naturellement associée au chant de l'eau—avance Gaston Bachelard—« les voix de l'eau sont à peine métaphoriques ... le langage des eaux est une réalité poétique directe » (Bachelard 22). L'éventail de l'imagination créatrice liée aux images liquides oriente vers la sonorité de l'eau. Dans les vers de Maurice Carême, aux impressions visuelles, tangibles, sont étroitement liées celles qui sont auditives et vocales, renforcées par les sons liquides 'r' et 'l' « caractérisés par le flux libre de la voix » (Fónagy 92).

Et, comme un faible écho
Montant des profondeurs,
L'inlassable rumeur
De l'eau dans les roseaux (« Ce petit rien ». Carême, *Défier* 97)

Dès le titre, quatre recueils du poète se réfèrent à l'élément liquide : *L'eau passe* (1952), *Mer du Nord* (1968, 1971) et *Du ciel dans l'eau* (2010), ouvrage posthume. Mais la symbolique de l'eau se retrouve dans divers recueils de l'auteur sous de multiples formes : les eaux courantes, profondes, dormantes, sombres, composées, maternelles, qui, en termes bachelardiens, trouvent écho parmi les images poétiques. Dans la philosophie esthétique bachelardienne, l'eau n'est pas un simple phénomène physique, préférentiel par rapport à « la *cause matérielle* » (Bachelard 3) de la création artistique. Par le rythme de son mouvement et de sa texture, elle génère une résonance poétique et intime. Comme dit Bachelard : « elle est un *support* d'images et bientôt un *apport* d'images, un principe qui fonde les images » (Bachelard 15–6). Cet élément liquide a sa forme poétique spécifique, qui lui fournit sa propre substance pour l'imagination poétique.

2 Mer du Nord

Cette étude porte sur les deux œuvres intitulées *Mer du Nord*, réalisées avec le peintre belge Henri-Victor Wolvens (1896–1977). L'analyse de ces œuvres constitue une sorte d'enquête sur l'interférence entre la poésie et le dessin, sur la possibilité d'une fusion des différents champs d'expression.

Henri-Victor Wolvens, amoureux de la côte belge, peignit une série diversifiée de plages, de dunes et de marines le long de la mer du Nord, qui est devenue sa marque tant admirée par les critiques d'art. Principalement peintre de tableaux, il fit également des dessins, des aquarelles, des eaux-fortes. Ses dessins sont chargés d'une vitalité suggestive et ses rapides notations incisives font preuve d'un intense pouvoir d'expression. Ses œuvres témoignent d'une prédilection pour la lumière, la mer, les interrelations entre l'homme et le paysage, les choses simples et les gestes les plus communs de la vie quotidienne. Wolvens capte souvent les choses les plus banales avec un regard neuf, avec une « distanciation » qui apporte aux spectacles moins pittoresques de la vie un « aspect de miracle permanent » (Marlier 115). Son art, comme l'éditeur Denijs Peeters le caractérise, « se conjugue étroitement avec la nature et la vie quotidienne, dans leurs multiples péripéties » (Peeters 20).

Henri-Victor Wolvens et Maurice Carême prennent contact en 1965 : le peintre, fasciné par les poèmes du poète, l'appela pour lui proposer de réaliser un livre en commun sur la mer du Nord. Maurice Carême en refusa d'abord l'idée. Originaire du Brabant, l'homme de la terre n'imaginait pas écrire un recueil de poèmes sur le thème de la mer. Mais l'idée l'obséda et il entreprit d'écrire des vers sur la mer. Invité dans l'appartement du peintre à Coxyde, il continua le travail (Carême, *Mon évolution*. Burny 122–30). Ensemble, le poète et le peintre créeront ainsi un album d'art doublement significatif, intitulé *Mer du Nord*, composé de trente poèmes et trente dessins gravés, numérotés d'un à trente. Cet ouvrage, « farde de grand luxe » (Wolvens, « Lettre » 1968) fut édité en 1968 en quatre cents exemplaires, dont cinquante furent signés par les auteurs.

À la suite de ce premier travail en commun, le poète édita, en 1971, le recueil du même titre *Mer du Nord* comportant 161 poèmes, ayant la mer pour thème, et dix dessins du peintre. Le poète les dédia « À mon cher ami, Henri-Victor Wolvens, dont l'amour pour la mer du Nord m'a incité à écrire ces poèmes » (Carême, *Mer*, 1971 : 7).

L'inspiration et l'admiration entre les artistes étaient réciproques. En témoigne une lettre du peintre au poète :

> Cher ami, vous avez décrit cette mer d'une façon géniale unique, c'est pour moi formidable, et aujourd'hui réalisé, je suis très fier d'avoir aidé Carême à dire sa chanson, son cri de lumière, la mer du nord vue à travers le cœur de Carême. Il y a un monde nouveau.
>
> Ce qu'il y a de formidable pour moi, c'est que vous n'avez pas subi Wolvens, pas plus que Wolvens Carême ne l'a subi antérieurement, et cependant cela se complète. Il y a peut-être de Carême en Wolvens comme du Wolvens en Carême (Wolvens, « Lettre » 1966)

Maurice Carême était également fasciné par les œuvres de Wolvens ; une inspiration réciproque se créa entre eux. Dans le poème « Le peintre de la mer » du recueil *Mer du Nord* (1971), le poète met en vers la force de présentation par l'art de son ami peintre.

> À force de peindre la mer,
> Il se prit un beau jour pour elle.
> Il se mit à tanguer sur terre
> Comme une grande balancelle.
>
> Puis il se vit avec son ombre
> Presque bleue sur le sable fin
> S'en aller jusqu'au bout du monde
> Le long d'une plage sans fin.

Il eut bientôt ses ports, ses phares.
Des paquebots voguaient à l'aise
Dans l'eau jaune de ses regards.

Et, à cheval sur une chaise,
Il entendait, dans son silence,
Se heurter des vagues immenses (Carême, *Mer* 167)

3 Isotopie picturale

Chez Carême, l'artiste peintre est souvent évoqué comme un topos, en tant que prototype du créateur. L'importance des beaux-arts dans la conscience poétique de Maurice Carême, la présence d'une isotopie picturale dans l'énoncé poétique sont des caractéristiques générales.

Dans la réalisation de l'album de luxe *Mer du Nord* (1968), le poète se laissa nettement inspirer par les dessins de Wolvens ; l'écriture se déplace en direction d'une nouvelle référence et se densifie. L'image de la mer est renforcée par la représentation picturale, les dessins sont déclencheurs d'une création verbale, où le poème devient une variation textuelle libre sur la mer. Dans cette édition, trente poèmes et trente dessins des deux artistes sont ainsi associés. Les poèmes de cet album seront repris dans le deuxième livre de Carême sur la mer du Nord, où sont très présentes les empreintes de ce travail en commun et l'expérience de représentation du peintre. Dans l'analyse qui suit, nous relevons des exemples des deux recueils en y précisant les traits picturaux chez le poète et sa sensibilité pour les images à représenter.

Dans les recueils *Mer du Nord*, les références explicites aux techniques picturales sont nombreuses. Le poète aborde souvent dans ses poèmes les ressemblances entre les traces peintes et les traces écrites qui créent la mer, les « constellations » éphémères dont il rend compte. Ainsi dans le poème « Il faut en prendre ton parti » :

Mots et couleurs—oiseaux lâchés—
T'auront tour à tour étoilée
De constellations nouvelles.
Oh ! je sais, rien n'est éternel ! (Carême, *Mer*, 1968 : no. 30 ; 1971 : 183)

Dans le poème « Sur ma page », le poète se contente de suivre les gestes du peintre :

Je peins la verte éternité
Sur cette feuille de papier.

Je ne dis pas évidemment
Que cela soit très ressemblant.

Mais j'avoue que je m'en contente.
Ne puis-je pas—si bon me semble—

Mettre ici pêle-mêle, ensemble :
Ciel, mer, plage, soleil, nuages

Et cet étrange personnage
En une ligne sur ma page ? (Carême, *Mer*, 1968 : no. 29 ; 1971 : 178)

Le pêle-mêle poétique se veut souvent, au départ, un discours descriptif des images. Ainsi, les énumérations dans le poème « Port de pêche » mises en parallèle avec la pochade de Wolvens représentant un port chargé de bateaux, de mâts, éléments solides dans ce monde aqueux (fig. 11.1) :

Clameurs, moteurs, flâneurs, pêcheurs,
Tout cela fait un tel tapage
Que les vagues deviennent sages
Et s'enroulent avec douceur (Carême, *Mer*, 1968 : no. 5 ; 1971 : 15)

La vivacité et le naturel de la pochade trouvent écho dans le poème où les « clameurs », « les vagues » intensifient la sonorité de l'œuvre.

Dans le poème « Plein soleil », une même énumération est présente : les maillots de couleur, les parasols, les cabines, les coquillages sur la plage. Tout est inventorié, même les tapages, les mouvements avec une répétition qui rythme le vers : « Tout va, tout rit, tout vient, tout court, tout luit, tout bouge / Et, dressé sur le quai tel un coq sur la paille, / Un drapeau, sans arrêt, jette son grand cri rouge » (Carême, *Mer*, 1968 : no. 2 ; 1971 : 22). La synesthésie (« cri rouge ») clôt le poème créant un effet visuel et auditif très vif. Le tapage des cités balnéaires, ces agglomérations particulières, sont représentées textuellement et visuellement (fig. 11.2). Dans le dessin de Wolvens, les innombrables esquisses de baigneurs grouillent et vont s'amenuisant jusqu'à la mer à l'arrière-plan. Les minuscules silhouettes de baigneurs dans le lointain contribuent à donner l'échelle de la grandiose perspective de l'ensemble.

FIGURE 11.1 Henri-Victor Wolvens (1896–1977), dessin gravé selon la Photogravure De Schutter à Anvers, Planche no. 5 ; in Carême, Maurice. *Mer du Nord*. Schoten : Paeshuys, 1968

FIGURE 11.2 Henri-Victor Wolvens (1896–1977), dessin gravé selon la Photogravure De Schutter à Anvers, Planche no. 2 ; in Carême, Maurice. *Mer du Nord*. Schoten : Paeshuys, 1968

4 Images verbales et picturales

Dans cette fusion des différents champs d'expression nous trouvons une louange de la mer, son image est positivement connotée. La mer apparaît comme un paysage indocile à toute hypothèse de stabilité, elle constitue une manifestation de remodelage incessant et offre des représentations diverses. On y trouve des images constituant une mer anthropomorphisée, interpellée ; une mer animée d'effets sensoriels variés ; une mer immense, sans limites, fusionnant avec le ciel et la terre ; une mer envahissante, la fascination de l'immersion ; une mer solennelle, transcendante ; une mer des sortilèges ; et une mer profane avec tant d'espèces de sujets dans son voisinage immédiat : les cités balnéaires, leurs agglomérations où les gestes, les objets les plus communs et les moindres spectacles de la vie s'inscrivent en une image grandiose.

Concernant la corporalité de la mer, l'image d'une femme mystérieuse y surgit. Dans le poème introductif de deux recueils, la mer semblable à un corps féminin, habillé, allongé, avec des cheveux, est présentée, appelée, saisie par le contemplateur. Elle est captivée et elle captive.

Je sais, mer du Nord, tu es là
Si grande, si nue devant moi.

Pour enlever ta robe d'aube,
Le ciel entier ne suffit pas.

Et pourtant, mer, je te prendrai,
Tu te traîneras à mes pieds.

D'un mot plus fascinant qu'un charme,
Je réveillerai tes vacarmes.

Je te donnerai la couleur,
La courbe heureuse de mon cœur.

Et tu te coucheras sans voir
Que tu tiens toute dans mes yeux

Avec mon étoile du soir
Piquée au bord de tes cheveux (Carême, *Mer*, 1968 : no. 1 ; 1971 : 9)

L'image de la femme-mer est évoquée dans plusieurs poèmes. Parmi les éléments sémiques les plus fréquents nous trouvons les termes : nudité, cheveux et d'autres parties du corps (les yeux, la hanche, les cuisses).

Dans les poèmes, les images visuelles sont renforcées par la richesse des couleurs : cabines, drapeaux, grands parasols, autant d'objets à faire éclater les couleurs, les tons vifs. Le poète joue avec les couleurs, comme le peintre colore l'entourage. Voici, à ce propos, un extrait du poème « Comment ne pas te reconnaître » où chaque vers commence par une couleur :

> Blanche au couteau des brise-lames,
> Verte au bord de la rue en pente,
> Rouge pour les rois de légende,
> Grise ou bleue, de cendre ou de flamme, ...
> Et ton parfum d'eau et de ciel,
> En fondant sur ma bouche, ô mer,
> À la saveur de l'éternel (Carême, *Mer*, 1968 : no. 6 ; 1971 : 63)

L'espace poétique est également animé d'effets sensoriels divers : olfactifs (« parfum d'eau et de ciel ») et gustatifs (« la saveur de l'éternel »). Voici d'autres exemples où l'effet auditif est présent : entendre « les brise-lames / S'interpeller comme des femmes » (« C'est dimanche ». Carême, *Mer*, 1971 : 19) ; « ses lames / Gémir parfois comme des âmes » (Carême, *Mer*, 1968 : no. 4 ; 1971 : 21). Le dernier extrait est tiré du poème « Comment recommencer la mer » où l'effet tactile est exprimé par les vers suivants : « le vent âpre qui la mord » ; la mer avec sa profondeur « roule avec ses marées / Au fond de toutes les pensées ». Au début du poème, le poète pose la question : comment « La faire tenir dans mon verre ? » ou dans « mon vers », possible consonance. La mer attire fortement par sa capacité de faire sentir. Dans le poème « Charmes », être en face de la mer, c'est cueillir dans l'air des sensations auditives, olfactives et tactiles : « Des rumeurs de cloches, des cris, / De lourds parfums de goémons, / Des reflets d'hippocampes gris / Tournoyaient autour de son front » (Carême, *Mer*, 1971 : 23).

Dans l'environnement marin, les éléments naturels se mélangent facilement, des images interverties entre l'air, l'eau et la terre sont semences dans les poèmes. C'est un processus de métamorphose, en effet, un changement de nature, une dissolution de la limite substantielle entre les éléments. « Ainsi l'eau devient une sorte de patrie universelle » (Bachelard 72)—la « symbiose des images », en termes bachelardiens, se réalise entre la mer et le ciel : « Un nuage parfois comme un long poisson blanc / Quittait la vague et venait nager dans le vent » (« J'avançais sur la mer ». Carême, *Mer*, 1971 : 188) ; « Le ciel a laissé ses étoiles / Tomber à l'aube sur la mer / Qu'elles inondent de lumière » (« C'est dimanche ». Carême, *Mer*, 1971 : 19) ; et entre la mer et de la terre : « Et c'est un va-et-vient de longs reflets cuivrés / Que la terre et la mer ne cessent d'échanger » (« La mer est toute en or ». Carême, *Mer*, 1971 : 27). Dans une simple situation météorologique dans le poème « Pluie sur la mer », l'apparition de l'écume blanche mise en corrélation avec une aile d'ange crée l'atmosphère transcendante dans la dialectique du haut et du bas : la verticalité de la pluie et les plumes abaissées de l'aile d'ange.

> Chaque vague se meut avec un tel silence
> Que l'on devine, à la blancheur de son écume,
> L'éclat mal retenu d'une aile d'ange
> Dont s'abaissent les plumes (Carême, *Mer*, 1971 : 30)

La mer présente une grande cohésion, capable de pénétrer à l'intérieur de la chambre, voire d'entrer dans l'intimité personnelle et artistique ; mais jamais destructrice, la mer n'atteint pas un degré de dispersion et d'imprévisibilité ; elle est menée à la baguette par l'artiste.

> De quelques bons coups de pinceau,
> Il la coucha, la caressa
> Et, lui décuplant son éclat,
> La fit tenir dans un tableau (« Dans la chambre ». Carême, *Mer*, 1968 : no. 18 ; 1971 : 11)

Dans le poème « Je venais de loin », la mer interpellée en intimité, crée une alliance entre le poète et la mer, une fusion, la possibilité d'une pénétrabilité : « Il n'y a plus un seul voilier / Qui, glissant par hasard sur toi, / Ne passent pas à travers moi » (Carême, *Mer*, 1971 : 26). Le « je » lyrique atteint la fusion avec la nature, dont son chant dérive. Dans cette relation, le poète n'est qu'un intermédiaire, il devient élément composant, il fait partie de l'ensemble. C'est une manière de se retrouver sous le couvert de l'ouverture au monde, d'être entre soi mais dans une scène multiple voire, comme l'exprime Maurice Merleau-Ponty, dans une participation au « tissu du monde » (Merleau-Ponty 19). Dans le poème « La mer a tes yeux », l'unification se traduit par le miroitement des yeux, dans une confusion de voir et d'être vu :

La mer a tes yeux,
La mer qui est bleue
Quand tu la regardes.
Que dire à la mer
Lorsque, par mégarde,
Elle me regarde ? (Carême, *Mer*, 1971 : 96)

L'amorce d'une possible métamorphose donne accès à un autre niveau de perception, à une tout autre réalité. Comme dans le poème « Le dauphin », cité ci-dessous :

Un dauphin sortit de la mer
Et se mit à nager dans l'air.

Nul ne le vit. Il était blanc,
D'un blanc d'argent tout transparent.

On était alors en novembre.
Depuis, sur le mur de ma chambre,

Je vois parfois nager une ombre
Et il me semble, un long moment,

Que je deviens tout transparent (Carême, *Mer*, 1971 : 125)

Après une éphémère absorption dans la « symbiose des images »—mer et air—, puis la dissolution de la limite substantielle entre ces deux éléments (le dauphin nage dans l'air), le poète se découvre transparent pour aboutir à devenir un intermédiaire selon un discret transfert d'images : « nul ne le [le dauphin] vit » sauf le poète.

Carême, le conteur de l'émerveillement ne tarde pas à associer des sortilèges à l'image de la mer (fig. 11.3) : c'est le cas dans le poème « Le brise-lames » avec l'apparition de « la voix rauque de Barbe-Bleue », voix d'ogre féminicide surgie du fond des lourds blocs de pierre et avec l'évocation de la sœur Anne « appelant vainement ses frères » au secours. Le brise-lames émerge d'une mer en furie, vision d'une violence inouïe rendue perceptible par les traits sombres et incisifs dans le dessin de Wolvens (Carême, *Mer*, 1968 : no. 25 ; 1971 : 127). Les trois coups dans le poème « Renouveau », signalant le début du spectacle vernal, suscitent également un chatoiement féerique.

FIGURE 11.3 Henri-Victor Wolvens (1896–1977), dessin gravé selon la Photogravure De Schutter à Anvers, Planche no. 25 ; in Carême, Maurice. *Mer du Nord*. Schoten : Paeshuys, 1968

Le spectacle le plus claironnant dans cette œuvre est la vie la plus quotidienne, les gestes les plus communs liés à la mer. On y trouve un équilibre entre la splendeur de la nature et les détails prosaïques, propres aux villes balnéaires. Voici une pochade de Wolvens sur les villégiateurs croqués avec verve (fig. 11.4), et un extrait du poème « Été » de Carême, caractérisé par une chaîne de répétitions dont les effets sont perceptibles dans les dimensions lexicale et phonique. Le flux des sons liquides 'l' et 'r' harmonise ainsi l'oscillation de la mer et l'ondulation de la foule.

Mille corps nus, mille visages. …

Tout n'est plus que foule qui houle,
Foule qui luit, foule qui roule.

Dans tous les creux, dans tous les trous,
Il y a de l'homme partout (Carême, *Mer*, 1968 : no. 28 ; 1971 : 79)

FIGURE 11.4 Henri-Victor Wolvens (1896–1977), dessin gravé selon la Photogravure De Schutter à Anvers, Planche no. 28 ; in Carême, Maurice. *Mer du Nord*. Schoten : Paeshuys, 1968

Les personnages souvent représentés sur les dessins semblent des « taches mobiles », comme Georges Marlier l'écrit dans son livre sur le peintre : dans les tableaux de Wolvens « on voit les êtres humains réduits à des atomes qui s'agitent frénétiquement en tous sens au sein des éléments : l'eau, l'air et le feu solaire » (Marlier 172). Les choses sont à la fois présentes et absentes, souvent vagues, indistinctes, elles donnent l'impression d'inachèvement. Les blancs du papier jouent un rôle capital, suggèrent la mer invisible, éternelle, la mer à l'infini. Au lieu de vouloir fixer et stabiliser l'apparence des éléments autour de la mer, les choses sont en train de se transformer, de se précipiter vers la mer, vers ce large ou ce point éternel, dessiné et écrit par les auteurs (fig. 11.5).

Dans cet environnement, les objets quotidiens se détachent : sur les tableaux comme dans les poèmes, l'on trouve des cabines, des transatlantiques, des drapeaux, des réverbères, des parasols. C'est une méthode picturale par excellence : la facture « à l'emporte-pièce » mettant au premier plan une partie de l'ensemble.

Dans les deux expressions artistiques, les choses participent à la fois de la réalité la plus strictement observée et de l'imagination. La personnification des chaises et des cabines dans les vers de Carême, ainsi que les associations libres, par rapport aux images des dessins, animent les poèmes. Dans le poème « Les

FIGURE 11.5 Henri-Victor Wolvens (1896–1977), dessin gravé selon la Photogravure De Schutter à Anvers, Planche no. 6. in Carême, Maurice. *Mer du Nord.* Schoten : Paeshuys, 1968

parasols », par exemple, la forme des parasols et la toile d'araignée sont mises en corrélation.

Quelles araignées de soleil
Vous ont tissés, grands parasols ?
Tous, vous cachez si bien les belles
Qui, pareilles à des abeilles,
Sont prises dans vos toiles folles (Carême, *Mer*, 1968 : no. 3 ; 1971 : 46)

Voici un autre exemple où une file de réverbères jalonnant la fuite des trottoirs devient une chaîne qui décore la mer (fig. 11.6) : « La mer a mis son long collier de réverbères » (« Soir de juin ». Carême, *Mer*, 1971 : 80).

Dans l'extrait suivant l'image des chaises longues de la plage évoque la question d'équilibre dans ce mouvement permanent.

Savoureraient-elles le prix
De se sentir en équilibre
Dans ce qui bouge à l'infini ? (« Les chaises ». Carême, *Mer*, 1968 : no. 20 ; 1971 : 146)

FIGURE 11.6 Henri-Victor Wolvens (1896–1977), dessin in Carême, Maurice. *Mer du Nord.* (1971) Paris : Fernand Nathan. 4e édition, 1979 : 81

5 Capter la mer insaisissable

Maurice Carême se laisse conduire par les dessins. Le discours descriptif, les énumérations, l'évocation des gestes picturaux, les images visuelles fortes, les références aux corps, les factures à l'emporte-pièce ; tous ces exemples font partie d'un jeu d'ensemble entre les champs textuels et visuels où le dessin et le texte interfèrent réciproquement pour créer un espace commun d'expression. Le poète est, dans une même démarche, spectateur et créateur, réalisateur d'une œuvre dans laquelle nous ne pouvons parler de complémentarité mais d'un livre textuel et visuel, d'une rencontre des arts où le visible et le réel objectivement déterminable servent à témoigner d'un réel invisible.

L'amour pour la mer et la puissance d'observation des artistes—qui, en toute sincérité, s'expriment en un langage direct et expressif—sont en synergie dans ces recueils. Les rapports entre dessins et poèmes ne sont pas ceux d'une imitation ou d'une reproduction, mais plutôt ceux d'un dialogue sur une même intention : capter la mer insaisissable, constamment en mouvement et se renouvelant sans cesse.

Les deux citations choisies en guise de conclusion soulignent l'audace de cette intention. La première est tirée d'une lettre de Wolvens citée par Georges Marlier : « La mer, je voudrais enfin la connaître. Mer de tous les temps, que j'aime tant. ... Oui, la mer, je l'épuiserais si elle n'était inépuisable » (Marlier 173). La deuxième est un extrait du poème « La mer comme un grand cahier » de Carême : « La mer s'en va, la mer revient, / Et ma page demeure blanche » (Carême, *Mer*, 1971 : 94).

Sources citées

Bachelard, Gaston. *L'Eau et les Rêves : Essai sur l'imagination de la matière*. Paris : Librairie José Corti, 1942.

Burny, Jeannine. *Le Jour s'en va toujours trop tôt : Sur les pas de Maurice Carême*. Bruxelles : Éditions Racine, 2007.

Carême, Maurice. *Mon évolution poétique*. Conférence non datée conservée auprès de la Fondation Maurice Carême. Pas de page numérotée.

Carême, Maurice. *Mère* (1935). Bruxelles : Éditions Gérard Blanchart et Cie. 21e édition sous le titre *Mère* suivi de *La Voix du silence*, 1996.

Carême, Maurice. *Mer du Nord*. Schoten : Paeshuys. Album de grand luxe, 1968. 30 dessins originaux de Henri-Victor Wolvens.

Carême, Maurice. *Mer du Nord* (1971). Paris : Fernand Nathan. 4e édition, 1979. Dessins de Henri-Victor Wolvens.

Carême, Maurice. *Défier le destin*. Bruxelles : Éditions Vie Ouvrière. Collection « Pour le plaisir », 1987.
Carême, Maurice. *Et puis après. ...* Paris : Éditions Arfuyen, 2004.
Fónagy, Iván. *La Métaphore en phonétique*. Ottawa : Didier. 1980.
Marlier, Georges. *Henri-Victor Wolvens*. Bruxelles : Arcade, 1963.
Merleau-Ponty, Maurice. *L'Œil et l'Esprit*. Paris : Éditions Gallimard, 1964.
Milly, Jean. *Poétique des textes*. Paris : Éditions Nathan. 2e édition, 2001.
Peeters, Denijs. *Henri-Victor Wolvens*. Anvers : Artiestenfonds, 1977.
Wolvens, Henri-Victor. « Lettre à Maurice Carême », 1966. Manuscrit conservé auprès de la Fondation Maurice Carême.
Wolvens, Henri-Victor. « Lettre à Maurice Carême », écrite le 15 juillet 1968. Manuscrit conservé auprès de la Fondation Maurice Carême.

12

La Laisse de mer comme image émergente de l'histoire naturelle

Ana Lía Gabrieloni

Résumé

Il s'agit ici de réfléchir autour des représentations de la laisse de mer, dans le sens d'un ensemble d'éléments organiques aujourd'hui colonisés par des détritus au long d'une côte par l'effet des marées. Motif paysager de rares ou invérifiables apparitions dans la peinture formelle, sa présence dans la littérature et les films d'auteur comme « paysage de dévastation » contribue au répertoire classique des *loci horridi*, aussi bien qu'il constitue des musées imaginaires. Les similitudes esthétiques et épistémologiques de ces derniers avec les anciens cabinets de curiosités encouragent à réviser l'histoire de l'art établie afin de penser une histoire naturelle de l'art qui fournisse un cadre conceptuel assez large pour penser l'histoire des images à travers l'histoire de la nature et l'histoire de l'humanité.

Mots clefs

cabinet de curiosités – histoire naturelle – laisse de mer – *locus horridus* – musée imaginaire – paysage de dévastation

1 Le Bord fait paysage

Une immense vague d'onyx est sur le point de tomber sur trois petites femmes en bronze, elles se tiennent par les mains, les pieds s'enfoncent dans l'eau verdâtre de la mer minérale. La singularité extraordinaire de *La Vague* de Camille Claudel (fig. 12.1) attire toujours notre regard avec l'irrésistible puissance d'un aimant. Peut-être est-ce en raison de l'insolite matérialisation de la mer et du vent dans la pierre sculptée. Les possibilités coloristes de la peinture—depuis les traditions flamande et hollandaise de la Renaissance et du baroque jusqu'à l'impressionnisme français, en passant par le romantisme allemand et anglais—ont monopolisé la représentation des motifs paysagers tout au long

 | DOI:10.1163/9789004549258_014

FIGURE 12.1
Camille Claudel (1864–1943), *La Vague ou Le Baigneuses*, 1897–1903 (?). Onyx et bronze, 62 × 56 × 50 cm. Paris : Musée Rodin

des siècles, au moins jusqu'à l'apparition de la photographie[1]. Au-delà de cette sorte de souveraineté du dispositif pictural toujours renouvelée sur la nature, il s'agit ici d'exposer la fonction restauratrice de la littérature et du cinéma d'auteur dans la culture visuelle à l'égard d'iconographie rare ou invérifiable dans la peinture de chevalet[2]. Une iconographie qui est ainsi à l'origine d'un tout nouveau chapitre de l'histoire du paysage, où le visuel, l'humain et le naturel sont aussi imbriqués qu'ils l'étaient dans les collections hybrides des

1 Néanmoins, il reste aujourd'hui des réticences héritées du passé à l'égard de « la médiation d'un appareillage plus ou moins sophistiqué » pour capturer la « présence immédiate au monde » qui « semble caractériser l'expérience du paysage » (Collot 137). Pour le rapport à la peinture et à la photographie, voir notamment le livre classique mais toujours d'actualité de Scharf.

2 L'affirmation de David Freedberg (36) selon laquelle le *museo cartaceo* de Cassiano dal Pozzo (XVIIe siècle) a ouvert un nouveau chapitre de l'histoire des sciences soulève la question de savoir si l'histoire de l'art ne s'est jamais intéressée à ce chapitre. En toute évidence, elle a laissé de côté les extraordinaires illustrations des traités de sciences naturelles associés à l'apogée des *Wunderkammern* dans les XVIe et XVIIe siècles (Schnapper 117 et 381). Ces illustrations sont un autre vecteur réparateur d'iconographie manquante dans la peinture, et auquel nous avons consacré d'autres travaux. Voir Olmi et les recherches plus récentes d'Aloi sur les rapports entre des images de l'histoire naturelle et l'histoire de l'art.

FIGURE 12.2 Gerry & Bonni, Déchets sur la plage (détail), 2011
PHOTOGRAPHIE. SOCOTRA, YÉMEN

anciens cabinets de curiosités, avant que la conception moderne des musées au XVIIIe siècle distinguât entre art, histoire tout court et sciences naturelles[3]. En bref, il s'agit ici d'identifier, de citer et de commenter une série d'images écrites et filmées qui, loin des catégories essentielles à l'origine et au devenir du paysage en peinture (le beau, le pittoresque, le sublime), apportent un nouveau motif au répertoire classique des *loci horridi*. Nous constaterons qu'à partir de cette géographie sombre, les images de notre musée : les laisses de mer, ces guirlandes naturelles faites d'algues, de coquillages, de morceaux de bois et de cailloux—mêlées à présent avec des plastiques que la marée haute dépose sur la plage lorsqu'elle se retire (fig. 12.2)—se projettent dans le passé d'une généalogie iconographique de grande canonicité (comme celle qui évoque le Déluge universel), autant que dans un futur où la nature ne continue pas à être le cadre immuable d'une condition humaine précaire. Précaire à cause des « effets »—déjà pas très—« lointains » de l'agir de l'humanité même et à rebours de l'impératif catégorique de responsabilité ou de respect envers la vie qu'un philosophe comme Hans Jonas (50) a formulé au cœur de son éthique dans les années soixante-dix.

3 Voir Desvallées et Mairesse, Impey et MacGregor, Pomian, Rivallain, Schlosser et Schnapper.

Avant de passer aux citations qui constitueraient notre musée des paysages inédits du genre, il est nécessaire de s'arrêter sur un tableau—*Pegwell Bay, Kent : A Recollection of October 5th 1858* (fig. 12.3)—où le peintre anglais du XIXe siècle William Dyce a réussi à concevoir une représentation exceptionnelle de ce que la mer laisse. Il faut préciser qu'en elle-même, cette œuvre ne met pas en crise le propos sous-jacent de ces pages, mais en renforce par contre une de ses propositions générales, à savoir la nécessité de considérer une histoire de l'art autre que la traditionnelle et qui s'appuie sur le caractère largement inclusif de l'histoire naturelle dont les représentations visuelles transcendent le domaine plastique, pour se fondre avec la vie et l'environnement, afin de devenir des vrais documents de l'histoire de la nature et de l'humanité. On peut constater cette dernière affirmation en observant les composants du tableau et son contexte : au premier plan, trois femmes ramassent des débris marins alors qu'un homme, à l'extrémité droite de l'arrière-plan, tenant un télescope de la main, observe le sillage de la comète Donati (en haut au centre du tableau). À cette date précisée dans le titre même de l'œuvre, la comète traversait le ciel vers le soleil couchant comme le suggèrent les teintes bleuâtres et rougeâtres des nuages irisés à l'horizon. Des existences dispersées et, peut-être fossilisées sur la plage après la marée haute, des strates visibles sur les pentes des falaises dus à l'érosion, la trace de la comète dans le ciel, font de ce tableau—peint un an après la publication de *The Origin of Species* de Charles Darwin—une Somme biologique, géologique et astronomique à titre de preuve scientifique pour contester les hypothèses théologiques encore en vigueur à l'époque sur l'origine et l'histoire de la Terre (Brown 126). Le tableau de Dyce nous intéresse parce que trois quarts de sa surface dévoilent ce qui se donne à voir au gré des marées et parce qu'il thématise ce dernier phénomène en affinité avec nos réflexions : ce n'est pas l'antithèse de l'histoire et de la nature qui a le dernier mot (Benjamin 94). Au contraire, on peut supposer que les deux y sont devenus consubstantiels. En déplaçant l'antithèse, cette dialectique—telle que Theodor Adorno l'interprète dans son essai « Idee der Naturgeschichte » (1932) d'après Walter Benjamin (notamment dans *Ursprung des deutschen Trauerspiels*, 1928)—anime des vases communicants entre l'histoire naturelle et cette forme séminale des musées contemporains : les cabinets de curiosités[4]. C'est vers ces derniers qu'il faut se retourner pour encadrer des musées imaginaires (Malraux, *Psychologie*) avec des collections visuelles tirées de la littérature et du cinéma d'auteur qui comprennent ce *locus horridus*, qu'on appelle « paysage de dévastation ».

4 Des relations qui sont étudiées dans précédents essais (Gabrieloni, « El museo » et « Literatura »). Voir Cook, Hanssen, Hullot-Kentor, Pensky, Whyman.

FIGURE 12.3 William Dyce (1806–64), *Pegwell Bay, Kent—a Recollection of October 5th 1858*, *c.*1858–60. Huile sur toile, 63,5 × 88,9 cm. Londres : Tate Gallery

Le tableau de Dyce mis à part, il est frappant de constater l'indifférence des peintres paysagistes à l'égard de ce « cataclysme paisible » déclenché par le « gonflement irrésistible du flot » qui—« sans bruit, sans violence »—(Tournier 420) tapisse une plage avec un « trésor de débris polis et ramassés par le destructeur », la mer (Ponge 59). Région frontalière entre terre et mer, ainsi qu'entre le vivant et son extinction, ce particulier écosystème et sa décomposition où les laisses de mer mises en place invitent, dans la société postindustrielle actuelle, à envisager des phénomènes corrélatifs tels que la ségrégation et la pollution.

2 Crise de l'histoire, la nature au musée

Le philosophe Alain, dans le quatrième dialogue des *Entretiens au bord de la mer*, confronte l'allégeance du jardin conçu à l'échelle humaine à la mer, « qui serait si bien la même quand l'homme n'existerait plus » (70). Et pourtant, le récent lancement par l'Organisation des Nations Unies de la campagne *Clean Seas* suggère que le jour où la vie s'éteindra sur la planète, la mer ne sera plus identique à la mer d'il y a un siècle ; en fait, ses transformations témoigneraient en partie des raisons de l'extinction globale (Clean Seas). La ligne de plage est peut-être enfin une zone de rejet où des transformations oscillantes entre la vie et la mort qui esquissent des catastrophes humanitaires et environnementales.

Parmi ces transformations se distinguent, par leur récurrence dans les paysages que l'on souhaite récupérer, celles qui font allusion à la décomposition et à la force destructrice de la nature qui n'exclut pas mais ravive les pulsions (auto)destructrices des êtres humains. Trois exemples viennent à l'esprit ; c'est-à-dire qu'ils viennent à faire musée imaginaire. Tous les trois reflètent les perceptions des personnages hantés par la guerre ou ses fantômes parce que, à en croire Jonas (278), si la nature est avare en catastrophes, cette affaire des hommes, la guerre, peut prendre leur place.

Ainsi, dans *Voyage au bout de la nuit* (1932) de Louis-Ferdinand Céline, Ferdinand Bardamu repère au milieu de sa descente aux enfers « ce qu'on découvre du gai rivage, une fois que la mer s'en retire ; la vérité, mares lourdement puantes, les crabes, la charogne et l'étron » (149). Dans le roman *Sagapò* de Renzo Biasion, le narrateur décrit la vision d'un sous-officier italien envoyé dans une ville grecque dévastée par les bombardements alliés et allemands pendant la Seconde Guerre mondiale : « alla superficie stagnavano meduse dalle lunghe braccia mollicce, somiglianti a fiori in disfacimento, e rottami e rifiuti di ogni genere. Alcuni limoni verdastri giacevano sopra le alghe e il sole lentamente li asciugava. Erano sfatti a forza di stare nell'acqua » (Biasion 222 ; sur la surface stagnaient des méduses aux longs tentacules mous, ressemblant à des fleurs fanées, de la ferraille et des déchets de toute sorte. Quelques citrons verdâtres gisaient sur les algues et le soleil les séchait lentement. Ils étaient pourris à force de rester dans l'eau[5]). Pour sa part, Claudio Magris dans son livre *Non luogo a procedere*—où la planète est le grand Musée de l'humanité dont histoire est toute une croûte de sang (Magris 131) et chaque personne est une nature morte (12)—, dépeint des « meduse abbandonate sulla la spiaggia dalla bassa marea [che] marciscono, corruzione della carne, anche della propria venduta allo scempio di quella altrui » (220 ; méduses abandonnées sur la plage à marée basse [qui] pourrissent, corruption de la chair, y compris de la sienne propre, vendue au massacre de celle d'autrui).

En évoquant, d'une part, les fragments abandonnés par les eaux sur l'espace côtier et, d'autre part, la variation périodique du niveau de la mer qui rend cela possible au fil du temps, l'expression « laisse de mer » dénote l'empreinte présente d'un phénomène passé et dont la cause a disparu : la pleine mer. Pontalis relie cette dynamique aux souvenirs dans la mémoire : « ces coquillages, ces coques, ces palourdes, ces moules en grappes, ces bouts de bois rongés par le

5 Sauf si différemment spécifié, toutes les traductions sont de l'auteur.

sel marin, … figurent ce qui est déposé dans ma mémoire : de petits restes … qui seront tout à l'heure recouverts par la marée haute mais qui réapparaîtront, ceux-là ou d'autres, quand la mer de nouveau se retirera » (Pontalis 958).

Marie Darrieussecq précise que la laisse de mer « est un endroit important » : la mer y impacte (Darrieussecq 66). Son assimilation à la mémoire qui reçoit l'impact des souvenirs amène à penser aux impacts de la mémoire dans l'histoire et de l'histoire dans l'environnement. Les estimations des recherches portant sur l'impact de la société de consommation et ses déchets sur les océans incitent à inverser les termes de l'affirmation précédente afin d'attirer l'attention sur l'impact du monde humain, de son histoire, sur la mer[6]. L'incidence réversible entre mer et monde, explicite dans une laisse de mer, souligne son importance comme manifestation des vases communicants entre les formations de la nature et les pratiques de notre culture (Valéry, « L'Homme » 12), que ce soit au niveau épistémique-environnemental de la pollution marine ou au niveau esthétique-poétique de ces captivantes apparitions dans des œuvres littéraires et films d'art. En 1930, Paul Valéry se demandait : « Où est l'homme qui n'a pas exploré en esprit la nature abyssale [de la mer] ? » (« Regards » 192). La mer de nos jours semble nous contraindre à observer ses bords.

3 Le déjà vu et l'inédit

L'effondrement des formes de l'existence dans le scénario de forces informes (Thibaud 24) que la dévastation inaugure éveille des résonances culturelles qui conduisent à apprécier la laisse de mer au sein d'une vaste généalogie de représentations textuelles et iconographiques[7]. C'est à dire celles du Déluge, notamment celles du XVIe au XVIIIe siècles qui témoignent des conflits entre l'histoire naturelle et l'histoire humaine, dans une période d'actives négociations entre

6 On estime que vingt-cinq pour cent des surplus de plastique finissent par s'accumuler sur les rives, dans les mers et les océans (Lebreton et Andrady 8). Cette accumulation pourrait doubler d'ici à 2030 (Amaral Zettler et al. 139) et, quelques décennies plus tard, la présence de bouteilles et de sacs en plastique dépassera le volume de poissons dans la mer (Dąbrowska et al. 4) ; voir Beiras.

7 L'analogie de Paul Thibaud entre la laisse de mer et un lieu des forces et non de formes (Thibaud 24) nous invite à considérer *Purity and Danger* où, portant sur la dichotomie pur/impur, Mary Douglas surligne le lien impur/informe : ce qui n'est pas à sa place avec ce qui n'a pas de forme au sein des systèmes culturels (Douglas 161). Ces rapports entre l'informe non reconnu et l'impur rejeté incarnent encore dans la laisse de mer chez Marguerite Yourcenar comme une zone mortifère de discrimination raciale, discutée ci-dessous.

la théologie et la science[8]. Il convient de s'y arrêter pour observer l'imaginaire de cette époque en ce qui concerne l'instant d'après la « belle mort » des espèces que déclenche le Déluge (Figuier 14). Les résonances mentionnées ci-dessus, apparemment énigmatiques, reposent sur le fait qu'à l'époque on croyait que la disparition des eaux avait transformé la Terre en un lieu hostile et méconnaissable, un *locus horridus*, où l'Océan était un incontestable vestige de la catastrophe diluvienne (Corbin 5 et 188). Un paysage de dévastation, là où avait existé le jardin d'Éden. Autrement dit, ce que la mer laisse devient pour ces théoriciens, connus au XVIIIe siècle comme diluvionistes, une image à grande échelle du monde, une *imago mundi*[9]. Selon Gabriel Thiebault, chez ces pionniers de la géologie moderne—tel que Bernardin de Saint-Pierre—il y a des précieux indices de cette vision de la surface de la Terre comme un jardin ruiné : « hérissé d'effroyables montagnes ; percé d'abîmes, peuplé d'animaux sauvages, envahi de plantes vénéneuses et d'herbes inutiles » (Thiebault 31).

Les correspondances entre la laisse de mer représentée à petite échelle dans le terrain esthétique et ce mythique paysage de la dévastation diluvienne dans l'imaginaire culturel à travers des siècles nous donnent une certaine idée de l'épaisseur conceptuelle de la première. Et pourtant, elle reste masquée dans l'histoire canonique de la peinture. Il est donc essentiel de reconnaître et de regrouper leurs représentations dans un espace muséal imaginaire qui, pour des considérations déjà exposées, se soustrait à l'histoire de l'art traditionnelle et plaide pour une histoire naturelle de l'art, dont il conviendrait de mieux comprendre les enjeux.

En retrouvant les origines de l'histoire naturelle, Roger French souligne que *physis* dans la Grèce et *natura* dans la Rome de l'antiquité tendent ultérieurement à se confondre et à signifier « la nature du monde » bien plus que « la nature de la chose » (French 4). Dans cette tradition se situe l'histoire naturelle de l'art qui découle de cette imagerie côtière : « attentive à tous les êtres, sans restriction ni distinction aucune, s'autorisent des forces combinées de la science et de la littérature pour voir la 'peinture de paysage' au rang d'un crucial savoir » (Bertrand 3–4[10]). Ce savoir crucial, qui existait au temps

---

8 Parmi des nombreuses études, voir Barnett, Dupaigne, Mercier-Faivre, Montgomery et Rudwick.

9 Analogie qui renvoie à celle entre les cabinets de curiosités et l'*imago mundi* (DaCosta Kaufmann 24, von Schlosser 143, Pomian 51 et 69, Bredekamp, *Antikensehnsucht* 73 et Guichard 152).

10 « Very different things found their way into these collections » (10 ; des choses très différentes parviennent à se retrouver dans ces collections), et elles y procurent une stimulation aussi intellectuelle qu'esthétique (Münsch 11–14). Julius von Schlosser (222–23) appelle « image idéale » une collection qui opère cette synthèse de la nature et de l'art.

de naturalistes célèbres tels que Bernardin de Saint-Pierre, Georges-Louis Leclerc de Buffon, Georges Cuvier, Charles Lyell, Alexander von Humboldt et Johann Wolfgang von Goethe (à condition d'intégrer la peinture du paysage, le collectionnisme et les cabinets de curiosités), s'actualise à présent dans la question pertinente que Régis Debray a posé en avance au début des années quatre-vingt-dix, de savoir si la peinture peut survivre à la destruction de paysages naturels (Debray 275).

Une laisse de mer n'est pas seulement le hiatus physique entre la terre et la mer. Une laisse de mer, c'est aussi le hiatus symbolique entre une nature et une culture encadrées par les perspectives croisées du matérialisme anthropologique et de l'idéalisme écologique. La littérature, le cinéma, l'art en général est peut-être le lieu où la *natura naturans* et la *natura naturata* du point de vue de l'écologie et de l'anthropologie, respectivement, pourraient être réunies afin de réparer l'abîme entre la nature et la culture imposé par le paradigme naturaliste[11]. On peut ainsi entrevoir progressivement à quel point l'imagerie des débris soumis au ramassage des laisses de mer, dans certains textes et films, échappe à la sphère littéraire pour s'inscrire dans l'histoire des images et, ce faisant, dans une histoire culturelle qui renvoie étroitement à la nature. Guirlandes naturelles désormais colonisées par des déchets, elles s'offrent comme un nouveau sujet à être considéré dans le répertoire des *loci horridi* auquel a contribué l'iconographie inspirée du Déluge universel[12]. Natures mortes le long des côtes où des déchets plastiques menacent d'enterrer la nature vivante. La laisse de mer ainsi figurée dans l'imaginaire esthétique figurait les dégâts irréversibles que l'humanité peut infliger à l'environnement dans son ensemble.

4 Après la tempête, un mince cordon fait du débris

Toutes les propositions précédentes nous empêchent d'oublier, avec celles plus récentes de Luc Boltanski et Arnaud Esquerre dans leur livre *Enrichissement. Une critique de la marchandise*, que le traitement esthétique de l'imagerie qui nous concerne est inscrit dans un horizon culturel plus large qui n'échappe pas au capitalisme (Boltanski et Esquerre 321–24). Les deux sociologues appellent « économie de l'enrichissement » le modèle développé depuis le dernier quart du XXe siècle, associé à la désindustrialisation et centré sur la concentration des capitaux et l'exploitation de nouveaux « champs du collectionnable »

11 Voir notamment Descola et Bredekamp, *Die Fenster*.

12 Voir Le Scanff et Giacomoni.

(273) pleins de choses passées, caractérisées donc par un être « déjà là » (258), un « être-en-tas » à la manière des ordures (278). Dans la conception représentationnelle qui nous intéresse davantage ici, l'accumulation à l'abri d'une laisse de mer ressemble à ce « flot d'épaves et de déchets à partir desquels se constitueront les collections » (278) qui les assimilent aujourd'hui à l'accumulation distinctive du « capitalisme intégral » (26). En fait, le collectionnisme serait une métaphore du capitalisme (247). Métaphore qui se déploie pour accueillir la laisse de mer, paysage emblématique des agrégations de débris et de détritus de la contemporanéité ; filon archéologique débordé de choses d'origine naturelle et en plastique (Longobardi 4264) ; médiées par l'art, elles méritent la définition de découvertes par l'écrivain et archéologue amateur Gustaf Sobin, de « débris lumineux » (*Luminous Débris*). Manifestement elles ne sont pas de l'ordure en général mais de l'ordure choisie (Scanlan 15), ainsi mise en valeur dans un dispositif agissant comme une collection (Boltanski et Esquerre 278). Cette « accumulation différentielle » (100, 108) est indissociable des laisses de mer à la genèse de nos musées imaginaires qui ouvrent ainsi la voie à une histoire naturelle de l'art.

En d'autres termes, une histoire qui rende compte de « l'altérité esthétisée » (Heringman 63) des choses dont la différence est absorbée par ces musées imaginaires et qui, autrement, auraient été oubliées, jetées[13]. Une histoire dont l'imagerie—substitut régulier des objets dans une collection (Schnapper 117)—institue un théâtre du monde à petite échelle, bref : un *promptuarium imaginum* (384). Une histoire, d'ailleurs, qui thématise deux principes fondamentaux de la rhétorique des traités classiques de l'histoire naturelle tout court : d'une part, la contemplation de ce qui existe avec des proportions infimes et, d'autre part, le souci des dégâts causés à la nature (French 204). Le premier de ces principes, qui dans le passé inspirait des « raffinements microscopiques » (von Schlosser 50) aux dessinateurs des catalogues de cabinets, engendre l'univers révélé la nuit par la marée basse à Jean, l'un des jumeaux dans *Les Météores* de Tournier : « mille et mille bouches assoiffées, … les sables incrustés de coquillages concassés … l'eau vive qui promet en murmurant l'infini … sur la grève des pseudopodes de plus en plus envahissants. … la perruque de goémons tout à coup reprend vie et secoue sa crinière noire et verte » (Tournier 177).

Le deuxième principe élémentaire de la rhétorique discursive de l'histoire naturelle, à la base des récits de catastrophes telles que le Déluge, discernable

13 « L'horloge culturelle fonctionne surtout grâce à des débris récupérés dans les tas de déchets » écrit George Kubler (39) sur les images survivantes des arts ; voir aussi Pomian (35) et Scanlan (40).

FIGURE 12.4 Photogramme de *Médée* de Lars von Trier, 1988. Téléfilm. Danemark : Danmarks Radio DR

dans la désolation en temps de guerre chez Céline, Biasion et Magris cités ci-dessus, attire l'attention sur deux séquences filmographiques où des corps humains sont jetés comme détritus par la mer et témoignent du désastre. Au début du film *Médée* (1988) de Lars von Trier, la barbare à demi méprisée et à demi sous-estimée par les Corinthiens (Wolf 96) se trouve déposée inconsciente sur le sable : des coquillages et des algues épars visibles aux alentours composent le paysage dévasté des exils forcés que la tragédie déclenche (fig. 12.4). Vers la fin de *La Honte* d'Ingmar Bergman (1968), Eva et Jan Rosenberg quittent l'île où ils avaient tenté en vain de rester à l'écart des ravages de la Seconde Guerre mondiale. Leur bateau clandestin qui vogue à travers la mer Baltique se trouve soudain parmi des cadavres de jeunes soldats (fig. 12.5). Ces corps qui flottent comme des déchets dans le vide et le cri des mouettes suggèrent la proximité de la côte, où la mer avance sur la terre, et l'humanité y est confrontée aux calamités qu'elle provoque et dont elle est aussi la victime.

Victime comme l'homme de Tollund, momifié naturellement, la corde de sa brutale exécution au cou. Marguerite Yourcenar l'évoque dans une réflexion sur les violentes disputes à travers l'histoire de l'humanité qu'elle résume dans

FIGURE 12.5
Photogramme de *La Honte* d'Ingmar Bergman, 1968. Film. Suède : Svensk Filmindustri ; États-Unis : Lopert Pictures Corporation

une image d'importance capitale pour la collection du musée imaginaire ici formulé : « un mince cordon fait du débris des races se forme périodiquement le long de ces côtes, comme, après la tempête, sur ces mêmes dunes, la frange d'algues, de coquillages et de bouts de bois rejetés par la mer » (32)[14].

La transfiguration de la laisse de mer en « paysages de dévastation » globale, si étroitement liés à l'histoire naturelle qui complète les lacunes de l'histoire de l'art traditionnelle, fait glisser du domaine de l'esthétique vers celui de l'éthique.

5 Les Solidarités mystérieuses

Avec Paul Thibaud (30), nous dirions que la représentation de cette « zone sans identité », « laisse de la mer, laisse de la terre », pénètre désormais notre vie intérieure, non plus comme une simple annexion imaginaire fournie par la littérature et le cinéma, mais à travers un « jeu non pas de miroirs, mais de rémissions ». Il en résulte une certaine indistinction entre nous et les choses que nous éprouvons en tant que lecteurs et spectateurs d'images qui nous éloignent du monde tel que nous l'imaginons habituellement de même que de la singularité du soi : les êtres et le monde sont tous impliqués dans ce lieu de forces (24).

14 La sensibilité de Yourcenar à cette frange où « l'esprit et la matière ... périssent à peu près ensemble » incarne dans l'allusion bien mieux connue dans l'essai « Le Temps, ce grand sculpteur » : « Tel corps fruste ressemble à un bloc dégrossi par les vagues ; tel fragment mutilé diffère à peine du caillou ou du galet ramassé dans une plage de l'Égée » (62).

Ces paysages de la dévastation, pièces inédites de notre musée imaginaire, ne sont forcément les images d'un nouvel art, mais peut-être celles d'une nouvelle civilisation (Malraux, *L'Homme* 254) où se déploient les *solidarités mystérieuses* entre la vie en péril et l'art comme dans ce dernier tableau transposé que Pascal Quignard compose ; l'inventaire bref et hétérogène des éléments en fragmentation et dispersion y est traduit en « curiosités » qui dévoilent les fragiles structures de la vie en suspension ou en fuite, alternant avec des objets qui conservent la trace des existences, des rencontres, des rêves et des désirs avortées ou vidés : « On nomme la laisse, ... l'espace de sable où s'avançant et se retirant la marée. Plein de petits coquillages vides, de préservatifs sales, de bouteilles vides, de bois brisé, de petits cadavres de coquillages, d'étoiles de mer, d'os de seiche, de dimensions perdues » (Quignard 219).

Catastrophe miniature. Elle actualise, avec un paysage qui ne nous accueille pas mais dans lequel on ne souhaiterait pas non plus rester, le répertoire des *loci horridi* de l'histoire des représentations de la nature, en s'exprimant avec de l'indifférence aux grâces du pittoresque, sans beauté ni sublimité, à travers une image totale « de dimensions perdues » (*imago mundi*) de l'histoire qui concerne des images aussi que de la nature et de l'humanité.

Comme les nombreuses pièces qui en composent les collections à l'intérieur d'un cabinet de curiosités, les citations successives qui sont entrées dans notre musée imaginaire évoquent—comme Marielle Macé (4) soutient que la littérature (et les arts) savent très bien le faire—des sujets à reconnaître, des liens à honorer, des voix à entendre. Ces évocations sont au fondement du jeu des rémissions (ou des réminiscences, pour le dire avec nos mots) que Thibaud constate entre les êtres et les choses dans la mise-en-image de ce que la mer laisse, et de ce jeu émane—à travers les paysages de dévastation dans notre musée—une *Stimmung*, au sens du terme qu'Ernesto De Martino glose (après A. Wetzel) dans ses essais sur « l'apocalypse culturelle » (382) : « una disposizione umorale di non-domesticità sinistra, nella quale si muove un modo occulto e inesprimable una minaccia decisiva, totale » (De Martino 49 ; une certaine atmosphère d'étrangeté inquiétante où l'on sent planer de manière muette et inexprimable une menace décisive et totale). L'inquiétante étrangeté est décisive pour l'émergence des urgences que les temps imposent et que Macé elle-même soulève dans « Vivre dans un monde abîmé » : « relancer l'imagination, réorienter nos passions, et tenter partout des liens » (Macé 4). Restaurées, les images opèrent dans ces sens.

Les contempler avec leur *Stimmung*, nous confère un mélange d'euphorie et de mélancolie, comme celui que l'on éprouve en sortant de la dernière salle d'un musée dont les images nous semblaient au départ étrangement troublantes et que, vers la fin, nous avons fait nôtres.

Sources citées

Adorno, Theodor W. « Idee der Naturgeschichte ». 1932. « The Idea of Natural History ». Trad. Robert Hullot-Kentor. *Telos* 60 (1984) : 111–24.

Alain. *Entretiens au bord de la mer*. Paris : Gallimard, 1949.

Aloi, Giuseppe. *The Invention of Nature: The Art of Natural History*. Londres : Laurence King Publishing, Londres, in press.

Amaral-Zettler, Linda A., E. Zettler, et T. Mincer. « Ecology of the plastisphere ». *Nature Review Microbiology* 18 (2020) : 139–51.

Barnett, Lydia. *After the Flood. Imagining the Global Environment in Early Modern Europe*. Baltimore : Johns Hopkins UP, 2019.

Benjamin, Walter. *Ursprung des deutschen Trauerspiels*. 1928. Français : *Origine du drame baroque allemand*. Trad. Sybille Muller. Paris : Flammarion, 2000.

Beiras, Ricardo. *Marine Pollution. Sources, Fate and Effects of Pollutants in Coastal Ecosystems*. Amsterdam : Elsevier Science, 2018.

Bergman, Ingmar. *La Honte*. Suède : Svensk Filmindustri ; États Unis : Lopert Pictures Corporation, 1968.

Bertrand, Romain. *Le Détail du monde. L'art perdu de la description de la nature*. Paris : Seuil, 2019.

Biasion, Renzo. *Sagapó*. 1954. Torino : Einaudi, 1991.

Boltanski, Luc et Arnaud Esquerre. *Enrichissement. Une critique de la marchandise*. Paris : Gallimard, 2017.

Bredekamp, Horst. *Antikensehnsucht und Maschinenglauben: Die Geschichte der Kunstkammer und die Zukunft der Kunstgeschichte*. 1993. Anglais : *The Lure of Antiquity and the Cult of the Machine: The Kunstkammer and the Evolution of Nature. Art and Technology*. Trad. Alison Brown. Princeton : Markus Wiener, 1995.

Bredekamp, Horst. *Die Fenster der Monade. Gottfried Wilhelm Leibniz' Theater der Natur und Kunst*. Berlin : Akademie Verlang, 2008.

Brown, Daniela. « Geological Time and Human Transience in William Dyce's *Pegwell Bay, Kent: A Recollection of October 5th 1858* ». *University of Bucarest Review: A Journal of Literary & Cultural Studies*. XI.1 (2009) : 123–30.

Céline, Louis Ferdinand. *Voyage au bout de la nuit*. Paris : Gallimard, 1990.

Clean Seas. « La Campagne ». https://www.cleanseas.org/fr/propos [consulté le 8 juillet 2022].

Collot, Michel. *La Pensée-paysage. Philosophie, arts, littérature*. Arles : Actes Sud, 2011.

Cook, Debora. *Adorno on Nature*. Durham : Acumen, 2011.

Corbin, Alain. *Le Territoire du vide. L'Occident et le désir du rivage*. Paris : Flammarion, 1990.

Dąbrowska, Jolanta et al. « Marine Waste-Sources, Fate, Risks, Challenges and Research Needs. » *International Journal of Environmental Research and Public Health* 18.2 (Jan. 2021).

DaCosta Kaufmann, Thomas. « Remarks on the Collections of Rudolf II: The *Kunstkammer* as a Form of Representation ». *Art Journal* 38.1 (1978) : 22–28.

Darrieussecq, Marie. *Précisions sur les vagues*. Paris : P.O.L., 2008.

Debray, Regis. *Vie et mort de l'image*. Gallimard : Paris, 1992.

De Martino, Ernesto. *La fine del mondo. Contributo all'analisi delle apocalissi culturali*. 1977. Français : *La Fin du monde. Essai sur les apocalypses culturelles*. Trad. Laurène Ardito, Martine Boiteux, Pascale Clément-Delteilm, et al. Paris : E.H.S.S., 2016.

Descola, Philippe, éd. *Les Natures en question. Colloque de rentrée du Collège de France 2017*. Paris : Odile Jacob, 2018.

Desvallées, André et François Mairesse. « Sur la muséologie ». *Culture & Musées* 6 (2005) : 131–55.

Douglas, Mary. *Purity and Danger. An Analysis of Concepts of Pollution and Taboo*. 1966. New York : ARK, 1984.

Dupaigne, Bernard, éd. *Déluges et catastrophes*. Paris : L'Harmattan, 2016.

Figuier, Louis. *La Terre avant le Déluge*. Paris : Hachette, 1866.

Freedberg, David. *The Eye of the Lynx. Galileo, his Friends, and the Beginning of Modern Natural History*. Chicago & London : U of Chicago P, 2002.

French, Roger. *Ancient Natural History. Histories of Nature*. London & New York : Routledge, 2005.

Gabrieloni, Ana Lía. « Literatura e historia (natural) del arte ». *Saga. Revista de letras* 9 (2nd semestre 2020) : 35–56.

Gabrieloni, Ana. « El museo imaginario, ideal y real de la écfrasis ». In *Interrelaciones entre literatura y artes. América y Europa en las épocas Moderna y Contemporánea*. Éd. Ana Lía Gabrieloni. Viedma : UNRN, 2018. 157–76.

Giacomoni, Paola. « *Locus amoenus* and *locus horridus* in the contemporary debate on landscape ». In *Der Paradigma Der Landschaft in Moderne und Postmoderne*. Éd. Manfred Schmeling et Monika Schmitz-Emans. Würzburg : Köningshausen & Neumann, 2007. 83–92.

Guichard, Charlotte. « La Coquille au XVIIIe siècle : un objet frontier ? ». *Techniques & Culture* 59 (2012/2) : 150–63.

Hanssen, Beatrice. *Walter Benjamin's Other History. Of Stones, Animals, Human, Beings, and Angels*. Berkeley, Los Angeles, London : U of California P, 1998.

Heringman, Noah. « The Rock Record and Romantic Narratives of the Earth ». In *Romantic Science: The Literary Forms of Natural History*. Éd. Noah Heringman. Albany : State U of New York P, 2003. 53–84.

Hullot-Kentor, Robert. « Introduction to Adorno's "Idea of a Natural History" ». *Critical Theory of the Contemporary* 60 (1984) : 97–110.

Impey, Olivier et Arthur MacGregor, éd. *The Origins of Museums: The Cabinet of Curiosities in Sixteenth- and Seventeenth-Century Europe*. Oxford : Oxford UP, 1985.

Jonas, Hans. *Das Prinzip Verantwortung*. 1979. Français : *Le Principe responsabilité. Une éthique pour la civilisation technologique*. Trad. Jean Greisch. Paris : Cerf, 1992.

Kubler, George. *The Shape of Time: Remarks on the History of Things*. 1962. Français : *Formes du Temps. Remarques sur l'histoire des choses*. Trad. Yana Kornel et Carole Naggar. Paris : Champ Libre, 1973.

Lebreton, Laurent et Anthony Andrady. « Future Scenarios of Global Plastic Waste Generation and Disposal ». *Nature* 6 (2019) : 1–11.

Le Scanff, Yvon, « Du lieu d'horreur au paysage terrible ». In *Le Paysage romantique et l'expérience du sublime*. Paris : Champ Vallon, 2007.

Longobardi, Pam. « Plastic as Shadow: The Toxicity of Objects in the Anthropocene ». In *Framing the Ocean, 1700 to the Present*. Éd. Tricia Cusack. London & New York : Routledge, 2014. 4228–47.

Macé, Marielle. « Vivre dans un monde abîmé ». *Critique* 75.860–61 (janvier–février 2019) : 3–4.

Magris, Claudio. *Non luogo a procedere*. 2015. Français : *Classé sans suite*. Trad. Jean et Marie-Noëlle Pastureau. Paris : Gallimard/L'Arpenteur, 2017.

Malraux, André. *L'Homme précaire et la littérature*. Paris : Gallimard, 1977.

Malraux, André. *Psychologie de l'art : le musée imaginaire*. Genève : Skira, 1947.

Mercier-Faivre, Anne-Marie et Chantal Thomas, éd. *L'Invention de la catastrophe au XVIIIe siècle : Du châtiment divin au désastre naturel*. Genève : Libraire Droz, 2008.

Montgomery, David. *The Rocks don't Lie. A Geologist Investigates Noha's Flood*. New York : W. W. Norton & Company, 2012.

Müsch, Imgard. « Albertus Seba's Collection of Natural Specimens and its Pictorial Inventory ». *Albertus Seba. Cabinet of Curiosities*. Köln : Taschen, 2015. 11–27.

Olmi, Giuseppe. « Figurare e descrivere. Note sull'illustrazione naturalistica cinquecentesca ». *Acta Medicae Historiae Patavina* 24 (1980–81) : 99–120.

Pensky, Max. « Natural History: the Life and Afterlife of a Concept in Adorno ». *Critical Horizons* 5.1 (2004) : 227–58.

Pomian, Krzysztof. *Collectors and Curiosities. Paris and Venice 1500–1800*. Cambridge : Blackwell, 1990.

Ponge, Francis. *Parti pris des choses suivi de Proêmes*. Saint Amand : Gallimard, 2008.

Pontalis, Jean-Bertrand. *Marée basse marée haute*. Paris : Gallimard, 2014.

Quignard, Pascal. *Sordidissimes*. Paris : Bernard Grasset, 2005.

Rivallain, Josette. « Cabinets de curiosité, aux origines des musées ». *Outre-Mers. Revue d'histoire* 332–33 (2011) : 17–35.

Rudwick, Martin. *Bursting the Limits of Time*. Chicago : U of Chicago P, 2005.

Scanlan, John. *On Garbage*. London : Reaktion Books, 2005.

Scharf, Aaron. *Art and Photography*, Harmondsworth : Penguin, 1974.

Schnapper, Antoine. *Le Géant, la licorne et la tulipe. Les cabinets de curiosités en France au XVIIe siècle*. Paris : Flammarion, 2012.

Schlosser, Julius von. *Die Kunst- und Wunderkammern der Spätrenaissance: ein Beitrag zur Geschichte des Sammelwesens*. 1908. Espagnol : *Las cámaras artísticas y maravillosas del Renacimiento tardío*. Trad. José Luis Pascual Arranz. Barcelone : Akal, 1988.

Sobin, Gustaf. *Luminous Debris: Reflecting on Vestige in Provence and Languedoc.* Berkeley, Los Angeles, etc. : U of California P, 1999.

Thibaud, Paul. « Image première ». In *Comment vivre avec l'image.* Éd. Maurice Mourier. Paris : PU de France, 2004. 21–48.

Thiebault, Gabriel. « Bernardin de Saint-Pierre : l'œil et le déchiffrement du monde ». *Cahiers Jungiens de Psychanalyse* 3.111 (2004) : 31–38.

Tournier, Michel. *Les Météores.* Paris : Gallimard, 1975.

Valéry, Paul. « L'Homme et la coquille ». In *Variétés V.* Paris : Gallimard, 1944.

Valéry, Paul. « Regards sur la mer ». *Pièces sur l'art.* Paris : Gallimard, 1934. 187–200.

Wetzel, A. « Das Weltuntergangserlebnisin der Schizophrenie ». *Zeitschrift die gesamte Neurologie und Psychiatrie.* 78 (1922) : 403–28.

Whyman, Tom. « Understanding Adorno on "Natural History" ». *International Journal of Philosophical Studies.* (2016) 1–21.

Wolf, Christa. *Medea. Stimmen.* 1996. *Medea.* Espagnol : *Medea.* Trad. Miguel Sáenz. Buenos Aires : El cuenco de plata, 2014.

Yourcenar, Marguerite. *Archives du Nord.* 1957. Paris : Gallimard, 2015.

Yourcenar, Marguerite. « Le Temps, ce grand sculpteur ». 1983. In *Essais.* Paris : Gallimard, 1983.

PART 4

Water on Screen / L'eau à l'écran

13

Espaces anthropophages : une archéologie culturelle fluviale ?

Assimilation et restitution identitaire dans Macunaíma *de Mário de Andrade (1928) et Joaquim Pedro de Andrade (1969)*

Nicolas Piedade

Résumé

Cet article questionne le symbolisme du fleuve dans les deux *Macunaíma* (Mário de Andrade en 1928 et Joaquim Pedro de Andrade en 1969), en mettant en perspective le rendement métaphorique de l'eau et sa capacité de fournir une relecture des imaginaires nationaux brésiliens. En s'appuyant sur le roman et son adaptation cinématographique, cette réflexion démontre que l'eau y assure la circulation du sens, à un niveau lexical comme symbolique. Le dialogue mené entre texte et image, à travers le procédé d'interprétation du texte par les moyens du cinéma, suit ainsi le rythme de flux et de reflux qui donne forme à l'itinéraire de Macunaíma et de ses frères.

Mots clefs

anthropophagie culturelle – Brésil – *Cinema Novo* – espace – fleuve – identité – *Modernismo* – pulsion

Vaste mouvement de rénovation artistique apparu dans les années 1920 au Brésil, l'anthropophagie culturelle émerge sous l'impulsion des avant-gardes modernistes afin de porter une réflexion de fond sur la nature de l'art national[1]. À la fois métaphore de l'assimilation de données culturelles hétérogènes et de leur restitution transformée, elle se constitue selon Carlos Jáuregui sous la forme d'une « correspondencia analógica entre el rito caníbal y los diversos procesos de producción, circulación y apropiación cultural » (Jáuregui 39 ; correspondance analogique entre le rite cannibale et les différents mécanismes de

1 On peut à cet égard songer aux manifestes de la *Poesia Pau Brazil* (1924) ou du *Manifesto Antropófago* (1928) d'Oswald de Andrade, sans toutefois oublier qu'elle ne s'y limite pas.

 | DOI:10.1163/9789004549258_015

production, de circulation et d'appropriation culturelle). C'est dans ce contexte qu'il faut comprendre l'itinéraire du personnage de Mário de Andrade, le héros éponyme du roman *Macunaíma* (1928), sorte de *trickster* allégorique de l'essence brésilienne, lancé au contact de la modernité dans un parcours grotesque et fragmentaire. Réalisée en 1969, l'adaptation cinématographique de l'ouvrage par Joaquim Pedro de Andrade s'inscrit quant à elle, quarante ans plus tard, dans un large mouvement de relecture du modernisme brésilien.

Les spatialités tropicales de *Macunaíma* se caractérisent par un appel récurrent à l'élément aqueux. Fleuves, rivières, fontaines, voire égouts ou même bouillon de cuisine, sa présence constitue—jusqu'aux larmes du protagoniste—un fil interprétatif qui rythme l'itinéraire et les hauts autant que les bas faits du héros, qui est décrit comme « sans caractère » par le sous-titre du livre. L'expression recouvre deux acceptions possibles et non excluantes. En effet, « [t]he word "caráter" in *Macunaíma: O herói sem nenhum caráter* [...] could mean that Macunaíma is a person without values, with no ethics, an unreliable and dishonest person. Perhaps this is the first meaning a Brazilian reader would give the subtitle. However, a second meaning could be that Macunaíma is a hero that cannot be characterized. In this sens, Macunaíma cannot be defined, typified, depicted, and qualified » (Zampronha 282 ; le mot « caráter » dans *Macunaíma: O herói sem nenhum caráter* [...] peut signifier que Macunaíma est une personne dénuée de valeurs, sans éthique, une personne indigne de confiance et malhonnête. C'est sans doute le premier sens qu'un lecteur brésilien pourrait attribuer au sous-titre. Cependant, une seconde signification pourrait être que Macunaíma est un héros qui ne peut pas être caractérisé. En ce sens, Macunaíma ne peut pas être défini, typifié, dépeint et qualifié). Cette double définition reflète bien l'ambiguïté du personnage. Elle rassemble sa nature de *trickster* avec un ensemble de déterminations conçues en écho au multiculturalisme de la société brésilienne.

Indien né noir de peau, devenu blanc au cours de son voyage sous l'effet des eaux d'une fontaine magique, les exploits de Macunaíma—cet « archétype de la créolisation » (Charles-Charlery 1)—concentrent leur finalité dans la quête de la Muiraquitã, une amulette offerte par son amante défunte Ci. Il triomphe notablement sur son chemin du géant cannibale Venceslau Pietro Pietra, collectionneur et chef d'entreprise, mais surtout métaphore d'un capitalisme dévorant, qui avait récupéré l'artefact. Macunaíma amorce ensuite un retour dans la forêt, et finit victime de son appétit sexuel, trompé et dévoré par une sirène mangeuse d'hommes.

Liant l'histoire coloniale avec la quête des spécificités d'une *brasilidade*, donc d'une identité proprement nationale, l'eau constitue dans les deux *Macunaíma* un véritable embrayeur symbolique capable de révéler les contradictions d'un espace paradoxal, désiré à la fois comme moderne et archaïque[2]. C'est pour cette raison que nous cherchons à montrer en quoi le symbolisme du fleuve et le rendement métaphorique de l'eau permettent aux deux œuvres de fournir une relecture des imaginaires nationaux brésiliens.

Afin d'éclairer notre parcours, nous questionnons en premier lieu l'occurrence liminaire du fleuve, élevée à une portée mythique tour à tour exaltée et détournée, avant de nous orienter dans un deuxième temps dans l'exploration de l'ambivalence symbolique des espaces aquatiques pavant l'itinéraire de Macunaíma. Nous nous penchons enfin sur la relation qu'entretiennent eau et pulsionnalité au sein des imaginaires géographiques et culturels anthropophages, liant à la fois érotisme, faim et dévoration.

1 Le Fleuve, indice d'un régime spatial liminaire

Comme le mentionne Ricardo Postal, le texte de Mário de Andrade peut être décrit sous la forme d'« un mythe-roman, ou [d']un conte populaire » (Postal 152). La multiplication des sources de l'intertextualité mythique et populaire du roman est indéniable et ses incidences aisément identifiables sur le plan formel. Elle n'est toutefois rendue effective qu'à partir d'un élément aqueux à l'importance fondatrice, dont la présence se révèle saillante dès les premières lignes de l'œuvre : « No fundo do mato-virgem nasceu Macunaíma, herói da nossa gente. Era preto retinto e filho do medo da noite. Houve um momento em que o silêncio foi tão grande escutando o murmurejo do Uraricoera, que a india tapanhumas pariu uma criança feia » (Andrade M. 5 ; C'est au fin fond de la forêt vierge que naquit Macounaima, héros de chez nous. Il était noir renoirci et fils de la peur qu'inspire la nuit. Vint un instant où fut si grand le silence pour écouter le clapotis de l'Ouraricoera que l'Indienne tapanioumas mit bas un bien vilain enfant : 7).

Placée notablement sur les rives du fleuve Ouraricoera, une rivière de l'État du Roraima, au Nord du Brésil, le chronotope initial du roman révèle toutefois bien plus qu'une simple inscription dans la temporalité vague du mythe. Le référent topographique attaché à l'eau entre, dès cet incipit, dans une relation directe avec la naissance de Macunaíma. Le silence de la nuit sylvestre, rythmé par les échos solitaires de l'onde, apparaît lié dans cet extrait de manière causale avec l'émergence du héros du ventre de sa mère, notamment

2 Telle aura été la fonction, autant esthétique qu'idéologique, de l'indigénisme ou de l'indianisme dans le cadre de la constitution progressive d'une matrice identitaire à travers la littérature brésilienne.

par le biais de la conjonction « que », intégrée à la structure intensive « tão grande ... que ».

Il est d'ailleurs remarquable que cette naissance s'amalgame également à celle de la narration. Elles brisent en somme toutes deux, dans leur concomitance, le silence originel d'une terre vierge de tout récit. C'est dans un tel sens que se trouve employé le substantif « murmurejo », le « murmure », la « rumeur », le « bruissement », qui devient le signe ambivalent d'un flux de sons. Des profondeurs du silence hyperbolique marquant l'atemporalité imprécise précédant les origines, s'extraient donc simultanément Macunaíma et le territoire qu'il s'apprête à parcourir. Ils apparaissent tous deux liés par une cohorte sonore que l'Ouraricoera inaugure à la fois thématiquement par la métaphore du fleuve, mais aussi très matériellement, en sa qualité d'indice lexical d'un recours aux réalités géographiques du Brésil endogène. La surface, mouvante, de l'onde se définit alors comme une zone de contact, une interface, à partir de laquelle communiquent des représentations et des imaginaires, illustrant remarquablement le principe géocritique qui implique que « un espacio jamás está en pura sincronía. Es decir, si representas un espacio en el presente, representas una superficie, pero debajo de la superficie hay toda una profundidad diacrónica » (Westphal, « Leemos un libro » 3 ; un espace ne se trouve jamais en pure synchronie. C'est-à-dire que si l'on représente un espace dans le présent, on représente une surface, mais sous la surface se trouve toute une profondeur diachronique).

La mention liminaire du fleuve joue en ce sens une fonction d'embrayeur de tout un réseau symbolique. Celui-ci prend corps sous la forme d'un flux, autour d'une poétique de la liste associant un ensemble d'éléments et d'images hétérogènes, unis dans l'élan de véritables torrents verbaux. En leur sein, les référents aquatiques—toponymes, plantes ou encore animaux—occupent un rôle de premier plan : « Perguntaram pra todos os seres, aperemas sagüis tatus-mulitas tejus muçuãs da terra e das árvores, ... pros tambaquis tucunarés pirarucus curimatás do rio, os pecaís tapicurus e iererês da praia » (Andrade M. 33–34 ; Ils s'adressèrent à tous les êtres vivants, aux grandes tortues d'eau douce ouistitis tatous-moulitas tejus tortues de la terre et des arbres, ... aux tambaquis toucounarés piracourous courimatas du fleuve, aux heliornis ibis-guaraunas dendrocygnes veufs des berges, bref ils s'adressèrent à tous ces êtres vivants : 43).

Comme le souligne Pascale Casanova, analysant l'aspect à la fois littéraire et politique de la démarche d'écriture de Mário de Andrade dans *Macunaíma*, « à travers des énumérations ... l'écrivain constitue un répertoire de termes inédits ou inusités. Du fait qu'ils sont employés littérairement pour la première fois, ils acquièrent, grâce au procédé de Andrade, une double existence—nationale (ils entrent dans le lexique *autorisé* ou au moins reconnu) et littéraire (poétique) » (Casanova 405). Le fleuve Ouraricoera se révèle ainsi, dès l'incipit du roman, comme une véritable porte d'entrée vers un univers lexical et toponymique dont l'évocation, débordante, entre directement en écho avec l'ambition des modernistes, engagés sur le chemin de l'élaboration d'une langue littéraire propre à donner corps aux réalités brésiliennes. C'est en puisant dans les profondeurs d'un patrimoine culturel et linguistique local, emprunté aux survivances lexicales des peuples premiers, autant qu'aux réalités importées avec la colonisation et l'esclavage, qu'ils forgent leur conception d'un portugais métissé, barbare, tropical, mais surtout foncièrement vivant, et en cela capable d'appuyer la constitution d'une brésilianité (*brasilidade*) authentique, structurée à travers l'intensité d'une « afirmación caníbal del mestizaje » (Chaparro Amaya 363 ; affirmation cannibale du métissage).

Succédant immédiatement au générique et à sa musique enjouée, les premières secondes du film de Joaquim Pedro de Andrade s'ouvrent quant à elles sur un fond obscur, qui laisse toute sa place à la lecture, par un narrateur extradiégétique, des premières lignes du roman de Mário de Andrade. Mentionnant donc le fleuve Ouraricoera, cet extrait est redoublé d'un accompagnement sonore au statut diégétique incertain, introduisant le bruissement d'un flot que l'on devine être celui du cours d'eau (Andrade J. 02min 59s). S'opère un *cut* laissant apparaître, frontalement et en plan rapproché, le visage contrit et laid de la mère de Macunaíma dans son effort de parturiente. La caméra s'attarde durant près de dix secondes sur le buste travesti en vieille femme de l'acteur Paulo José, qui jouera d'ailleurs, plus tard dans le film, Macunaíma lui-même une fois celui-ci devenu blanc (fig. 13.1).

Une telle occurrence introduit une rupture singulière en relation au cadre idyllique suggéré par la projection sonore des remous paisibles du fleuve, mais aussi de la diction mesurée et presque didactique du narrateur. Le contraste occasionné déchire l'espace de la représentation, fonctionnant autour de l'écart entre les attendus stéréotypés du milieu sauvage et la naissance brutale et carnavalesque de Macunaíma. Du « murmurejo » de l'Ouraricoera, des bruissements de son eau, s'extrait donc d'emblée un cri fondateur, qui marque de sa violence l'entrée dans un univers représentationnel jouant du renversement visuel des normes. L'inversion du rapport opposant homme et femme, tout comme jeune et vieux pour le travestissement de la parturiente, mais aussi debout et couché pour ce qui est du geste d'enfantement, accompagnent la venue au monde de Macunaíma sous le signe de la chute (fig. 13.2). Il en est de même de la relation établie entre enfant et matière fécale, vie et mort, si l'on pousse l'interprétation de la posture maternelle (celle-ci est accroupie et laisse échapper un soupir de soulagement), dès lors capable d'affirmer un principe

FIGURE 13.1 L'acteur Paulo José en vieille dame, donnant naissance à Macunaíma : Joaquim Pedro de Andrade (1938–88), *Macunaíma*, 1969. Film couleur. Rio de Janeiro : Filmes do Serro, 3min 13s

FIGURE 13.2 La naissance/chute de Macunaíma : Joaquim Pedro de Andrade (1932–88), *Macunaíma*, 1969. Film couleur. Rio de Janeiro : Filmes do Serro, 3min 22s

grotesque englobant la diégèse, propre à « revivifier dans une violence rejouée l'arrachement primaire qui fixe l'identité » (Astruc 105).

2 Le Brésil fluvial, un système symbolique placé sous le sceau de l'ambivalence

Placée à l'ouverture et à la clôture du texte, la mention de l'Ouraricoera inaugure de fait un fil métaphorique qui code l'énonciation du roman, autant à un niveau formel que thématique. Le fleuve se définit d'emblée comme une image liée au mouvement, au silence rompu et, finalement, à un flot de paroles déversées dans l'environnement protéiforme d'une forêt qui n'est désormais plus totalement vierge. Extrait de la nudité paisible de l'Ouraricoera et retournée au murmure solitaire de son flux, la narration configure en effet un espace fragmenté, qui rythme la recomposition d'un territoire débordant de ses propres symboles. Macunaíma explore dans son périple les spatialités instables d'une géographique allégorique, qui met en contact nombre de lieux cartographiquement incompatibles. C'est par exemple le cas des fleuves Ouraricoera et Tietê, qui apparaissent comme unis dans un seul et même cours, tracé par les déplacements des personnages, alors que ce dernier baigne en réalité São Paulo, au Sud-Est, tandis que le premier déploie son cours au cœur de la forêt tropicale du Nord-Ouest.

La fluidité de l'articulation d'une telle géographie fluviale prend en effet sens autour du voyage anthropophage de Macunaíma en direction de la métropole. Ses mouvements dessinent les traits d'une archéologie symbolique attachée au territoire et à sa culture, révélée au fil des pas du héros « sans caractère ». Que ce soit à São Paulo ou à Rio de Janeiro, celui-ci visite et intègre les lieux de la modernité. Il les assimile, les digère. En somme, « Macunaíma realiza esse movimento do contato com a cultura "civilizada" e realiza a digestão dessas novas informações antes do retorno à tribo » (Da Silva 55 ; Macunaíma réalise ce mouvement de contact avec la culture "civilisée" et réalise la digestion de ces nouvelles informations avant de retourner à la tribu). Ce déplacement ne s'effectue cependant pas de manière anodine. En "anti-Camões" selon l'épithète que lui attribue Pascale Casanova (Casanova 399), Mário de Andrade réutilise parodiquement le motif de la navigation épique, voire conquérante, afin d'illustrer l'attitude de l'anti-héros brésilien voguant sur le fleuve Araguaia en direction de São Paulo : « E ficou lindo trepando pelo Araguaia aquele poder de igaras, duma em uma duzentas em ajojo que nem flecha na pele do rio. Na frente Macunaíma vinha de pé, carrancudo, procurando no longe a cidade » (Andrade M. 36 ; Quel beau spectacle de voir glisser sur l'Araguaia cette armada de deux cents igaras amarrées les unes aux autres, telle une flèche sur l'épiderme du fleuve ! À la pointe, Macounaïma se tenait debout, le visage froncé, scrutant le lointain pour y découvrir la ville : 48)

Macunaíma, conquistador des rivages d'un Brésil moderne à découvrir, n'est cependant pas à la tête d'une armada de caravelles, mais d'*igaras*, mot désignant, en langue tupi, une sorte de petit canoë[3]. Son mouvement n'est pas celui qu'ont épousé les navigateurs européens découvrant le « Nouveau Monde », mais en constitue singulièrement l'opposé, puisqu'il part des forêts profondes de l'État du Roraima, au Nord-Ouest, sur l'Ouraricoera, traverse les eaux de l'Araguaia, qui sillonne les États du Mato Grosso et de Goiás au centre du pays, et, finalement, atteint les flots du Tietê, au Sud-Est, dans l'État de São Paulo. Menée d'Ouest en Est, la navigation de Macunaíma vers São Paulo se définit alors sous les traits d'une épopée coloniale inversée, jouant pleinement de ce que Bertrand Westphal décrit, dans le vocabulaire de la géocritique, comme une « logique stratigraphique » (*La Géocritique* 223), capable de laisser affleurer, au présent, des strates temporelles et culturelles réactivables à travers la représentation.

Scrutant fébrilement l'horizon de ses futures conquêtes, le héros « sans caractère » dirige ainsi son ambition, son avidité, et donc sa faim anthropophage vers les merveilles de la supposée civilisation. Celle-ci apparaît à ses yeux sous la forme d'un univers tout aussi magique que celui de la forêt, peuplé des miracles de la modernité, de ses machines, de son argent et des prodigalités que son abondance offre, mais surtout des mille déclinaisons possibles d'une « loi de la jungle » régissant les rapports interindividuels. Tout y est en somme dirigé par un système de transactions bien inégales, puisque prostitution, viols, vols et surtout exploitation capitaliste cannibalisent les relations entre les hommes. Macunaíma est ainsi immergé dans un univers de signes qu'il ne comprend pas, mais duquel il intègre néanmoins très vite les logiques lorsque celles-ci se révèlent à son avantage. Dans un tel contexte, la représentation de Macunaíma en conquérant épique, fendant les courants des eaux brésiliennes à bord de ses *igaras*, devient l'embrayeur à partir duquel « the cannibalized language-text is also to be the mode through which the negotiated anthropophagist scene of writing shall decolonize the nation-sign » (Silva 87 ; le langage-texte cannibalisé est aussi appelé à être le mode à travers lequel l'espace négocié de l'écriture anthropophage doit décoloniser la nation-signe). Ce projet de réappropriation culturelle, passant par la recherche d'une manière

3 Telle est la définition fournie par Manuel Cavalcanti Proença dans son étude philologique majeure des emprunts linguistiques de Mário de Andrade aux vocabulaires endogènes du Brésil : « Igara (V, 2)—Palavra tupi-guarani. Canoa feita de um único toro ou casca de árvore » (Proença 269 ; Igara (V, 2)—Mot tupi-guarani. Canoë fait d'un unique tronc ou écorce d'arbre).

d'exprimer littérairement les réalités et les imaginaires brésiliens, désamorce ainsi l'hégémonie du répertoire représentationnel hérité de la colonisation.

Dans le film de Joaquim Pedro de Andrade, le déplacement de Macunaíma vers la ville se déroule selon une logique tout autre. À l'occasion d'un plan saisi en caméra fixe (fig. 13.3), on peut observer les trois frères traverser l'écran, voguant sur un fleuve à bord de leur embarcation. Maanape se trouve en proue, suivi de Jiguê, ramant, et de Macunaíma se prélassant, allongé, à l'arrière, en compagnie de son amante du moment, Iriquí. La caméra opère une rotation vers la gauche, qui embrasse l'étendue du fleuve ainsi que la progression du groupe. La séquence est accompagnée, en *off*, de la légèreté de la chanson « Sob uma cascata », de Francisco Alves, célébrant les joies bucoliques des rêveries amoureuses abritées par les éclats bienveillants de l'eau. L'héritage classiste et racialiste reçu de la colonisation apparaît ironiquement condensé dans cette séquence. Ce plan succède directement à l'épisode dans lequel Macunaíma, se baignant dans les eaux miraculeuses d'une fontaine magique, perd la pigmentation de sa peau et de ses cheveux. Devenu blanc, il ne subsiste cependant plus assez d'eau pour ses frères, notamment l'infortuné Jiguê, dès lors réduit, rames à la main, à une force agissante permettant la locomotion oisive du brésilien blanc et de sa compagne. La caméra s'attarde

FIGURE 13.3 Macunaíma et la hiérarchie du loisir : Joaquim Pedro de Andrade (1932–88), *Macunaíma*, 1969. Film couleur. Rio de Janeiro : Filmes do Serro, 25min 59s

ainsi ironiquement sur l'aise qu'apporte son nouveau statut à Macunaíma, qui a désormais accès à un monde de privilèges, prolongé jusque dans les faveurs amoureuses octroyées par sa belle-sœur Iriquí, qui se désintéresse alors de son frère Jiguê, quant à lui resté noir.

À la grandeur épique pastichée par Mário de Andrade, succède donc la condensation symbolique des marques d'une hiérarchisation sociale engendrées par les rapports de force inhérents à la modernité et à sa diffusion. La race, le travail, mais aussi leur contrepartie de malédiction ou de privilèges, se concrétisent à travers la juxtaposition à l'image des dichotomies opposant Macunaíma à son frère, faisant contraster les univers de valeur sous-jacents aux couleurs noirs et blanches. Les fleuves, jusqu'alors explorés selon les principes d'une géographie labile, laissent ainsi place aux avatars transformés de l'économie capitaliste. Les latitudes tropicales du Brésil contemporain ne possèdent dès lors plus rien du romantisme idyllique.

3 *Macunaíma*, une géographie fluviale pulsionnelle

De fait, ni Mário de Andrade ni Joaquim Pedro de Andrade n'inscrivent leurs réflexions dans la perspective, dépassée et naïve, d'une idéalisation des mondes culturels précoloniaux. Macunaíma est tout sauf un « bon sauvage », il est égoïste, avide, libidineux, en somme parfait citoyen d'une société individualiste, où le profit personnel et matériel est considéré comme une voie d'accès privilégiée à un vague espoir de bonheur. C'est dans ce cadre que Macunaíma débute son retour, dans le second moment de son voyage, vers les rives de l'Ouraricoera qui l'ont vu naître. Il s'y rend initié aux formes de l'anthropophagie moderne, après avoir récupéré la Muiraquitã et donc triomphé de l'incarnation allégorique du capitalisme dévorateur qu'est le géant Venceslau. Toutefois, en plus de son amulette, Macunaíma s'est laissé séduire par ce que la civilisation propose pour combler la faim de ses habitants : la consommation.

Cet aspect est particulièrement flagrant dans le film, puisque Joaquim Pedro de Andrade a opté pour une collection hétéroclite d'éléments d'électroménager, que l'on identifie sans difficulté à la diffusion des modes de vie nord-américains. L'irruption de leur matérialisme dans les espaces domestiques, qui tient ici autant de la pulsion de possession que d'une forme actualisée de fétichisme, s'accomplit à l'image par la présence surchargée de ces idoles du confort moderne que sont la télévision, le réfrigérateur, le ventilateur, embarqués dans l'*igara* de la fratrie (fig. 13.4).

Là encore, animisme primitif et culte moderne des objets se trouvent liés dans une même dynamique, au détail près que, à l'inverse de la Muiraquitã, les

FIGURE 13.4 Le fétichisme moderne de Macunaíma : Joaquim Pedro de Andrade (1932–88), *Macunaíma*, 1969. Film couleur. Rio de Janeiro : Filmes do Serro, 1h 26min 42s

avatars matériels de la modernité ne se révèlent pas capables d'unir le groupe autour d'une quête collective. C'est d'ailleurs symptomatiquement l'exact contraire qui se produit.

En effet, dans le prolongement de sa victoire sur le géant, Macunaíma apparaît toujours habillé des couleurs nationales vertes et jaunes, mais cette fois dans un costume d'aventurier, qui fait de lui l'image parodique d'un agent colonial. Il en possède les réflexes, puisqu'il est décrit dans le roman comment « Macunaíma adestro na proa tomava nota das pontes que carecia construir ou consertar pra facilitar a vida do povo goiano » (Andrade M. 137 ; Macunaíma debout à la proue faisait un relevé des ponts qu'il fallait construire ou réparer pour faciliter la vie du peuple du Goïas : 196), instruction qu'il donne aussi dans le film, en même temps qu'il chante la gloire de son retour sur les rives de l'Ouraricoera. Cette attitude est bien sûr celle du conquérant, administrant les terres explorées et fantasmant le maillage d'un territoire qui resterait à civiliser, c'est-à-dire à rationaliser par le biais d'un dispositif technique. Projetant sur son milieu d'origine un imaginaire techniciste, Macunaíma échoue par nature à recouvrer la stabilité initiale que pourrait supposer la réorientation des personnages vers leur terre natale.

Au-delà de l'enthousiasme fébrile du retour, l'apparition lointaine de l'Ouraricoera et de l'univers magique qu'il mobilise s'inscrit ainsi d'emblée sous le signe inquiétant de la perte puisque, à l'approche du fleuve matriciel :

> Macunaíma teve saudades do sucedido na taba grande paulistana. Viu todas aquelas donas de pele alvinha com quem brincara de marido e mulher, foi tão bom! Sussurrou docemente: "Mani! Mani! Filhinhas da mandioca!" ... Deu um tremor comovido no beiço dele que quase a muiraquitã cai no rio. (139)

> Macunaíma se mit à regretter ses aventures dans la grande taba pauliste. Il revit toutes ces dames à la peau blanche avec qui il avait joué au papa et à la maman ... que c'était bon ! ... Il susurra doucement : Mani ! Mani ! Petites filles du manioc ... Sa lèvre trembla si fort d'émotion qu'il s'en fallut de peu que la mouiraquitan ne tombât dans le fleuve. (99)

Cette nostalgie libidineuse fait ici directement concurrence à celle qui guide le retour de Macunaíma, « escravo das pulsões » (Amado 176 ; esclave des pulsions) vers son Ithaque tropicale. La Muiraquitã apparaît de fait menacée d'aspiration par la profondeur du fleuve, sous l'effet de l'émotion éprouvée par le personnage au souvenir de l'abondance des chairs que met à sa disposition la ville.

C'est, en toute logique, englouti par sa propre avidité que le héros « sans caractère » achève son périple, à l'occasion de la dernière séquence de ses tribulations, celle marquant l'ultime dévoration dans chacune des deux œuvres, qui lui offrent pourtant un traitement sensiblement différent. À présent seul, abandonné de ses frères, Macunaíma se retrouve malade, affamé, au milieu de la case en ruine de son enfance, mais surtout aiguillonné par Veï, personnification du soleil ardent qui conditionne la vie sous les tropiques. Alors que l'espace des origines se délabre, envahi des objets sans valeur accumulés lors du retour de la fratrie, Macunaíma se dirige vers un lac de sa connaissance, et y rencontre la sirène Iara, qui « só se mostrava de frente e fastava sem virar Macunaíma não via o buraco no cangote por onde a pérfida respirava » (Andrade M. 163 ; ne se montrait que de face et se pavanait à reculons, si bien que Macunaíma ne voyait pas le trou dans la nuque par où la traîtresse respirait : 237). Chez Mário de Andrade, Macunaíma perd sa Muiraquitã dans sa confrontation avec le monstre, mais survit néanmoins. Inapte à poursuivre la lutte pour son amulette, il accède malgré son incomplétude aux territoires d'une utopie à venir, prenant place dans les cieux en épousant la forme de la Grande Ourse.

Cette séquence se caractérise en revanche par une ironie terrible dans le film de Joaquim Pedro de Andrade, dans sa manière de figurer l'opposition du héros « sans caractère » à la dévoratrice. On y observe Macunaíma se penchant, à l'image d'un Narcisse tropical, sur l'étendue trouble et brunâtre qui accueille sa vision d'enchantement lubrique (fig. 13.5).

La séquence se trouve saisie dans un jeu de champ/contre-champ, mettant d'abord le personnage face à l'eau, pour finalement laisser apparaître, surgie du fond du lac, la nudité létale de la sirène. La caméra est d'ailleurs à cette occasion elle-même placée dans l'eau, derrière l'actrice Maria Lúcia Dahl, afin de permettre à l'objectif d'embrasser l'entièreté de sa silhouette (1h 35min 53s). La surface de l'eau lie de cette manière, par sa nature d'interface, les différents plans de la séquence. Elle rend possible l'introduction d'un jeu de caché/dévoilé, construisant visuellement l'opposition entre la vision lubrique de Macunaíma et l'activité, presque souterraine, des appâts d'une féminité feignant une forme de vulnérabilité lascive, qui se révèle pourtant redoutablement dévorante.

C'est ainsi que le héros « sans caractère » se confronte aux projections d'un Brésil qui consomme, littéralement, les êtres. Dans cette séquence, par le biais

FIGURE 13.5 Macunaíma en Narcisse : Joaquim Pedro de Andrade (1932–88), *Macunaíma*, 1969. Film couleur. Rio de Janeiro : Filmes do Serro, 1h 36min 36s

du détour allégorique, l'espace de la représentation renvoie à Macunaíma le reflet de ses pulsions, telles qu'il a cherché à les nourrir tout au long du film. Victime de ses instincts, il apparaît ici figurément dévoré par ses propres appétits, ceux du Brésil moderne lui-même, n'ayant pas pu se sauver de son acculturation et de sa passivité, de son avidité aussi, mais surtout d'un monde guidé par la faim dans toutes ses actualisations possibles. Celle-ci est symbolisée par une eau à la surface séduisante, dont les profondeurs troubles avalent cependant les êtres « sans caractères », ceux qui se révèlent en somme acculturés et non plus culturels.

4 Conclusion

L'eau, en tant que référent par essence instable, assure la circulation du sens dans le roman de Mário de Andrade, comme dans son adaptation cinématographique. Élément tenant à la fois de la surface—donc de l'étendue et de la réflexion—et de la profondeur—par conséquent du caché et de l'indéterminé—elle se distingue par sa disponibilité symbolique, et introduit grâce à la métaphore du flux la géographie allégorique des deux *Macunaíma*. Le courant de l'Ouraricoera joue en effet dans les deux œuvres un rôle d'embrayeur de tout un univers lexical et symbolique. Le dialogue mené entre texte et image, à travers le procédé d'interprétation du roman par les moyens du cinéma, suit ainsi le rythme de flux et de reflux qui donne corps à l'itinéraire de Macunaíma et de ses frères. Le mouvement de déglutition du héros « sans caractère » depuis la ville, vers son lieu d'origine, devient l'occasion d'exposer les multiples formes d'actualisation des pratiques anthropophages au sein des espaces modernes. La menace répétée de la disparition de la Muiraquitã figure alors celle, imminente, d'une perte d'authenticité de l'essence brésilienne au contact de ces nouvelles formes rationalisées de dévoration de soi et des autres.

Révélant le potentiel de création du patrimoine lexical culturel du Brésil endogène, Mário de Andrade est à cet égard plus optimiste que Joaquim Pedro de Andrade, qui est quant à lui confronté, aux côtés de ses homologues cinéastes, aux conséquences du retour de la barbarie incarnée par le coup d'État militaire de 1964. À travers l'itinéraire de Macunaíma, le Brésil apparaît pour cette raison face à sa caméra sous les traits d'un espace qui demeure marqué par la césure, fruit des rapports de domination hérités d'un mythe national à la gloire discutable, puisqu'il s'inscrit dans la filiation d'une tradition coloniale réactualisée par le biais des avatars modernes d'exercice de la violence.

Sources citées

Amado, Renato. « Macunaíma, um malandro alegórico. » *Odisseia* 3.1 (Mai 2018) : 170–89.

Andrade, Joaquim Pedro de. *Macunaíma*. 1969. Rio de Janeiro : produit par Filmes do Serro, distribué par Carlotta Films, 2007.

Andrade, Mário de. *Macunaíma, o herói sem nenhum caráter*. São Paulo : Oficinas Gráficas de Eugênio Cupolo, 1928. Français : *Macounaíma, le héros sans aucun caractère*. 1928. Paris : Stock, UNESCO et ALLCA XX, 1996. Trad. Jacques Thiériot. Paris : Cambourakis, 2016.

Astruc, Rémi. *Le Renouveau du grotesque dans le roman du XXe siècle*. Paris : Classiques Garnier, 2010.

Casanova, Pascale. *La République mondiale des lettres*. 1999. Paris : Seuil, 2008.

Chaparro Amaya, Adolfo. *Modernidades periféricas. Archivos para la historia conceptual de América Latina*. Barcelone : Herder, 2020.

Charles-Charlery, Clarissa. « Discours de l'identité métisse au prisme de la pensée anthropophage. » *Archipélies* 10 (2020). https://www.archipelies.org/936 [consulté le 16 juin 2021].

Da Silva, Rubelisse. « Deslocamentos: o entre-lugar do indígena na literatura brasileira do século XX. » *Portuguese Cultural Studies* 1 (2007) : 51–62.

Jáuregui, Carlos A. *Canibalia. Canibalismo, calibanismo, antropofagia cultural y consumo en América Latina*. Madrid : Iberoamericana et Vervuert, 2008.

Postal, Ricardo. « Des excès et des masques dans la "Carta pas Icamiabas" de Mário de Andrade » In *Débordements. Études sur l'excès*. Ed. Jacqueline Penjon. Paris : Presses Sorbonne Nouvelle, 2006. 151–60.

Proença, Manuel Cavalcanti. *Roteiro de Macunaíma*. Rio de Janeiro : Editora Civilização Brasileira, 1974.

Silva, Daniel F. *Anti-Empire. Decolonial Interventions in Lusophone Literature*. Liverpool : Liverpool UP, 2018.

Westphal, Bertrand. *La Géocritique. Réel, fiction, espace*. Paris : Éditions de Minuit, 2007.

Westphal, Bertrand. « Leemos un libro, pero el libro lee el mundo. Entonces leer libros es, igualmente, leer el mundo. » *Pirandante* 5 (Janvier–Juin 2020). https://pirandante.filosofia.uatx.mx/wp-content/uploads/2020/08/Entrevista-Bertrand.pdf. Trad. et interview Julia Isabel Eissa Osorio. 1–11 [consulté le 16 juin 2021].

Zampronha, Edson. « The Soundtrack and Construction of a Brazilian Patchwork Identity in the Film *Macunaíma* ». In *Identity Mediations in Latin American Cinema and Beyond: Culture, Music and Transnational Discourses*. Éd. Cecilia Nuria Gil Mariño et Laura Miranda. Newcastle : Cambridge Scholars Publishing, 2019. 277–98.

14

Nouvelles Vagues

Images of Time in the Works of Godard and Rohmer

Kathleen Maxymuk

Abstract

This article explores the ways in which Godard and Rohmer articulated water as an aesthetic force throughout their filmographies. In their later (primarily post-1960s) films, bodies of water infiltrate and create associations between their work. Both filmmakers transform water's visible movement into invisible time, exemplifying Deleuze's conception of the filmic time-image that uses movement to reveal a direct image of time. I argue that an abstract image of time emerges, yet operates differently in the films of Godard and Rohmer as, respectively, mirrored melancholy and mediated flux.

Keywords

aesthetics – Gilles Deleuze – flux – Jean-Luc Godard – image – melancholy – movement – Éric Rohmer – romanticism – temporality

It has become a cinematic truism that Jean-Luc Godard and Éric Rohmer formed a part of the Nouvelle Vague film movement, which favored urban settings in the late 1950s and early 1960s. However, we can establish an equally important connection in their later cinema by analyzing how Godard and Rohmer articulate water as an aesthetic force. My approach entails conceiving the Nouvelle Vague as a shifting entity anchored in the foundations of its 1950s film criticism. The term "Nouvelle Vague" was originally coined in 1957 by the magazine *L'Express* to designate an emerging generation in post-World War II France and was recycled in 1959 to describe a budding film movement of young, bold directors.[1] Along with François Truffaut, Jacques Rivette, and Claude Chabrol, Godard and Rohmer innovatively considered a film's form

1 In the 3 October 1957 issue of *L'Express*, whose cover announced the Nouvelle Vague's "arrival."

 | DOI:10.1163/9789004549258_016

as inextricable from its content. Instead of limiting the Nouvelle Vague to its traditionally defined period (1950s–60s) and location (mostly Paris), I prefer to explore the movement's aesthetic continuation by its own embedded concept of the wave. Ocean waves, in fact, already marked the liberating end of *Les Quatre Cents Coups*, the iconic film by François Truffaut that launched the Nouvelle Vague in 1959. The "wave" indeed best designates the film movement's aesthetic force, demonstrating its ephemeral, yet fluid nature and its ability to return in different forms.

Primarily in the post-1960s films of Godard and Rohmer, water itself infiltrates their aesthetics and offers opportunities to associate their oeuvres. Their formal use of water recalls the penchant for waterscapes among 1920s–30s French filmmakers, such as Jean Epstein, Jean Vigo, and Jean Renoir. Not so incidentally, these filmmakers were fundamental to the Nouvelle Vague's cinematic ideal in the 1950s.[2] Gilles Deleuze argues that the former (unofficial) school liberated water and discovered with this element "des meilleures conditions pour passer du concret à l'abstrait" (*L'Image-mouvement* 65; "better conditions to pass from the concrete to the abstract").[3] Specifically concerning cinema, water's movement on screen echoes the moving images that project it. Cinema is, of course, a technique relying on movement—be it the light necessary to the recording and projecting process or the mobile blocks of time that it captures and projects. By film's special capability for presenting fleeting forms, it simultaneously records and reproduces the flow of time. Water's movement can help visualize time's imperceptible passage throughout a film's moving images. A corpus of films by Godard and Rohmer effectively depends on the liquid element in moving images to perceive abstract temporal forms. I argue that an image of time emerges yet operates differently in the works of Godard and Rohmer as, respectively, mirrored melancholy and mediated flux.

In Godard's films from the 1990s, water reflects unachieved possibilities and becomes a motif for death, rebirth, and apparitions. I will analyze Godard's works that illustrate most diversely his haunting temporal form, namely *Nouvelle Vague* (1990), *Allemagne année 90 neuf zéro* (1991), and *JLG/JLG: Autoportrait de décembre* (1995). In these melancholy films often shot around Lake Geneva, Godard plays with a Romantic aesthetic largely marked by the both sensual and fatal topos of the lake. Water acts as a source of contemplation—a mirror for the characters, Godard, and the society. The filmmaker accordingly evokes the poetry of Charles Baudelaire, which strongly associates mirrored reflection with melancholy, as Jean Starobinski argues (22). At once

2 For example, Vigo's *L'Atalante* (1934).

3 All translations are my own unless otherwise noted.

"fascinating" and "traitress" (recalling the Narcissus myth), water's misleadingly clear reflection produces a form of melancholy by its alienating effect (Corbin, *Le Ciel* 94–95).

Water in Rohmer's films acts not as a source of melancholic reflection, but as a mode of mediation or flux.[4] By the term "flux," I am conceptualizing the way Rohmer joins continuous filmic space and time through water's mediation. Water's regular rhythm of passing time is echoed in a character's growth process and articulates pure or continuous forms of time and space. This model recalls, in some ways, Henri Bergson's concept of duration, for which growth cannot be mathematically measured nor broken up. Rohmer's images further suggest Jean-Jacques Rousseau's approach to water, which was influential on the Romantics, as a mediator between the fluidity of the self and its surroundings (Corbin, *Le Ciel* 94–95). I will consider Rohmer's *Le Signe du Lion* (1962), *Le Genou de Claire* (1970), and *Pauline à la plage* (1983) to analyze various abstract images of passing time we perceive via water's flux, be it rivers, lakes, or oceans.

Whereas Rohmer redirects the water's flux to mediate interactions between characters, contributing to the coming-of-age of young girls, Godard relies on (the equally Romantic) trope of the young woman's fatal beauty. Romantic and nineteenth-century aesthetics, as Anne-Gaëlle Saliot argues, traverse and "haunt" the entire Nouvelle Vague movement ("Truffaut" 396–97). Although separated by their distinct mise-en-scène of water, Rohmer and Godard draw on eighteenth, nineteenth, and twentieth-century iconography, poetics, and topos associated with water. They do not so much adapt previous works, as they re-articulate, or even fissure, obvious references. In the selected films, any textual inspiration, while fundamental to the images the directors create, is refracted through their contemporary lens. Within these larger models of inspiration, Rohmer and Godard become a complementary couple in the way they create an abstractly temporal approach to cinema through water's movement. In Godard's work, water's flow contrasts with a melancholy incompleteness that continues to haunt, while in Rohmer's films, water's flux focuses on rhythms of growth. Both filmmakers transform water's visible movement into invisible time, exemplifying Deleuze's conception of the filmic time-image that uses movement to reveal a direct image of time (*L'Image-temps* 355). Each director navigates water's aesthetic power to develop further possibilities in cinema.

---

4 Coureau accentuates the flux in cinema to express other fluxes (14).

1 Godard's Mirrored Melancholy

In Godard's work over the past thirty years, his images of time illustrate his recurring citation of William Faulkner's *Requiem for a Nun* (1951), namely "The past is never dead. It's not even past" (Act 1 Scene 3). Godard's temporal form is a fledgling possibility that perished, yet continues to haunt—as reflected by the lake. Since the 1980s, the director concentrates mostly on his familial fief around Lake Geneva, a period that Antoine de Baecque refers to as a cycle (*Godard* 669). In the vein of the English Lake and Romantic poets, Godard finds aesthetic inspiration from the waterscape (Aumont 17). The temporal image the filmmaker draws from its movement connects particularly with Alphonse de Lamartine's poem, "Le Lac" published in 1820, evoking the Lake Bourget. Lamartine effuses:

> Ô lac ! rochers muets ! grottes ! forêt obscure !
> Vous que le temps épargne ou qu'il peut rajeunir (lines 49–50)
>
> O lake! wordless rocks! caves! dark forest!
> You who are untouched or made young again by time![5]

The lake's movement reflects painfully fugacious memories, yet these remain caught in the past and thus contrast with water's continuity.

Godard's baptismal entry to his "cycle," *Nouvelle Vague*, refracts Lamartine's brooding verses, since the film features a sort of happy end with the uncanny return of a drowned man. At the beginning of the film, the wealthy and active industrialist Elena takes in the mysterious, silent, and passive Roger whom she happens upon on the side of the road. When the couple experiences friction, a boat ride turns awry, and Roger, who cannot swim, falls into the water and drowns, as Elena looks on (fig. 14.1). A character even cites Lamartine's poem while gazing at Lake Geneva as Roger drowns. Later, someone resembling Roger returns as Richard, and the couple's roles reverse, leading to the same scene—with the difference that Richard saves Elena from drowning (fig. 14.2). The film then reconfigures Lamartine's version by allowing for the couple to change its past, but only by the lake's power. In effect, Godard's film allows for a more developed portrayal of both Roger/Richard and Elena than Lamartine's self-reflection. Although the filmmaker literally cites Lamartine's words, the image he creates with the lake's movement does not become mired in vain nostalgia (Aumont 17).

5 Translation by William Rees.

FIGURE 14.1 The drowning of Roger in Godard's *Nouvelle Vague*, 1990. Sara Films / Périphéria / Canal+ / Vega Film / TSR / A2 / CNC / DFI / Sofica Investimage / Sofica Créations

FIGURE 14.2 The near drowning of Elena in Godard's *Nouvelle Vague*, 1990. Sara Films / Périphéria / Canal+ / Vega Film / TSR / A2 / CNC / DFI / Sofica Investimage / Sofica Créations

Nouvelle Vague also tellingly refers to the movement with which Godard began in cinema, representing a return to his youth with a renewed, yet mournful direction. The lake subsequently figured as a very personal site in Godard's work (Aumont 17). In an interview three years before his death by assisted suicide (Quin, *28 Minutes*), the filmmaker, at the age of eighty-eight, even suggested that his ashes should be thrown into "his" childhood lake to which he returned in his late forties and never left again. His films of the lake literally and figuratively bring his representation of nature down to earth. Less fleeting, less invigorating, even downright hopeless, the lake provided the preferred background for the rebirth of Godard's cinema, paradoxically as he began to fixate on the idea of death in his own life and in cinema.[6]

The director's subjective turn emerges most powerfully in *JLG/JLG: Autoportrait de décembre*. The film demonstrates his debt to the Romantics, for whom the melancholy self-portrait became a major form. The mirrored title, *JLG/JLG*, even suggests a looking glass in which Godard lugubriously reflects on himself and cinema, recalling the relationship Starobinski notes in Baudelaire's poetry between the mirror and melancholy. For Baudelaire, the mirror serves to reflect not just *on* oneself, but also *around* oneself (Starobinski 35). As Godard trudges through the bleak snowy banks of Lake Geneva, the lake's translucent surface reflects his past through broader memories of cinema. Accompanying the noise of the passing waves, the soundtrack derives from various films that influenced Godard, from *Paisà* (1946) to *Johnny Guitar* (1954). The possibilities of the intertwined pasts of the director and of cinema come fleetingly alive in the bare lake setting, but merely to remind of their premature passing. In 1995, at the end of cinema's first century, *JLG/JLG* seems to only have regrets for what could have been.

Beyond his self-portrait, Godard further adheres to Baudelaire's representation of melancholy by an association between beautiful young women and death (for example, in the poet's 1857 "La Danse macabre"). This use of the female body, which Walter Benjamin later theorized as characteristic of modern allegory (39–41),[7] often accompanies Godard's aquatic aesthetic of melancholy by the suggestion of drowning young women. An important shot (fig. 14.3) in his very loose adaptation of *King Lear* (1987) captures Cordelia elongated, motionless, on a rock in front of the lake, juxtaposed with the grave voice-over from Shakespeare's early seventeenth-century tragedy:

6 For more on this topic, see Baecque.

7 Christine Buci-Glucksmann theorizes this explicitly (124–7).

She is gone forever
I know when one is dead, and when one lives (Act v sc. 3)

This association of text and image conveys melancholy through the premature death of female beauty, evoking the Baudelairian modern allegory, as well as an iconographic and literary tradition. As Saliot details in *The Drowned Muse*, "The nineteenth century witnessed a craze in both the literary and visual arts for the spectacle of beautiful drowned girls floating downstream" (107). Alain Corbin notes as well the Romantic era's obsession with drowning, citing George Eliot's 1860 novel *The Mill on the Floss* and Victor Hugo's 1856 poem, *À Villequier* (*Le Ciel* 83).

This nineteenth-century vogue was based indeed on another early seventeenth-century Shakespeare play, *Hamlet*, particularly the beautiful young Ophelia's drowning, which Godard correspondingly seems to reference with his shot in *King Lear*. Gaston Bachelard famously analyzed this Shakespearian scene in his essay on water and dreams, arguing that water is "la vraie matière de la mort bien féminine," as well as "l'élément de la mort jeune et belle," who, while lifeless, continue to move (96–8; the true matter

FIGURE 14.3 Godard's *King Lear*, 1987. Cannon

of death, very feminine; the element of young and beautiful death). The philosopher even goes so far as to argue, following J.-K. Huysmans, that water is "l'élément mélancolisant" (106; the melancholizing element). Godard creates a powerful shot by joining the words from *King Lear* with an image linked to *Hamlet*. Nonetheless, as usual, he uses this inspiration to create his own imagery that traverses Romantic and Baudelairian allegory. By placing the woman on a rock in front of the lake, the shot marks a contrast between the lifeless body and the flowing waves. With a further twist on the Ophelia citation, in *Nouvelle Vague*, the man drowns and the woman is saved, quite possibly by the same man she let drown (who has miraculously returned). As mentioned earlier, *Nouvelle Vague* ends by diverging from Godard's melancholy image of time since it allows the wave's redeeming continuity to triumph over death.

Godard additionally moves away from "his" lake to other bodies of water and to more collective subjects of death. Daniel Morgan argues that Godard concentrates on each wave's continuity and contribution to "a larger, even an infinite, progression" (97).[8] This idea underlines a different form of Godard's temporal images: water's indication of time passing as people and societies perish. A river notably intervenes at the end of *Allemagne année 90 neuf zéro* to reflect the failed and disappearing politics of East Germany. After the Berlin Wall's fall in November 1989, Godard shot *Allemagne* over winter 1991 with Romain Goupil in the newly reunited Germany (Baecque, *Godard* 696–700). Loosely reprising his role in Godard's *Alphaville* (1965), Eddie Constantine plays Lemmy Caution, this time an East German agent who, out of a job following the recent events in his country, travels toward the former West Germany. The film follows Caution through a country that no longer exists, yet throughout *Allemagne*, Godard creates a complex layered space and time of possibilities. The director's political approach to the ruins of East Germany shows the territory on the brink of death by being wholly absorbed by the West.

The key scene of passage from the East to the West set by the Havel river catalyzes Caution's despairing reflection. As the character approaches the river, he murmurs that, after crossing the border, the phantoms will appear. However, it was actually in the ruins of the East that the ghosts were present, facilitating a certain communication with the past. As Caution drifts towards the West, his past is quickly erased, barely leaving him the time to mourn (fig. 14.4). During this moment of crossing, a flash of melancholic beauty emerges from a last glimpse of his homeland. Godard stages a moment approaching Romantic transcendence, but one that also entails the traumatic loss of any such possibility. The filmmaker often plays with Romantic

8 For more on Godard and waves, see Morgan, chapter 4.

FIGURE 14.4 Caution crossing the Havel River in Godard's *Allemagne année 90 neuf zéro*, 1991. A2 / Brainstorm / Gaumont / Périphéria

references, and *Allemagne* exemplifies a lament for this movement that originated in the very landscapes Caution traverses. At the border, the film finds a temporal form of melancholy reflected onto an entire society.

2 Rohmer's Mediated Flux

While also gesturing beyond the subject, Rohmer's image of time offered by water's movement operates quite differently from that of Godard. Nevertheless, liquid landscapes provide equally productive opportunities to analyze how each director moves from concrete to abstract forms of perceiving the world in movement and time. Rohmer's films are minimalist masterpieces of spatiality defined by forms in a rhythm of flux—meaning movement and time passing outside of any linear structure. Since his first writing on film in 1948, "Le cinéma, art de l'espace,"[9] Rohmer claimed that the modern spectator

9 Using his given name, Maurice Schérer.

regretfully overlooks the complexities of spatial form. The filmmaker later argued for varied models of cinematic space in his 1972 doctoral thesis concerning F. W. Murnau's forms in his filmic adaptation of *Faust*. Rohmer developed an argument that divides space into pictorial (forms), architectural (function), and filmic (mise-en-scène). Pictorial space comes from the basic moving elements that form the image itself (light, wind, water, etc.); architectural space involves this flux of the pictorial space in relation to its functional décor; and, finally, filmic space captures the bodies in movement and is illuminated by the pictorial and architectural forms.

Water's flux functions in Rohmer's films as spatial (pictorial) form that, by his mise-en-scène, creates a temporal image of rhythm and growth. This model emerges in Rohmer's first feature-length film, *Le Signe du Lion*, in which the destitute main character, Pierre Wesselrin, moves alone and haltingly on the streets of Paris. The film begins with Pierre, a carefree American musician who expects to inherit a family fortune. He spends his time and money frivolously, yet soon learns that he has been disinherited. Finding himself in debt, deserted by his bourgeois friends, homeless, and penniless, Pierre must survive alone on the streets. Following some opening expository scenes, the film is composed of eight walks around a deserted Paris during the summer vacation. Nicolas Droin points out that Pierre is paradoxically confined *outside* by the way space is filmed and by the repetitive and circular time that comes to mark his movement (127–34). Nonetheless, this time also represents a process of evolution for Pierre. More than just the streets, the Seine guides and echoes the steady rhythm of his journey throughout the film. Unlike the bystanders who banally follow the developed patterns of the city, Pierre's search for survival leads to a more abstract understanding of the infrastructure of the city, between its streets and the Seine, a back-and-forth movement that structures the film. The film's form ultimately prevents the action from becoming a linear story and allows the spectator to instead experience an image of time simply passing as Pierre develops.[10]

Rohmer's later films centered around vacation continue to depend on different elements in flux (water, but also air and light), yet move from the city to lakes and oceans. As Fiona Handyside argues, the sea, in particular, is essential to many of Rohmer's films—from *La Collectionneuse* in 1967 to *Conte d'été* in 1995. Two key films in this corpus, *Le Genou de Claire* (around a lake) and *Pauline à la plage*, renew *Le Signe du Lion*'s pictorial use of water to show the passing of time, and stage the development of young girls. Water mediates between characters and spaces to produce a temporal image of their coming-of-age.

---

10 Liandrat-Guigues makes a similar point (57).

Le Genou de Claire marks the fifth entry in Rohmer's *Contes moraux* series. Each *Conte* initially may seem traditionally led by the protagonist, yet *Le Genou* closely interweaves the main character, Jérôme, with the novelist, Aurora. Their conversations are woven in with the "action" scenes, in which Jérôme interacts with the teenage girls, Laura and Claire. The former step-sisters, and particularly Claire's knee, motivate Jérôme's desires in the summertime tale by Lake Annecy, where, in the second book of his *Confessions* (1789), Rousseau meets the very influential figure in his life, Françoise-Louise de Warens. However, this textual inspiration is somewhat ironic since Jérôme fails to have such a direct mentorship role on Claire.

Instead, during one of the film's most famous scenes, we see her character change through the mise-en-scène of water. Jérôme and Claire seek refuge from a sudden storm in a small wooden shelter, and Jérôme informs Claire that he has seen her boyfriend with another girl in order to consolingly caress her knee as she cries. Shortly after the film's release, Rohmer noted the importance to this scene of water, "Quand 'quelqu'un pleure'—enfin, on le disait dans ma campagne—eh bien, 'ça fait pleuvoir'" (Baecque and Herpe 216; "When 'someone cries'—well, they used to say that in my region—well, 'that makes it rain'"). Corbin notes the physicality of rain, which heightens the body's sensorial capacities and attraction to certain objects (*La Pluie* 11, 20). In effect, Rohmer's dialogue is secondary to the visual and kinetic connection that arises between the two characters through the falling rain and Claire's tears (fig. 14.5). In this way, Rohmer creates a liquid mediation between characters and space. Rohmer further highlights the fluctuating lake's importance to perceiving this moment of passing time by its absence from Jérôme's narrative. When Jérôme recounts to Aurora what happened, he looks at the scene as a series of cause-and-effect actions, missing the mysterious nature of its duration recorded on film. He cannot capture the visual and kinetic liquid elements in movement and in time that contributed to bringing Claire briefly under his sway. While Jérôme does not learn anything from this encounter, Claire seems to have progressed beyond his control.

Rohmer's second series, *Comédies et Proverbes*, concentrates on the tales of young women, or in the case of *Pauline à la plage*, a young girl. In this third *Comédie*, two cousins, Pauline and Marion, become involved in a choreographed series of love affairs at the beach in Normandy at the end of the summer. While her older cousin Marion considers the beach for its conventional usages, such as bathing and displaying one's body, the teenaged Pauline's adoption of the space is much more intricate. Pauline is the only character to adopt what Handyside calls a "contemplation in the pursuit of Self," or a Romantic relation to the beachscape (16), a sort of "meteorological" Self as described by

FIGURE 14.5 Claire's tears echoed by the rain in Rohmer's *Le Genou de Claire*, 1970. Les Films du Losange

Corbin (*Le Ciel* 94). Rohmer tellingly chose the name Pauline, which derives from the Latin *paulus* (small) and became synonymous with the coming-of-age of a young woman in several eponymous nineteenth- to twentieth-century novels by Alexandre Dumas, George Sand, and Pierre Jean Jouve. By entitling his own film *Pauline à la plage*, Rohmer seems to refer to these works, as well as to distinguish his own by the importance of the beach to his film and character's growth (fig. 14.6).

Unlike the linearly choreographed movement and storyline among the adults, Pauline's process of aging presents a direct image of time in line with the flux of water. Marion and Pauline respectively illustrate Handyside's presentation of the modern beach "as a constant conflict between an imposition of norms and a fluid, moving, decentered reality" (29). The young Pauline in the beach space incarnates an iconographic and literary tradition Corbin calls the "aquatic figuration" of the young girl, particularly celebrated by the German Romantics, such as Novalis (*Le Ciel* 88). Rohmer's images seem inspired by what Corbin describes as the young girl's mediating role between the "fluidity" of water and desire (*Le Ciel* 89). Desire's flux between characters in *Pauline* indeed relies on liquid elements, like the scene in the rain in *Le Genou*. In both

FIGURE 14.6 Pauline in Rohmer's *Pauline à la plage*, 1983. Les Films du Losange

cases, the young girl in transition is associated with these fluxes, which mediate her relations with her elders, yet also separate her from them. The flux forms a direct image of passing time accompanying her process of development. While the motif of water shifts throughout Rohmer's career, this image is his strongest elaboration of its movement translated into time.

3 Conclusion

Although one could find other films by Godard and Rohmer involving water,[11] I selected those that show the strongest current of their liquid aesthetics as images of time: mirrored melancholy and mediated flux. Furthermore, their recourse to varied aquatic tropes and iconography, particularly focusing on

11 In their eighties, each director delves back to Antiquity (another Romantic motif) to produce a culminating opus articulated around water's passage. Rohmer's final work, *Les Amours d'Astrée et de Céladon* (2007), is based on Honoré d'Urfé's early seventeenth-century novel, set amongst fifth-century Gallic shepherds. In *Film Socialisme* (2010), Godard's melancholy contemplation mirrors an entire civilization, focusing on modern socialism in Europe.

Romanticism and the feminine, trace lifelong conceptual affinities between their oeuvres (although the directors were no longer much in contact). With water, Godard and Rohmer develop ways to establish connections between different places and times. Although Rohmer does not cite as explicitly nor as abundantly as Godard, both create complex text-image associations through water's flow that contemplate time's passing. Water's representational power of time is strengthened by cinema and vice versa. In "Impressions anciennes" (1967), a short writing on Jean-Daniel Pollet's film, *Méditerranée* (1963), Godard explicitly compares the cinematic apparatus to water's movement "comme une vague, chaque collure vient y imprimer et effacer" (38–39; "like a wave, each splice comes to imprint and erase"). In the films of Rohmer and Godard, cinema and water join to allow for the visualization of ephemeral and continuous time, creating the "conditions pour passer du concret à l'abstrait" (Deleuze, *L'Image-mouvement* 65; "conditions to pass from the concrete to the abstract").

Sources Cited

Aumont, Jacques. *2 × 2 / Hélas pour moi—Nouvelle Vague / Godard*. Bordeaux: 202 éditions, 2018.

Bachelard, Gaston. *L'Eau et les Rêves. Essai sur l'imagination de la matière*. Paris: LGF, [1942] 1993.

Baecque, Antoine de. *Le Cinéma est mort, vive le cinéma ! L'Histoire-caméra II*. Paris: Gallimard, 2021.

Baecque, Antoine de. *Godard : biographie*. Paris: Pluriel, 2011.

Baecque, Antoine de and Herpe, Noël. *Éric Rohmer : biographie*. Paris: Stock, 2014.

Benjamin, Walter. "Paris, die Hauptstadt des XIX. Jahrhunderts." 1935 (written). English: "Paris, the Capital of the Nineteenth Century." Trans. Howard Eiland. In *Walter Benjamin: Selected Writings*. Eds. Howard Eiland and Michael W. Jennings. Vol. 3. Cambridge, MA: Belknap Press of Harvard UP, 2002. 32–49.

Bergson, Henri. *L'Évolution créatrice*. Paris: PUF, [1907] 2013.

Buci-Glucksmann, Christine. *La Raison baroque : de Baudelaire à Benjamin*. Paris: Éditions Galilée, 1984.

Corbin, Alain. *Le Ciel et la Mer*. Paris: Flammarion, 2014.

Corbin, Alain, ed. *La Pluie, le Soleil et le Vent : une histoire de la sensibilité au temps qu'il fait*. Paris: Éditions Aubier, 2013.

Coureau, Didier. *Flux cinématographiques, Cinématographies des flux*. Paris: L'Harmattan, 2010.

Deleuze, Gilles. *L'Image-mouvement*. Paris: Les Éditions de Minuit, 1983.

Deleuze, Gilles. *L'Image-temps*. Paris: Les Éditions de Minuit, 1985.

Droin, Nicolas. "Forme filmique, labyrinthe urbain et temps circulaire dans le *Signe du Lion*." In *Rohmer en perspectives*. Eds. Sylvie Robic and Laurence Schifano. Nanterre: PU Paris Ouest, 2013.125–45.

Godard, Jean-Luc. Interview by Élisabeth Quin. *28 Minutes*. Arte. 24 April 2019.

Godard, Jean-Luc. "Impressions anciennes." *Cahiers du cinéma* 187 (February 1967): 38–39.

Godard, Jean-Luc. *JLG/JLG: Autoportrait de décembre*. Gaumont/Périphéria, 1995.

Godard, Jean-Luc. *King Lear*. Cannon, 1987.

Godard, Jean-Luc. *Nouvelle Vague*. Sara Films / Périphéria / Canal+ / Vega Film / TSR / A2 / CNC / DFI / Sofica Investimage / Sofica Créations, 1990.

Godard, Jean-Luc and Goupil, Romain. *Allemagne année 90 neuf zéro. Solitudes, un état et des variations*. A2 / Brainstorm / Gaumont / Périphéria, 1991.

Handyside, Fiona. *Cinema at the Shore: The Beach in French Film*. Bern: Peter Lang, 2014.

Lamartine, Alphonse de. "Le Lac." *Méditations poétiques*. Paris: Gallimard, 1981 [1820]. 66.

Lamartine, Alphonse de. "Le Lac." English: "The Lake." Trans. William Rees. In *The Penguin Book of French Poetry, 1820–1950*. Ed. William Rees. New York: Penguin Books, 1990. 7–10.

Liandrat-Guigues, Suzanne. "Une moderne flânerie." In *Rohmer ou le Jeu des variations*. Ed. Patrick Louguet. Saint-Denis: PU Vincennes, 2012. 51–58.

Morgan, Daniel. *Late Godard and the Possibilities of Cinema*. Berkeley: U of California P, 2013.

Rohmer, Éric. *Le Genou de Claire*. Les Films du Losange, 1970.

Rohmer, Éric. *L'Organisation de l'espace dans le* Faust *de Murnau*. Paris: Cahiers du cinéma, 2000.

Rohmer, Éric. *Pauline à la plage*. Les Films du Losange, 1983.

Rohmer, Éric. *Le Signe du Lion*. AJYM Films / Les Films du Losange, 1962.

Saliot, Anne-Gaëlle. *The Drowned Muse: Casting the Unknown Woman of the Seine Across the Tides of Modernity*. Oxford UP, 2015.

Saliot, Anne-Gaëlle. "Truffaut, Rivette et la femme au portrait : Traces, fragments et survivances du dix-neuvième siècle." *Contemporary French and Francophone Studies* 18, 4 (2014): 395–406.

Schérer, Maurice. "Le Cinéma, art de l'espace." *La Revue du cinéma* 14 (June 1948): 3–13.

Starobinski, Jean. *La Mélancolie au miroir. Trois lectures de Baudelaire*. Paris: Julliard, 1987.

PART 5

Installations

15

Shipwreck with Spectator

Claudio Parmiggiani's Oeuvre as a Journey through Time, Space, and Ruins

Vega Tescari

Abstract

This essay explores the work of the artist Claudio Parmiggiani by following the thematic line of shipwreck. In Parmiggiani's oeuvre, such a theme is both treated as a subject of the author's focus, and as metaphorical dimension structuring and nurturing his artistic practice and writings, where a Foucauldian heterotopia is at work. The analysis presented here discusses the poetic principle of shipwreck as articulated around the point of view of three fundamental concepts that are recurrent in the artist's oeuvre: travel, traces and remnants, and light.

Keywords

Claudio Parmiggiani – dust – heterotopia – light – ruins – shipwreck – space – temporality – travel

•••

> Il faut, mais cela ne suffit pas, *expliquer* les images. Il faut aussi comprendre en quoi elles nous concernent, nous regardent, nous *impliquent*. (Didi-Huberman, "La Condition des images" 107)
>
> It is necessary, but not enough, to *explain* images. We must also understand how they concern us, look at us, *involve* us.[1]

∴

1 Unless otherwise indicated, all translations are mine.

 | DOI:10.1163/9789004549258_017

Claudio Parmiggiani (Luzzara, 1943) is an Italian artist who has always placed himself on the fringes of artistic currents. His career coincides with a search that is primarily existential, intimate, and spiritual. His artistic language is that of a lay mystic committed to what he himself has called "una religiosità dell'arte" (Parmiggiani 344; a religiosity of art). The poetic elements of his work include temporality, impalpable and ephemeral materials, such as dust, ash, fire, smoke, shadow, traces, and remnants; as well as the role of space, and the relationship that the oeuvre and the individuals establish with it. Parmiggiani works primarily through highly conceptual installations, both site-specific and within exhibition spaces. His artistic activity also comprises texts bordering on prose and poetry. His most complete collection of writings to date was published in 2010 and is revealingly entitled: *Una fede in niente ma totale* (A Faith in Nothing but a Total One). In one of these texts, Parmiggiani states: "Questo lavoro non significa niente ma questo niente significa tutto" (Parmiggiani 163; This work means nothing but this nothing means everything).

By following the thematic *fil rouge* of the shipwreck, this essay develops three conceptual lines within Parmiggiani's work and thought.[2] Firstly, the recurrence of the theme of navigation as a metaphor for existence and art; secondly, the attention to traces and remnants that the author has articulated in various ways since the beginning of his career; and last, the reference to light, here conceptualized as "lighthouse." Against the backdrop of these three thematic horizons, one must also consider other fundamental principles of Parmiggiani's art and thought, namely: disappearance, survival and resistance, and the relationship with temporality and memory.

1 Travel

Travel, to be primarily understood as a conceptual and intimate journey, is a very strong presence in Parmiggiani's oeuvre—as well as ships, be they huge, miniaturized, drawn, or suspended on a canvas—as it is already visible in works from the early period, in which maps and globes become devices for *rêverie*. A variety of sketches and drawings shows the horizon of the sea in dialogue with the cosmos and constellations, within a sort of mental navigation (fig. 15.1). The dimension of navigation and sea is present in his work especially in terms of shipwreck, of running aground, of breaking up and shattering, as

2 This essay stems from my study *En suspens. Scenari di tempo* and develops the conceptual and metaphorical dimension of shipwreck in Parmiggiani's oeuvre.

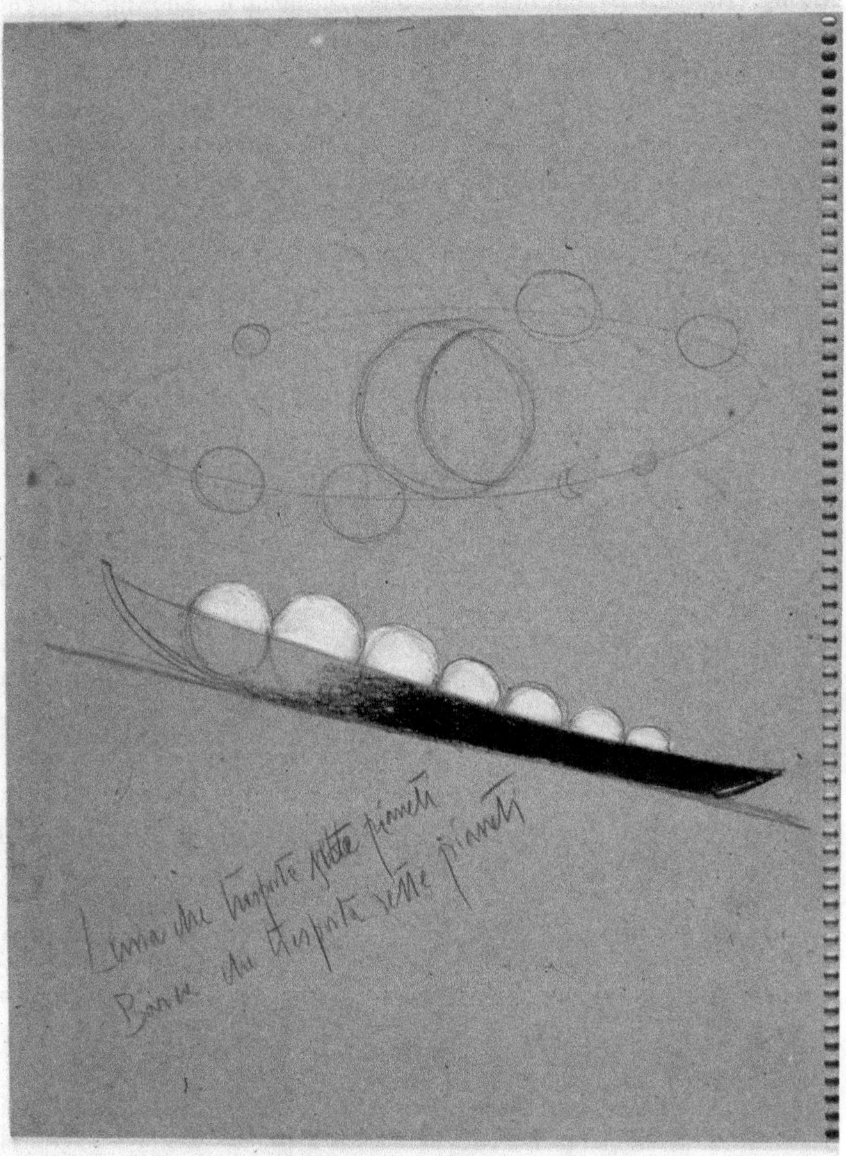

FIGURE 15.1 Claudio Parmiggiani, *Untitled*, 1994. Pastel and pencil on paper
© ARCHIVIO CLAUDIO PARMIGGIANI

in *Porto* (Harbor, 1998) one of his best-known installations, showing an anchor suspended on a sea of shattered glass (fig. 15.2).[3] In addition to the destructive and ruinous dimension, together with the agency of traces and fragments, the principle of materials that are antithetical in terms of weight and measure is also active here: the fragility and transparency of glass—whose color evokes water and sea—versus the heaviness and resistance of metal. It is an evocation of a post-disaster, of the rubble and destruction produced by a crash. Even though the maritime scenario is not manifestly present in the image, it is evoked through the anchor and through the transparency and color of the glass.[4] Behind this work, one can recognize the influence and almost a compositional quotation of *The Sea of Ice* (1824) by Caspar David Friedrich, a painter greatly admired by Parmiggiani.[5] Friedrich's canvas depicts a sea of ice against which a boat has crashed, caught in the moment of sinking. It is an image of remnants, permeated by the violence of nature and an atmosphere of abandonment. In Parmiggiani's work, shipwreck is to be understood through an even more symbolic and metaphorical perspective: destruction as a form of annulment, of *tabula rasa*, which encourages the spectator to consider the remains, the ruins, and to start over from these ones. The atmosphere of such works is comparable to landscapes in ruins, where from the rubble of destruction and the passage of time, a light smoke and a veil of silence still seem to rise.[6] A work that places destruction at its center imposes a reflection on what has been destroyed, on what has been lost, on what can be reconstructed. And these are clearly questions that touch on the existential level as well as the artistic one; and it is no coincidence that Parmiggiani wrote: "Le opere interrogano noi" (Parmiggiani 370; Artworks question us).[7]

---

3 Anchors are recurring objects in Parmiggiani's work. For instance, *Nel cuore* (In the Heart, 1998) consists of an anchor embedded in the wall of an exhibition space.

4 "Éclats de verre, éclats de glace, vitres éparpillées, coupantes et glacées : ils figurent le pôle de la glaciation moderne" (Clair 26; Shards of glass, shards of ice, scattered, sharp and icy panes of glass: they represent the pole of modern glaciation).

5 About the relationship between Friedrich's painting and Parmiggiani's oeuvre, see Citati 149.

6 Silence in Parmiggiani's oeuvre is even more significant when the objects employed hold particular links to the verbal, aural or musical dimension. Books, scores, bells, thus become silent witnesses of lost voices and echoes of another time. On this matter, see the installation made in 2008 in the sacristy of the Collège des Bernardins in Paris. Here, Parmiggiani gathered a group of bells in a corner of a room, away from their original context and function.

7 A similar thought is expressed by Didi-Huberman: "Être devant l'image, c'est à la fois remettre le savoir en question et remettre du savoir en jeu" (Didi-Huberman, "La Condition des images" 83–84; To be in front of the image is both to question knowledge and to bring knowledge into play); and also: "chaque *voir* met en question et remet en jeu tout un *savoir*, voire tout le savoir" ("La Condition des images" 85; each *looking* calls into question, and puts into play, a whole body of *knowledge*, and in fact all the knowledge).

FIGURE 15.2 Claudio Parmiggiani, *Porto*, 1998. Anchor, sheets of shattered glass. Bologna: Galleria de' Foscherari, 2007
© ARCHIVIO CLAUDIO PARMIGGIANI

The idea of the sea voyage also returns in less monumental works that are based on the juxtaposition of various objects with a metaphorical and imaginative function. In *Il sogno di Marcellino* (The Dream of Marcellinus, 1977), Parmiggiani stacks a model sailing ship, a plaster head and a pile of books which are recurring presences in his work, especially the association of ships and books, which assimilates the process of knowledge to that of navigating. In his oeuvre, we often find objects comparable to *objets trouvés*, that appear as wrecks belonging to different contexts, times and places, and that are re-composed in new perspectives of meaning. Talking about his working method, Parmiggiani said: "Io metto insieme immagini che si pensano" (Parmiggiani 70; I put together images that think about themselves). The plaster head—a recurrent presence in the artist's works—alludes to a generic antiquity, brought up to date by displacement, thus underlining one of the artist's theoretical principles, according to which the past is not a dead or distant dimension, but something that continues to resonate in the present: "Quando si dice di un'opera antica che è modernissima è appunto per significare che vive astratta dal tempo, che anzi è lì a testimoniarne il suo infinito nulla" (Parmiggiani 353; When we say that an ancient work is very modern, it means that it is abstracted from time, and that it is there to testify its infinite nothingness).

Naufragio con spettatore (Shipwreck with Spectator; fig. 15.3) is one of the most known works from Parmiggiani's production. Created in 2010, it consists of a large sailing ship aground on a sea of books, displayed inside the deconsecrated church of San Marcellino in Parma. The possible interpretations may vary, but the title itself gives an important indication. It takes up the title of the book published in 1979 by Hans Blumenberg, *Schiffbruch mit Zuschauer. Paradigma einer Daseinsmetapher* (Shipwreck with Spectator. Paradigm of a Metaphor for Existence). Blumenberg elaborates a path through the history of culture and philosophy up to the present day, with the theme of navigation as a metaphor for existence; and with a reference to the second book of Lucretius' *De Rerum Natura*, in which the author describes the condition of a spectator contemplating a shipwreck and enjoying not the misfortune of others, but the distance from such an event. Parmiggiani's work offers its own interpretation of the Lucretian/Blumenbergian image. What does it mean to run aground on a sea of books? Are books, and therefore knowledge, a safe haven or not? Does it mean that books can no longer provide answers, and cause existence to get stranded? These are all plausible questions and hypotheses, to which Parmiggiani does not provide answers, but instead proposes his own "spectacle" for us.

The artist seems to question the role of knowledge, to warn against possible loss, to seek answers, to encourage attention and care towards cultural heritage;

FIGURE 15.3 Claudio Parmiggiani, *Naufragio con spettatore*, 2010. Parma: Chiesa di San Marcellino, 2010

not as a melancholic remembrance of times gone by, but as an awareness of the value and constant presence of the past in the present and future. A link to this can be established with Michel Foucault's concept of heterotopias—places that "are outside of all places, even though it may be possible to indicate their location in reality" and that "are absolutely different from all the sites that they reflect and speak about" (Foucault 24)—and particularly with the relationship between ships, navigation and the power of imagination:

> si l'on songe, après tout, que le bateau, c'est un morceau flottant d'espace, un lieu sans lieu, qui vit par lui-même, qui est fermé sur soi et qui est livré en même temps à l'infini de la mer et qui, de port en port, de bordée en bordée, de maison close en maison close, va jusqu'aux colonies chercher ce qu'elles recèlent de plus précieux en leurs jardins, vous comprenez pourquoi le bateau a été pour notre civilisation, depuis le XVIe siècle jusqu'à nos jours, à la fois non seulement, bien sûr, le plus grand instrument de développement économique … , mais la plus grande réserve d'imagination. Le navire, c'est l'hétérotopie par excellence. Dans les civilisations sans bateaux les rêves se tarissent, l'espionnage y remplace l'aventure, et la police, les corsaires. (Foucault 762)

> if we think, after all, that the boat is a floating piece of space, a place without a place, that exists by itself, that is closed in on itself and at the same time is given over to the infinity of the sea and that, from port to port, from tack to tack, from brothel to brothel, it goes as far as the colonies in search of the most precious treasures they conceal in their gardens, you will understand why the boat has not only been for our civilization, from the sixteenth century until the present, the great instrument of economic development … , but has been simultaneously the greatest reserve of the imagination. The ship is the heterotopia *par excellence*. In civilizations without boats, dreams dry up, espionage takes the place of adventure, and the police take the place of pirates. (Foucault 27)

Parmiggiani's works realize heterotopias, opening cross-cutting perspectives on spaces, displaying their function and our perception of them. *Caspar David Friedrich* (1989) is a "ship" that in 1995 hung hovering in the air inside the Chapelle de la Vieille Charité in Marseilles (fig. 15.4), suspended between sky and earth, in a space that is intended to be trans-temporal and trans-spatial. The reference to Friedrich and the dimension of navigation reappear here. The work is iconic, essential in form and structure: three black canvases mounted on a base; it evokes a boat as in a conceptual, abstract sketch. Parmiggiani

FIGURE 15.4 Claudio Parmiggiani, *Caspar David Friedrich*, 1989. Boat, black monochrome canvases. Marseilles: Chapelle de la Vieille Charité, 1995

chose black as the color for this ship sailing the waters of the mind, and black possesses a fundamental value for him:

> Quasi sempre ho preferito il nero tra tutti i colori perché ne è la quintessenza, ma anche per una preferenza per tutto ciò che è notturno. Sempre uscendo da un negozio di colori con un barattolo di colore nero tra le mani, penso a questo come se si trattasse della mia razione quotidiana di disperazione, come se uscissi da una farmacia con in mano una pozione mortale, nera, senza speranza. (Parmiggiani 302)
>
> I have almost always preferred black among all colors because it is the quintessence of it, but also because of a preference for everything nocturnal. Every time I come out of an art supplies store with a jar of black paint in my hands, I think of it as my daily ration of despair, as if I was coming out of a pharmacy with a deadly, black, hopeless potion in my hand.

2 Remnants

Parmiggiani is also the author of the so called "shadow sculptures," works belonging to a research path that began with his *Delocazioni* (Delocations; fig. 15.5) in the 1970s. In them, Parmiggiani worked on a concept without creating anything in the strict sense of the term. By moving some objects, by dislocating them, he focused on the imprints they had left, and on the veil of dust on the wall. He decided to work on these remnants, these traces, reproducing them artificially through what he himself has called "un processo fisico provocato" (Parmiggiani 76; an elicited physical process), using matters such as fire, soot, smoke, dust. The effect is that of impalpable traces, shadows. Spectators are confronted not with the objects in their concreteness, occupying the space, but rather with their memory. We witness the echoes of things, their passage, through a process that emphasizes margins and voids. The objects are present *in absentia* and spectators' eyes are led to re-build, even ideally, their real and material presence. In his *Génie du non-lieu. Air, poussière, empreinte, hantise*, Georges Didi-Huberman develops the relationship of Parmiggiani's oeuvre with the universe of impalpable materials, opening his essay with these meaningful words: "Les choses de l'art commencent souvent au rebours des choses de la vie. La vie commence par une naissance, une œuvre peut commencer sous l'empire de la destruction : règne des cendres, recours au deuil, retour de fantômes, nécessaire pari sur l'absence" (Didi-Huberman 9; Matters of art

FIGURE 15.5 Claudio Parmiggiani, *Delocazione*, 1970. Fire, smoke, soot. Modena: Galleria Civica, 1970

often begin in reverse order to those of life. Life begins with a birth, a work of art may begin under the empire of destruction: the reign of ashes, the recourse to mourning, the return of ghosts, necessary gamble on absence).

Parmiggiani's *delocations* underline his long passion for the residual, for what remains after a phenomenon or an event. Keeping onto the lexical and conceptual framework of the shipwreck, we could say that these spectral silhouettes are wrecks, ruins, the remains of a shipwreck. But they also testify to a survival, a resistance, and persistence even of what apparently is weightless, impalpable, such as dust or smoke. These presences do not only account for a disappearance, but also for a resistance to disappearance:

> Avevo mostrato ambienti completamente spogli. L'unica presenza era l'assenza, l'impronta sulle pareti di tutto quello che vi era stato, le ombre delle cose che quei luoghi avevano custodito. I materiali per realizzarli, polvere, fuliggine e fumo, contribuivano a creare il clima di un luogo abbandonato dagli uomini, come dopo un rogo; un clima da città morta. Restavano solo le ombre delle cose, ectoplasmi quasi di forme scomparse, svanite come le ombre dei corpi umani dissolti sui muri di Hiroshima. … Un ambiente di ombre come opera; un luogo dell'assenza come luogo dell'anima. (Parmiggiani 53)

> I had shown completely bare rooms. The only presence was absence, the imprint of everything that once was there on the walls, the shadows of the things that those places had kept. The materials used to make them, dust, soot, and smoke, contributed to create the atmosphere of a place abandoned by men, as after a fire; the atmosphere of a dead city. Only the shadows of things remained, almost ectoplasms of vanished forms, vanished like the shadows of human bodies dissolved on the walls of Hiroshima. … An environment of shadows as a work of art; a place of absence as a place of the soul.

Like dust, ash is a residual matter, the remnant of fire, and even more than dust, it carries an ontological dimension linked to existence and its end. So much so that in *Cenere* (Ash, 2003), heaps of ashes are placed in 100 compartments similar to niches. They are all identical in shape and size, almost reflecting the alignment produced by death. As perfectly captured by Jacques Derrida, traces are markers of the essential bond between life and death:

> L'affirmation de la vie ne va pas sans la pensée de la mort, sans l'attention la plus vigilante, responsable, voire assiégée, obsédée de cette fin qui n'arrive pas—à arriver. Dès qu'il y a une trace, quelle qu'elle soit, elle implique la possibilité de se répéter, de survivre à l'instant et au sujet de son tracement, dont elle atteste ainsi la mort, la disparition, la mortalité au moins. (Derrida 58)

> The affirmation of life does not go without the thought of death, without the most vigilant, responsible, even besieged attention, obsessed with this end that does not arrive—to arrive. As soon as there is a trace, whatever it may be, it implies the possibility of repeating itself, of surviving the moment and the subject of its tracing, whose death, disappearance—mortality at least—is thus attested.

Labirinto di vetri rotti (Labyrinth of Broken Glass, 2008) consists of wrecks, fragments, the remains of a destruction, of a fall, of a shipwreck, maybe. The labyrinth is a spatial dimension with great conceptual and philosophical implications, and it is no coincidence that it is often employed metaphorically in various fields, from historical reflections to psychology and psychoanalysis. What is important to stress in this context, is that the labyrinth is not a linear path with a certain outcome, but is the individual himself who must write his own trajectory and find his way out. Such a journey can have a personal value, but also a collective one, allowing to address historical events and human history. Parmiggiani's approach to existence is rather skeptical and tinged with a tragic thread, palpable also in his texts, as expressed in the title of his collection *Una fede in niente ma totale* (A Faith in Nothing but a Total One). He affirms commitment and belief, but with the awareness of the lack of answers and resolving reasons. What counts, once again, is the path, the quest, the aimless commitment. The tragic vein of Parmiggiani's thought and work can be put in relation with the following meditation by Roland Barthes, where the assumption of the existence's tragic essence corresponds to a form of freedom:

> Qu'est-ce que le Tragique ? = assumer la Fatalité d'une façon si radicale qu'il en naît une liberté ; car *assumer, c'est transformer* ; rien ne peut être dit, *assumé,* si ce n'est pas associé à un travail de transformation ; assumer une perte, un deuil, c'est le transformer en *autre chose* ; la Séparation va être transformée dans la matière même de l'Œuvre, en travail concret de l'Œuvre ... le Tragique n'est pas un pessimisme—ou un Défaitisme, ou un Abstentionnisme—mais au contraire une Forme intense d'Optimisme : un Optimisme sans Progressisme. (Barthes 377)

> What is the Tragic? = to come to terms with your Fate in such a radical way that it gives rise to a freedom; for *to come to terms with is to transform*; nothing can be said, *accepted,* if it isn't bound up with a labor of transformation; to come to terms with a loss, a bereavement, is to transform it into *something else*; Separation shall be transformed into the very material of the Work, into the concrete labor of the Work ... the Tragic is not a form of pessimism—nor of Defeatism, nor an Abstentionism—but on the contrary an intense form of Optimism: an Optimism without Progressivism. (Barthes 298)

One could say that Parmiggiani's existential and artistic attitude corresponds to a challenging navigation leading to an inevitable shipwreck; and the sole meaning can only be found in the mere act of navigating through troubled, unquiet waters.

The principle of fragmentation, of disintegration, can also be grasped in a work that makes dissemination its main feature. *Una scultura* (A Sculpture) is in fact a group of four sculptures, each located in a different place (Italy, Egypt, France, Czech Republic), executed in different years and completed in 1991. We might consider these works as a kind of relic, the remains of a dispersal. They have a complete meaning and value in their uniqueness, but at the same time the vessel—the artwork—is only complete through a re-composition, even mental, of its four parts and its scattered fragments.

3 Lights

Light, here considered also in terms of "lighthouse" for navigation, both in a concrete and a symbolic sense, is a recurrent presence in Parmiggiani's work. It hints at the act of illuminating, of seeking answers, of opening up a passage in the darkness. In *A lume spento* (With Tapers Quenched, 1985) a plaster head and a lantern are associated. In this work, darkness dominates, and light is presented as a pictorial sign on one side of the sculpture. A light that illuminates the darkness, or darkness and shadow as a form of light. The title quotes the first collection of texts self-published in 1908 in Venice by the poet Ezra Pound. In turn, Parmiggiani's work is a metaphysical call to listen and to search for a light to be found; a silent nocturnal gaze, which leans forward and penetrates the darkness of the night, and of the spirit. Lanterns and lamps in relation to plaster heads repeatedly appear in his works and play a symbolic role. They belong to the universe of silence and darkness characterizing his work and thought. Lamps turned on like beacons in the night of the mind, towards which to orient oneself in order to find a path; with Gaston Bachelard we may say: "*Tout ce qui brille voit*. Rimbaud a dit en trois syllabes ce théorème cosmique : 'Nacre voit.' La lampe veille, donc elle surveille. Plus étroit est le filet de lumière, plus pénétrante est la surveillance" (Bachelard 48); "*Tout ce qui brille voit* (All that glows sees). Rimbaud expressed in three syllables the following cosmic theorem: 'Nacre voit' (Mother-of-pearl sees). The lamp keeps vigil, therefore it is vigilant. And the narrower the ray of light, the more penetrating its vigilance" (Bachelard 34).

Il faro d'Islanda (The Lighthouse of Iceland; fig. 15.6) is a real beacon for mariners, but above all it is a completely useless work of high conceptual value. In 2000, Parmiggiani conceived a lighthouse far from the sea, in a remote area on the outskirts of Reykjavik, in a place where such an infrastructure had no function, a place where there are no mariners: a lighthouse in the middle of nowhere. Here, it is the artistic gesture that counts, together with the concrete and metaphorical light that the lighthouse is supposed to emit. What does it mean to turn on a light where no one—or almost no one—will ever see it; to show a way to sailors who are not there, to illuminate where there is no need? Parmiggiani describes his work in these terms:

> Un faro, come una luce dentro la propria notte. Una lampada, appoggiata sulla curvatura della terra. Segreta in un paese segreto. Volutamente lontana da quelli che sono i circuiti, i percorsi del pubblico dell'arte. È un'opera fatta per il mondo, non per il mondo dell'arte. Vuole anzi sottolineare la

> sua estraneità a quel mondo. Non un oggetto ma un'idea, un'opera che vive più nella mente che nello sguardo, più nella distanza che nell'osservazione diretta ; un emblema di quello che penso. (Parmiggiani 91)
>
> A lighthouse, like a light in one's own night. A lamp, resting on earth's curvature. Secret in a secret country. Deliberately far from the circuits, from the paths of art spectators. It is a work made for the world, not for the art world. It wants to underline its extraneousness to that world. Not an object but an idea, a work that lives more in the mind than in the gaze, more in the distance than in direct observation; it is an emblem of what I think.

Parmiggiani's oeuvre becomes a way of making the need for a light—in the broadest sense—even more evident. He does not give an answer, the route is not indicated, the lighthouse simply exists and resists in the middle of

FIGURE 15.6 Claudio Parmiggiani, *Il faro d'Islanda*, 2000. Corten steel, lantern, height 14 m., Sandskeið, Iceland, 2000

such a desert, like a light that must be sought and not simply found on one's own path.[8]

Feeling the intensity of a work of art may allow one to perceive the force of existence, experiencing in this way a feeling of expectation that combines well with the dimension of *appareillage* described by Gracq and recalled by Marc Augé:

> Julien Gracq, pour évoquer le sentiment d'imminence qui donne leur intensité particulière à certains moments de notre vie, emploie le terme maritime d'"appareillage" : le navire qui "appareille" va s'ébranler d'un instant à l'autre pour une destination connue ou inconnue de ceux qui, assistant au spectacle de sa progressive mise en mouvement, commencent à imaginer, craindre ou espérer quelque improbable péripétie. (Augé 67)
>
> In order to evoke the feeling of imminence that gives particular intensity to certain moments of our lives, Julien Gracq employs the maritime term of "unberthing." The ship that "unberths" is about to set sail at any moment for a destination known or unknown to those who, witnessing the spectacle of its gradual setting in motion, begin to imagine, fear, or hope for some improbable events.

It is perhaps this kind of sensation that the spectator of Parmiggiani's oeuvre feels: the need for a movement, the activation of a thought, a gaze, generated by a poetics in which conceptual, ephemeral and impalpable elements express intimate, essential and existential values.

Sources Cited

Amic, Sylvain. "Du fond d'un naufrage." In *Claudio Parmiggiani. Naufragio con spettatore.* Ed. Sylvain Amic. Cinisello Balsamo: Silvana Editoriale, 2010. 165–73.

Augé, Marc. *Le Temps en ruines*. Paris: Galilée, 2003.

Bachelard, Gaston. *La Poétique de l'espace* (1957). Paris: PUF, 1992. English: *The Poetics of Space*. Trans. Maria Jolas. Boston: Beacon Press, 1994.

8 Sylvain Amic underlines how the sole subject of Parmiggiani's oeuvre is the human condition: "Du fond de ce naufrage, où nous nous tenons, il lance des signaux. Il bâtit des phares" (Amic 173; From the bottom of this shipwreck in which we find ourselves, he sends out signals. He builds lighthouses).

Barthes, Roland. *La Préparation du roman I et II. Cours et séminaires au Collège de France (1978–1979 et 1979–1980)*. Ed. Nathalie Léger. Paris: Seuil/IMEC, 2003. English: *The Preparation of the Novel. Lecture Courses and Seminars at the Collège de France (1978–1979 and 1979–1980)*. Trans. Kate Briggs. New York: Columbia UP, 2011.

Blumenberg, Hans. *Schiffbruch mit Zuschauer. Paradigma einer Daseinsmetapher*. Frankfurt: Suhrkamp Verlag, 1979.

Citati, Pietro. "Il mare di ghiaccio di Parmiggiani." In *Claudio Parmiggiani. Naufragio con spettatore*. Ed. Sylvain Amic. Cinisello Balsamo: Silvana Editoriale, 2010. 149.

Clair, Jean. "Apocalypsis cum figuris." In *Claudio Parmiggiani. Apocalypsis cum figuris*. Ed. Jean Clair. Torino: Umberto Allemandi & C., 2007. 17–31.

Derrida, Jacques and Antoine Spire. *Au-delà des apparences*. Latresne: Le Bord de l'eau, 2002.

Didi-Huberman, Georges. "La Condition des images. Entretien avec Frédéric Lambert et François Niney." In Marc Augé, Georges Didi-Huberman and Umberto Eco. *L'Expérience des images*. Bry-sur-Marne: INA, 2011. 81–107.

Didi-Huberman, Georges. *Génie du non-lieu. Air, poussière, empreinte, hantise*. Paris: Minuit, 2001.

Foucault, Michel. "Des espaces autres" (1967). In *Dits et écrits 1954–1988*. Vol. 4, *1980–1988*. Eds. Daniel Defert, François Ewald, and Jacques Lagrange. Paris: Gallimard, 1994. 752–62. English: *Of Other Spaces*. Trans. Jay Miskowiec. *Diacritics* 16.1 (Spring 1986): 22–27.

Lucretius. *De Rerum Natura*, c. 50 B.C.E. English: *T. Lucreti Cari. De Rerum Natura, libri sex*. Eds. William Ellery Leonard and Stanley Barney Smith. Madison: U of Wisconsin P, 2008.

Parmiggiani, Claudio. *Una fede in niente ma totale*. Ed. Andrea Cortellessa. Firenze: Le Lettere, 2010.

Tescari, Vega. *En suspens. Scenari di tempo. Marguerite Duras, Claudio Parmiggiani, Luigi Ghirri*. Foreword by Antonella Anedda. Reggio Emilia: corsiero editore, 2018.

16

Life Is a River in a Constant State of Flux

Isabelle Krieg's Curriculum (*2004/2008*)

Fabiana Senkpiel

Abstract

In *Curriculum I* (2004), the entire household of contemporary Swiss artist Isabelle Krieg is piled up to form a streambed: the water runs over her belongings and disappears in her bed. Likewise, *Curriculum II* (2008) consists of the artist's studio equipment, with a stream running through it. Using the example of the intermedia-works *Curriculum I* and *Curriculum II* by Isabelle Krieg, this contribution aims to show how water as an art material can be linked to subject matter and interact with written and spoken/sung language to contribute to the art work's meaning.

Keywords

art material and medium – intermedia – installation art

1 Introduction

Swiss contemporary artist Isabelle Krieg (born 15 November 1971 in Fribourg, Switzerland) is active in the fields of installation, object, photography, and performance. Her means of expression also include interventions in public spaces (Bühler, "Isabelle Krieg"). Her artistic work is characterized by the artist's frequent observation of inconspicuous aspects of everyday life, which she then transposes into a poetic dimension; she liberates the everyday from the automatism of thoughtless perception and transforms it into a magical and surprising place, while also addressing the big questions of life (Schenini; Krieg, Brusa, Byland 7–13, 65–70): according to a text accompanying an exhibition of the artist, in her artistic work "global political events are just as much the subject of contemplation as personal experiences or the artist's own biography—and not infrequently the one is reflected in the other" (Kunsthalle Arbon, "Isabelle Krieg. Wellengang."). One topic that critics rarely mention is Krieg's recurrent use of organic matter in her artworks. Among

 | DOI:10.1163/9789004549258_018

others, the following elements are of particular note: foodstuffs such as cocoa, bread, radishes—and water. If one enters the keyword Water/Wasser in the search function on the artist's website, a dozen artistic works are displayed that contain water both as a motif and as a material. This already shows the great importance that the transparent, largely colorless, odorless, and tasteless liquid, which consists of a hydrogen-oxygen compound and freezes at 0 °C and boils at 100 °C, has in the artist's work. This study would like to precisely show how essential water is as a material and medium in Krieg's artwork and in which thematic contexts she uses it. Subsequently, the focus will be on two related works, *Curriculum I* and *Curriculum II*, which explore the intertwining of water as an artistic material with linguistic elements and bring its medial properties to bear in generating the art work's meaning. Both installations by Krieg, as different as they are in terms of material and formal aesthetics, are part of the tradition of artists who have combined sound, fluidity, and water since the 1960s (Kahn 288). In *Curriculum*, the use of these elements emerges more from the autobiographical context of the artist than from an ecological context, as was the case with the aforementioned tradition of the 1960s. For the analysis of these artistic works I fall back on photographic material; it is obvious that these installation views have their own limitations, because they cannot convey the auditory elements. Thus, I was able to obtain some of the information—for example, about the musicality of water—directly from the artist in a conversation (telephone conversation between Isabelle Krieg and myself, on 4 March 2020) and further rely on the information of the scholarly literature on the subject.

2 Water in the Artistic Work of Isabelle Krieg—Material and Motif

A woman wears a colorful skirt and a skin-colored brassiere: she stands on the balcony of a villa in the center of Rome at sunset. She rests her hands on her waist or holds her breasts with them. At the place of her nipples, two jets of water spurt out of the fabric, the water draws an arc, and falls out of the balcony onto the ground at a distance of several meters. The audience standing or passing under the balcony could be caught by the fountain-like water jets and get wet. *Überfluss/Abundance* from 2004 (fig. 16.1) was a performance in which Isabelle Krieg embodied a fountain goddess. Water sprays from the goddess's breasts, and symbolically represents a superfluous amount, that is, prosperity and wealth. In the thematic context of the present contribution, it is already important to emphasize that the Latin word *abundantia*, which is the basis of the title of the work, actually means "overflow." At the present time—nearly twenty years after it took place—this performance, in which breast milk is

FIGURE 16.1 Isabelle Krieg (b. 1971), *Überfluss/Abundance*, 2004. Performance as fountain goddess at the Performance Festival Mezzo Cielo at the Istituto Svizzero, Rome, Italy
COURTESY THE ARTIST © 2023 PROLITTERIS, ZURICH

replaced by water, could be read in the context of a posthuman feminist phenomenology, as a figuration of what feminist cultural theorist Astrida Neimanis has explored: the shared aqueous constitution of human bodies and all other life on the planet. Neimanis (39) perceives breast milk as "material metonym[s] of a planetary watery milieu that interpermeates and connects bodies, and bathes new kinds of plural life into being." The performance took place in Rome, a city famous for its fountains and aqueducts. In this work, Krieg recurs to the historical sculptural tradition of water fountains and transforms it performatively. However, the artist not only refers to this historical dimension of water, but also makes reference to contemporary art. One wonders for example if the latter refers to the Trevi Fountain scene in Federico Fellini's iconic film *La Dolce Vita* (1960). Krieg seems also to refer to Bruce Nauman's *Self Portrait as a Fountain* (1966–67). In this photographic work, Nauman shows himself with naked torso, raised arms, and open palms while spitting a jet of water from his compressed lips, imitating figures often found in fountain sculptures (Clarke 152). Nauman here questions the notion of the prolific artist who spews forth masterpieces like a constant spring. For his part, Nauman harkens back to *Fountain* (1917), the

FIGURE 16.2
Isabelle Krieg (b. 1971), *Quell/Source*, 2010. Watering can, vase, pump, pebbles, flowing water, acrylic glass, flower, 40 × 15 × 80 cm (studio view)
COURTESY THE ARTIST
© 2023 PROLITTERIS, ZURICH

porcelain urinal that Marcel Duchamp displayed like a sculpture, elevating it to the status of art (Whitney).[1]

In *Quell/Source* from 2010 (fig. 16.2), the green plastic watering can float almost magically in the air, filling the blue vase with the red and yellow tulips, but never overflowing, resting on its own inexhaustible stream of water. If one considers the watering can as a *source* of water, the question arises of where the water in the watering originally comes from and how it can be that this water source seems to be infinite. This poetically tinged work is also about the impulse to understand the mechanisms that allow this apparent suspension of the laws of physics. Art historian Elio Schenini (23–34) interprets *Quell* as a poetic metaphor of the mysterious source from which mankind originates.

Water—this time as a motif and not as a material—plays a role in Krieg's exhibition in August 2021 at the Kunsthalle Arbon (Switzerland), which was shown under the title *Wellengang/Swell* (fig. 16.3). This was an interactive,

1 On Nauman, see also Perrier de La Bâthie and on Duchamp's *Fountain*, see Tate.

FIGURE 16.3 Isabelle Krieg (b. 1971), *Wellengang/Swell*, 2021. Kunsthaus Arbon, Switzerland
COURTESY THE ARTIST © 2023 PROLITTERIS, ZURICH

almost immersive installation—which the artist understood as an experiential space—, a gigantic textile landscape, created on site from scraps of old clothes, with a focus on blue rags. The installation evokes the impressive view of the expanse of a large body of water. A lake or the sea are not only today starting points for people on the run, for migration streams. The changes in the water surface are caused by weather phenomena and up-close experiences such as swimming in lakes, seas, and oceans. The audience was able to dive into it physical and in this way influence the swell of the installation. This use of fabric mimics the properties of water and can unearth personal memories of water through its material properties (flexibility, ability to billow and respond to movement). The textiles also refer to Eastern Switzerland as a production location for fabrics.

Another work to be mentioned in which water appears as a motif is *Schwarze Zeichen* (*Wellenberge, Wellentäler*)/*Black Signs* (*Crests, Troughs*), 2021.[2] Here, a material that is often found in water (after a thunderstorm or storm), namely alluvial wood, is used to represent a section of an undulating water surface

2 Alluvial wood, epoxy resin, pigment; see "Website Isabelle Krieg," "Schwarze Zeichen."

three-dimensionally on a wall. The black painted alluvial wood imitates the marks of an ink drawing and transfers them, so to speak, plastically.

3 *Curriculum I* and *II*

Art critic Johanna Encrantz (58–69) stresses the importance of language for the artist and the bringing together of title and art object: Krieg also often adds an ironic punchline to her works, which manifests itself in said combination of title and appearance.

The focus of the present research is on the two versions of the installation *Curriculum*, which Krieg realized four years apart. The goal is to show the many ways in which water as material can interact with language and other materials and then be linked to subject matter to contribute to the art work's meaning.

Curriculum I (fig. 16.4) was shown in 2004 at the Musée jurassien des Arts in Moutier (Switzerland).[3] It was the artist's first solo exhibition and was created within the framework of the project *Échanges* of the Schweizerischer Kunstverein (Kunstbulletin). The artist describes on her website: "My entire household is piled up to form a streambed. The water is falling out of the bookshelf, running over my belongings and disappearing in my bed. Along the brookside lie, in different heaps, 2,500 pieces of driftwood with the names of all the people I knew at that time. Out of the stereo, very softly, one can hear me sing my favorite song."

It is about real, flowing water, in a cycle: in a telephone conversation between Isabelle Krieg and myself, on 4 March 2020, the artist said that she used about one thousand liters of water for this water cycle in the museum. A tank was hidden in the outdoor area, and the water was transported inside through a window and came out of the bookshelf.

Gathered together were things that had accompanied the artist for years or had been in a depot up to that point (Kunstbulletin). The arrangement of objects around the riverbed began with a bookcase, then there were elements from the kitchen and living room; at the end the river flowed into the bed: the pun is obvious. For the artist, the bed symbolizes the beginning and end of all life, generation, and death (Reymond 15).

A few years later, the Kunstmuseum Bern asked the artist if she could also show *Curriculum I* in Bern. This was not possible on a one-to-one basis because

3 The caption on Krieg's website reads: "All my household possessions, epoxy resin, fiberglass cloth, running water, tank, pump, tubes, driftwood, broken glass, audio installation 3 × 3 × 25 m." See "Website Isabelle Krieg," "Curriculum I."

FIGURE 16.4 Isabelle Krieg (b. 1971), *Curriculum I*, 2004. Household possessions, epoxy resin, fiber glass cloth, running water, tank, pump, tubes, driftwood, broken glass, audio installation, 3 × 3 × 25 m. Moutier, Switzerland: Musée jurassien des Arts

FIGURE 16.5 Isabelle Krieg (b. 1971), *Curriculum II*, 2008. Various materials, epoxy resin, fiber glass cloth, running water, tank, pump, tubes, sound of playing radio, 3.4 × 8 × 11 m. Installation view, Kunstmuseum Bern, Switzerland
COURTESY THE ARTIST © 2023 PROLITTERIS, ZURICH

of the artist's specific living situation at the time. Consequently, Krieg realized a variant: *Curriculum II* from 2008 (fig. 16.5). The work consists of the artist's studio equipment, with a stream running through it. Completed and unfinished works from earlier creative phases line the watercourse (Fluri 94), so that one may recognize among others the watering can of *Quell/Source* described at the beginning of this contribution.

4 Water as an Artistic Material and Medium in *Curriculum I & II*

Art historian Monika Wagner, in her seminal study of materials in the visual arts, rightly observes that the material(s) of art until 1945 was conceived as a subordinate component of the form (11–12). Wagner noticed a shift in the constitution of meaning from form to material for wide areas of art after 1945. Accordingly, she pleads not only to accept material as a technical given, but to evaluate it as an aesthetic category. However, when we talk about an art material and a medium, we are talking about two aspects that cannot always be sharply separated. Thus, in the following, sometimes the material, sometimes the medial characteristics of water as an art material will be dealt with (Clarke 9–10, 14).

In his groundbreaking work on the connection between sound and art, Douglas Kahn writes about water flows and fluxes: "As one would suspect, water and fluidity insinuate themselves practically and discursively in a wide variety of ways within different artistic practices. It is the mimetic inclination of water to assume the shape of any vessel it occupies. Because of the different forms it already assumes, its powers of abstraction reach from the particularization of a drop to the atmospherics of humidity and immersion, from a brackish stagnancy to turbulence, from the pure linear figuration of waves to the chaotic mass of breaking waves. And in its relations to humans it can sustain life or destroy it" (Kahn 259).

Which aspects of water as an artistic material and medium are being explored in Krieg's *Curriculum I* and *II*? When do the properties of water as a material and its properties as a medium come to the fore? How can water in connection with various linguistic elements be described?

5 The Use of Water as an Art Material

Of the numerous sensual, optical, haptic, acoustic, and mechanical properties that distinguish water (Kahn; Clarke; Böhm; Wagner 137–38), Krieg explores in particular its liquidity and its ability to flow,[4] focusing on the acoustic quality of the quiet murmur, however not as the main musical element of the artistic work, but rather as background noise (Kahn 242–89).

Krieg, however, is not content to let water flow into a museum space but articulates the surface and certain sections of the two rivers through the different material properties that water can take on. In the two versions of *Curriculum*, one can find the following different manifestations of water: within water's main appearance as a river or a stream, one recognizes the standing quality of water as a small pond and then, as a waterfall and also as foam.

In the first version of *Curriculum*, the watercourse takes on a shape that stretches in length. One only sees it partially above ground, so to speak, because, as noted earlier, it comes out of the bookcase and ends in the bed and then disappears underground. In the second version there is also a source for the water, which then flows above ground in a circular shape, only to disappear again.

4 On the challenges of dealing with materials in motion, see Finke and Weltzien.

In Krieg's *Curriculum I*, the river is in the middle of the space, everything arranges itself around its course, and it functions as "the center of the locus amoenus" (Böhme 13). Whereas in this work Krieg was inspired by the elongated shape of the museum space for the course of her riverbed and set it up centrally within this form, in *Curriculum II*, as the artist herself writes: "The stream runs in a circular form. One can step in the middle of the circle over a little bridge" ("Website Isabelle Krieg"). The audience thus found itself being surrounded by the water's circular form and the artist's studio equipment.

Water is considered a symbol of purity and a life-giving element in many cultures (Böhm 239). In both versions of *Curriculum* water is transparent: in *Curriculum I* this transparency makes it possible to recognize shards in the water, and in *Curriculum II* one can see here and there, artfully distributed, some stones. Shards and stones show the moving quality of the actual material used, because this flux causes the shapes of the shards and pebbles to change constantly under the water surface: one could speak, with Wagner (138–39): "of an optical noise alongside the acoustic noise."

Both versions of *Curriculum* can be described as multi-sensory installations. The connection between seeing and hearing plays an especially important role: the audiovisual dimension is composed of the quiet sound of the flowing water alongside fragments of music and almost incomprehensible, unrecognizable and "invisible" language.

6 Water and Language

Let us start with the most obvious linguistic level that connects water and language: the titles. The Latin word *curriculum* originally means the course of time; coupled with the term *vita*, as in *curriculum vitae*, it points to the individual professional life or to the course of life. In art and literature, one often finds the metaphor "river of life" or "life as a river." This dimension is symbolized in Krieg's installations by the water flow that refers to becoming and processuality.

In the title of Krieg's works, the word *curriculum* refers both to the flow of water and to the course of her life and artistic career (Reymond 14; Fluri 94), which are tightly intertwined. The artist herself says about the temporal dimension of the term *curriculum* that "the river is the intangible present" (Reymond 15). One could paraphrase, in almost Heraclitan fashion, that life is a river in a constant state of flux. Heraclitus regarded the river as a symbol of identity problems par excellence, precisely because of its perpetual motion that remains constant (Böhme 31).

In addition to this processual view, there is also a more static side of the work. Art historian Isabel Fluri, for example, says that in *Curriculum I* a kind of interim review of the course of life takes place, which is "temporarily 'paused'" (Fluri 94). Krieg expresses similar sentiments, saying that the work was an opportunity to sum up her past and focus on the here and now, since at the time of creating it for the exhibition she had left both Berlin and Rome, the places where she had previously lived and worked. Due to research and work she stayed in Berlin from 1999–2003, in Rome in 2004 (Reymond 14).

In the above-mentioned context, it is also significant to think that historically, rivers often play a decisive role in the settling of populations (Böhme 31). Something similar happens in *Curriculum*: the artist gathers her belongings around the river; but this moment of settling (mainly material things) only applies to a specific, limited time, that is, to the time of the exhibition. As the artist said on 4 March 2020, in conversation with me, the two works no longer exist in this form today: their components have "gone back to life." Some of the individual parts have returned to "the artist's possession," to her studio or house, but some objects were sent to a second-hand shop, some to her sister, and some were given away.

In *Curriculum I*, the artist hums tunes corresponding to a period of her life and acoustically reviving relevant memories. The songs, fragmentarily sung children's songs and pop songs (Reymond 15; Fluri 94), were recorded in a loop of a few minutes and could be heard continuously in the background. The lyrics of the songs were hardly recognizable, at some point the artist merely sang their melody as "lala lala."

In addition to the poetic justification for the presence of the songs as mementoes of her biography, there are also practical elements that explain their dissolving form. As the artist said in conversation with me, the particular situation in which the work was created, an extremely short time (a few weeks or even a week), meant that she was very tired, and almost fell asleep, during the recording of the songs. For the second version of *Curriculum*, the artist arranged a real-time broadcast of a local cultural radio station (probably Radio SRF 2) for the Kunstmuseum Bern, as she usually listens to the radio while working.[5] In this way, the short production time and the artist's working method inscribe themselves in the works.

But there is another autobiographical level that brings together the auditory qualities of water and language, this time on a fairytale level. As a child, the

5 Deutschland Radio Kultur, today Deutschlandfunk Kultur. As the second radio program of Schweizer Radio und Fernsehen, Radio SRF 2 Kultur is its culture and knowledge station; see telephone conversation between Isabelle Krieg and myself, on 4 March 2020.

artist believed that rivers tell stories, and she has implemented this artistically in both versions of *Curriculum* by interweaving almost unrecognizable linguistic levels with the sound of water (Reymond 15).

Another manifestation of language that can be detected in *Curriculum I* is written language, more precisely in the form of first and last names. When looking closely, one can see names painted in blue on the driftwood. These are the names of people and friends Krieg has met in the course of her life and now remembers. Recognizable in photos of the work are: "Hanspeter Dörig," "Loulo[u]," "Claudia," "soda Winzenried," "Jeanine," "Rahel Bl," "chrischa," "Myrtha," "Selina," and "Alex."

In a few places, the driftwood is close to the water, so close that there could be a danger that they, together with the names written on them, could be "washed smooth" (Kunstbulletin), that is: erased. Here, one of the characteristics of water as a natural, even life-threatening force is indicated (Clarke 61). This potential danger of water as an extinguishing, destructive element is also to be found in another of the artist's works: *Unerledigt I–III/Unfinished I–III* from 2003–21 (fig. 16.6) consists of cappuccino foam and cocoa in porcelain cups, spoons, plastic bowls, water, and kitchen furniture of varying size, and is composed of *Unerledigt I / Unfinished I* from 2003–08, *Unerledigt II / Unfinished II* from 2009–10, and *Unerledigt III / Unfinished III* from 2010–21. The artist comments as follows: "The trigger for this work was the beginning of the second Iraq war in 2003. When I noticed that I 'consumed' this war, which made me angry, reading the newspaper in the morning just like my coffee and like all the other news, be it from world affairs, culture, politics, science, sports or people, I began in response to this to paint these current newspaper images with coffee and cocoa in cups and pile up the 'dirty dishes.'"[6]

The quotation illuminates Krieg's critical examination of her own "ritualized-habitualized," indeed consuming, approach to the flood of information and images from the mass media. The cups with the main protagonists of the Iraq war painted from newspaper photos by the use of cocoa and coffee, which are mixed in the mass media imagery with other figures of everyday political and cultural events, are thereby stacked in the mode of dirty dishes yet to be washed in sinks filled with water, where they are exposed to the imminent washing up and thus to dissolution (Rusterholz 14; Schenini 32). The dishes, collected in an almost archival gesture, stand there as a contemporary document like stacked old newspapers that soon belong in the waste paper collection—ready for disposal, their contents, presumably undigested, soon to be forgotten. In *Unerledigt I–III / Unfinished I–III*, the use of water refers first

6 Quotation from Krieg, "Unerledigt/Unfinished."

FIGURE 16.6 Isabelle Krieg (b. 1971), *Unerledigt/Unfinished*, 2003–2021. Cappuccino and cocoa in porcelain cups, spoons, plastic dishpans, (water), kitchen furniture. Various locations

to the biographical context of the work, whereby here too there is a connection to language: this time as written, in the form of news articles in newspapers and then also in connection to the picture language of the information delivered by mass media on world events. Just these pictures threaten to be erased by the water in the basins, with the water delivering a purifying function.

Let us now return to *Curriculum I*: the driftwood lies grouped and yet chaotically interwoven (Reymond 15). In the artist's words:

> J'ai rencontré ces gens, ils se sont échoués sur les rivages de ma vie, et moi sur les leurs. Ils continuent à bouger, comme moi aussi. C'était important de les intégrer dans cette installation. Je me souviens d'environ 2500 personnes dont j'ai écrit le nom sur chaque branche, et j'ai ensuite regroupé ces branches au bord du ruisseau. Ainsi, j'ai dessiné une sorte de carte de ma vie actuelle, essayé de définir ma place, au niveau géographique et au niveau personnel. Mais, naturellement, ces tas de bois forment un chaos, on n'y retrouvait qu'avec difficulté les différentes personnes citées. Il y a un paradoxe entre ce chaos et le travail minutieux de la recherche

> des noms, du choix de chaque branche pour chaque personne et de l'écriture des noms en petites lettres. Ce chaos, c'est l'oubli, c'est la mort. (Reymond 15)

Art historian Sabine Rusterholz relates *Curriculum* to the themes of order and disorder. According to her, Krieg transforms everyday objects into a state of savagery, as in *Curriculum* (Rusterholz 13). However, the things and natural materials collected at the riverside in what only appears to be chaos, instead control and hold together the water course. As Wagner says: "It is only the resistance of solid matter that gives water, as a naturally amorphous element, its respective form" (Wagner 137–38).

The scholarly discussions about *Curriculum I* and *II*, however, raise another issue: the juxtaposition of nature and culture (Reymond 15). According to Isabel Fluri, for the artist it is important to include nature and the organic in her everyday work on the one hand, and, on the other hand, to spread out her studio and art materials in the museum like a landscape (Fluri 94). In an interview Krieg talks about her relationship to nature, stating that she replaces religion with nature and that she especially loves rivers/streams and driftwood (Reymond 14). In Krieg's *Curriculum*, nature is incorporated into the work through water and wood, thus evoking an experience of nature in a mediated way.

7 Conclusion

Following cultural and literary scholar Hartmut Böhme (37), water as an art material becomes "the medium of artistic and aesthetic-theoretical self-reflection."[7] This statement can be applied to the two versions of *Curriculum* that are the focus of this research as case studies. In Krieg's *Curriculum I* and *II*, the material and sensual properties of water are also artistically explored in order to use it as a medium for the passing of time and in connection with the time-related concepts of remembering and forgetting (Böhm 241). In particular, it is the combination of water and language in their various manifestations that completes the art work's meaning.

7 On the connection between water and artistic self-reflection cf. also Clarke 110.

Sources Cited

Böhm, Dorothee. "Wasser." In *Lexikon des künstlerischen Materials. Werkstoffe der modernen Kunst von Abfall bis Zinn*. Ed. Monika Wagner, Dietmar Rübel, and Sebastian Hackenschmidt. München: Verlag C. H. Beck, 2002. 238–42.

Böhme, Hartmut. "Umriss einer Kulturgeschichte des Wassers. Eine Einleitung." In *Kulturgeschichte des Wassers*. Frankfurt am Main: Suhrkamp, 1988. 7–42.

Bühler, Kathleen. "Krieg, Isabelle [2012, 2018]." *SIKART Lexikon zur Kunst in der Schweiz*. http://www.sikart.ch/kuenstlerinnen.aspx?id=10461286 [accessed 30 June 2021].

Clarke, David. *Water and Art*. London: Reaktion Books, 2010.

Encrantz, Johanna. "Isabelle Krieg—Alltägliches aus dem Universum." *Kunstbulletin 6* (2019): 58–69.

Finke, Marcel, and Friederich Weltzien. "State of Flux: Introduction to Fluid Materials." In *State of Flux. Aesthetics of Fluid Materials*. Ed. Marcel Finke and Friedrich Weltzien. Berlin: Reimer Verlag, 2017. 9–19.

Fluri, Isabel. "Isabelle Krieg." In *Ego Documents. The Autobiographical in Contemporary Art. Exhibition catalogue, Kunstmuseum Bern, 14.11.2008–15.02.2009*. Ed. Kunstmuseum Bern. Heidelberg: Kehrer, 2008. 94.

Kahn, Douglas. "Part IV: Water Flows and Flux." In *Noise, Water, Meat: A History of Sound in the Arts*. Cambridge/Mass.: MIT Press, 2001. 242–89.

Krieg, Isabelle. *Curriculum I*, http://www.isabellekrieg.ch/record/work/149 [accessed 30 June 2022].

Krieg, Isabelle. "Schwarze Zeichen (Wellenberge, Wellentäler) / Black Signs (crests, troughs), 2021." http://www.isabellekrieg.ch/record/work/217 [accessed 30 June 2022].

Krieg, Isabelle. "Unerledigt / Unfinished." http://www.isabellekrieg.ch/record/work/155, [accessed 30 June 2022].

Krieg, Isabelle. "Website Isabelle Krieg." http://www.isabellekrieg.ch/ [accessed 24 June 2022].

Krieg, Isabelle, Kristina Brusa, and Robin Byland, with Texts by Kathleen Bühler, Robin Byland, and Susanne Magister. *All Tag. Isabelle Krieg. Exhibition catalogue, Kunstmuseum Solothurn 04.05.–28.07.2019; Städtische Galerie Dresden 17.05.–04.08. 2019*. Wien: Verlag für moderne Kunst, 2019.

Kunstbulletin 11/2004. "Isabelle Krieg im Musée Jurassien des Arts." https://www.artlog.net/de/kunstbulletin-11-2004/isabelle-krieg-im-musee-jurassien-des-arts/ [accessed 14 December 2021].

Kunsthalle Arbon. "Isabelle Krieg. Wellengang." https://kunsthallearbon.ch/ausstellungen/isabelle-krieg-wellengang/ [accessed 30 June 2022].

Perrier de La Bâthie, Pierre-Emmanuel. "L'Eau et le corps chez Bruce Nauman : la fontaine comme forme artistique contemporaine." 12th International IAWIS/AIERTI Conference *Water and Sea in Word and Image*, Université du Luxembourg, 12–16 July 2021, https://waterandsea2021.uni.lu/program/ [accessed 22 June 2022].

Reymond, Valentine. "Entretien avec Isabelle Krieg à propos de 'Curriculum.'" In *Isabelle Krieg : 18.09–14.11.2004, Musée jurassien des arts, Moutier, 05.03–09.04.2005, Stadtgalerie Bern, 20.05–16.10.2005*, Musée d'art et d'histoire. Ed. Beate Engel, Isabelle Krieg, Tim Krohn, and Valentine Reymond. Zurich: Société suisse des beaux-arts; Moutier: Musée jurassien des arts; Ber: Stadtgalerie; Basel: Schwabe, 2005.

Rusterholz, Sabine. "Speicher fast voll." In *Speicher fast voll—Sammeln und Ordnen in der Gegenwartskunst. Ausstellungskatalog Kunstmuseum Solothurn, 06.09.–02.11.2008*. Ed. Kunstmuseum Solothurn. Zürich: edition fink, Verlag für zeitgenössische Kunst, 2008. 13–14.

Schenini, Elio, ed. *Isabelle Krieg. Wandering through Soul Provinces. Exhibition catalogue, Lugano, Museo Cantonale d'Arte, 26.03–16.05.2010*. Lugano: Museo Cantonale d'Arte, 2010.

Tate Gallery London. "Marcel Duchamp: Fountain." https://www.tate.org.uk/art/artworks/duchamp-fountain-t07573 [accessed 22 June 2022].

Telephone conversation between Isabelle Krieg and myself, on 4 March 2020.

Wagner, Monika. *Das Material der Kunst. Eine andere Geschichte der Moderne*. München: Beck, 2001.

Whitney Museum of American Art. "Bruce Nauman, Self Portrait as a Fountain." https://whitney.org/collection/works/5714, [accessed 5 July 2021].

17

Drip Drip Drip Intercede

The Leaky Thresholds of the Svalbard Global Seed Vault

Ashley Mason

Abstract

In 2016, a leak was found within the Svalbard Global Seed Vault (SGSV). The devastation borne of such leaks is, following Rob Nixon, incremental and accretive—a slow violence. This essay heeds Nixon's call for stories that might raise seemingly inconsequential marginal phenomena such as water ingress from invisibility. To do so, it considers a series of artistic/architectural works that reveal how the fluidity of our future can be told through combinations of word and image. Here, as both metaphor and material, water is found dripping, interceding, opening the potential of leaky thresholds, where vessels are always waiting.

Keywords

architecture – care – climate change – leak – marginal – seed – slow violence – Svalbard – threshold – vault

The Svalbard Global Seed Vault (SGSV), a storage facility located on the remote island of Spitsbergen in the Svalbard archipelago of northern Norway, is encased deep within a mountain. Inside this monument to man's defiance of mortality, the world's seeds await our demise, hidden away in an icy full-stop that seeks to impede any intrusion of the surrounding landscape. Its entryway, situated 130m above sea level and projecting outward from the mountain, is intended to be protected from the predicted turbulent rise of our oceans. But it may not be safe from the surrounding permafrost. This permafrost, once viewed as a stable and protective boundary, is thawing in a changing, warming climate—the water is seeping in (and trickling back out again; fig. 17.1).

In September 2016, a leak was found within the vault's entrance. By February 2017, the leak was repaired, but still the permafrost continues to

 | DOI:10.1163/9789004549258_019

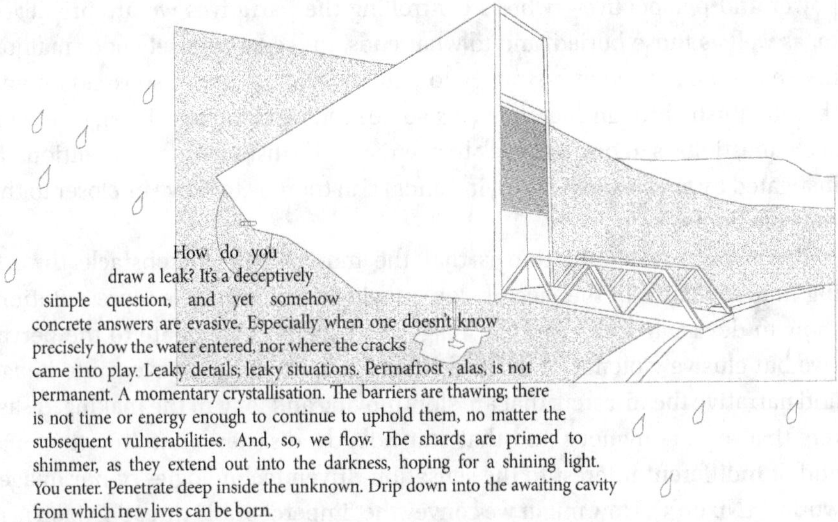

FIGURE 17.1 Ashley Mason (b. 1989). *Drip: Leaking*, 2022. Drawing

disappear gradually—causing a slow violence to this once secure boundary. For ecocritic Rob Nixon, slow violence is:

> a violence that occurs gradually and out of sight, a violence of delayed destruction that is dispersed across time and space, an attritional violence that is typically not viewed as violence at all. Violence is customarily conceived as an event or action that is immediate in time, explosive and spectacular in space, and as erupting into instant sensational visibility. We need, I believe, to engage a different kind of violence, a violence that is neither spectacular nor instantaneous, but rather incremental and accretive, its calamitous repercussions playing out across a range of temporal scales. (Nixon 2–3)

Slow violence is, thus, a fitting conceptualization for the drip drip drip of a leak in a building, whose adverse implications are often only known further down the line, especially if the leak remains unseen, hidden within the construction build-up, until it is too late for simpler means of remediation to be implemented and more extensive reconstruction work is required. In other words, the leak remains (psychologically) unseen until the crack leads to collapse. In political terms, leaks speak of a lack of maintenance and thereby of a lack of care. To interrogate why leaks are marginalized in conversations around the built environment, dismissed as an insignificant side issue, is to question power and perspective—who is controlling the narratives we are privileged to, as well as those buried, and to what ends. Indeed, purposely poor maintenance can be abused as a strategy to enforce eviction and dispossession and thereby push through lucrative (for some) redevelopments. To engage with such questions is to begin to seek to overcome the distance often intentionally instigated by authorities (to varying ends) and thereby to move us closer to the thawing bodies.

Nixon's central contention is that the most significant obstacle thwarting human action in the face of slow-moving catastrophes is representation: "how to devise arresting stories, images and symbols adequate to the pervasive but elusive violence of delayed effects … how can we convert into image and narrative the disasters that are slow moving and long in the making, disasters that are anonymous and that star nobody, disasters that are attritional and of indifferent interest to the sensation-driven technologies of our image-world?" (Nixon 3). How might we convey the "imperceptible threat" (Nixon 14)? Nixon proposes that it is writer-activists who can enable us to see what lies right before us—hidden, concealed, unseen, overlooked—and that it is their imaginative narratives which can challenge preconceptions, change the speed with which we perceive environments, and thus make those matters previously "unapparent appear" (Nixon 15). While Nixon places emphasis on writers, I contend that it is all creative practitioners working with both word and image who can lead us from our darkness. And it is with this contention that I began to search for creative works that might offer a precedent for how to represent the slow violence of the leaky thresholds of the SGSV, and other equally leaky situations.

1 Drip

The Norwegian government owned SGSV, designed by Peter W. Søderman of Barlindhaug Consult (a Norwegian engineering firm), was opened in February 2008 after almost two years of construction work, with the intention of storing the world's seeds. The project comprises an entrance building set before a one-hundred-meter-long tunnel which leads on to three slightly offset storage chambers where deposits are safely stored as a failsafe to seed banks scattered across the globe, a secure backup for world crop diversity should originals be destroyed, whether through the devastating effects of war or climate change (Andersen; Griffiths). The SGSV's creators were confident: "We did this calculation; if all the ice in the world melted … and then we had the world's largest recorded tsunami right in front of the seed vault. … What would happen to the seed vault? … the seeds themselves would be ok" (Griggs). It seems, in this case, that focus was placed on major global catastrophic events, while the project's initiators and engineers underestimated the inconspicuous, slower forming dangers more immediate to the site.

The SGSV is an almost magical building; its reflective roof level artwork installation, *Perpetual Repercussion*, by Norwegian artist Dyveke Sanne (Fowler 221; Breithoff and Harrison 105) shimmers seamlessly out of the breath-taking landscape, but it is a landscape that is also unforgiving. Tunneled into the scree and moraine of the Platåfjell (Fox 165), the vault lies inside a mountain covered by permafrost. The natural temperature within is a relatively constant minus four / minus five degrees Celsius, though since the seeds require minus eighteen degrees Celsius to be properly preserved, refrigeration units in the SGSV must make up the shortfall. Those behind the SGSV project believed that: "Even given the worst-case scenario for global warming, all three vault rooms will remain naturally frozen for up to 200 years … the temperature sensors will give years of advance warning … therefore, the Seed Vault in Svalbard remains, in absolute and relative terms, the best possible place for providing secure and reliable conditions for seed storage" (Fowler 133–34). Should the units fail, the facility, though it will warm, will still be cold enough to ensure that the seeds remain frozen for sufficient time for the units to be repaired. The seed vault is thus advertised as an infallible failsafe built to withstand any catastrophe or devastation. Nevertheless, in October 2016, extreme weather with higher-than-average temperatures and record rainfall levels led to water intrusion in the access tunnel leading to the seed vault. A slick resulted, with water penetrating fifteen meters into the hundred-meter tunnel before freezing solid, in addition to blowing out a power transformer and other complications. The ice had to be smashed out by hand with pickaxes; the volume of water that leaked in remains unknown, or at least was unreported (Carrington, "Arctic Stronghold").

Subsequent official statements on the event maintained that the seeds were never at risk (Griffiths). As the communications director of Statsbygg—the Norwegian government organization responsible for the administration of the physical installation and the technical operation of the SGSV—noted at the time: "This was no flooding, but more water than we like" (Griggs). These sentiments were echoed by Cary Fowler, the Executive Director of the Crop Diversity Trust between 2005 and 2012—the organization that is jointly, alongside the Nordic Genetic Research Centre or NordGen, responsible for the operations of the seed vault—who felt that: "Flooding is probably not quite the right word to use in this case. … In my experience, there's been water intrusion at the front of the tunnel every single year. … The tunnel was never meant to be water-tight at the front, because we didn't think we would need that. … What happens is, in the summer the permafrost melts, and some water comes in, and when it comes in, it freezes. It doesn't typically go very far" (Griggs). Despite Fowler's dismissal of the evidently inherently leaky thresholds of the SGSV, Statsbygg were already, even prior to October 2016, considering how the tunnel might be waterproofed to evade the ever so subtle slipping in of the spring melt.

During the construction of the tunnel, the layer of frozen earth into which it was excavated was disturbed, causing meltwater to flow and deep puddles to form a cold, wet worksite. At least initially, those involved with the project believed that the permafrost near the tunnel entrance would re-freeze (Fowler 118). Significant machinery was even employed to these ends, hoping to facilitate the permafrost's reformation. Unfortunately, permafrost, though frequently conceptualized as permanent, is a layer at risk of irreversible damage "should humans dig into it and create more ways for heat to enter" (Griggs). Indeed, most constructions in arctic locations consequently rely on their elevation above the earth on pilotis, to prevent the internal heat from warming the ground below (Cho and Jull 102, 147). In the case of the SGSV, the combination of weakened, vulnerable permafrost—most especially near to the tunnel's entrance where the overlying soil is thinner—alongside unpredicted changes in climate, meant that the meltwater inevitably entered.

In 2016 interim fixes were made, but in March 2018, following the results of a study that Statsbygg had ordered to determine how the leakage might best be halted, work officially began to waterproof the tunnel comprehensively. Expensive and extensive remediation work was implemented—at a cost of 100-million-krone to the 40-million-krone original cost, taking a total of two years (Carrington, "Arctic Seed Vault"; Common Dreams). The repairs included drainage channels in the mountainside to channel water away from the exterior of the building, a more secure entrance, as well as a redesigned tunnel (Carrington, "Arctic Stronghold"). It, too, became necessary to add an entirely new building to monitor the vault, significantly compromising the original vision of an operator-less failsafe, and indeed the ecological credentials of the project through the erection of additional infrastructure in an already climatically precarious location. Yet, visions for future constructions have not been impeded. Snøhetta, a Norwegian architectural firm that was also responsible for the SGSV's new administrative facility, has since been employed to create an exhibition building, so that visitors can experience the vault without accessing it directly—capitalizing on the warming island, promoting the tourism industry (Ravenscroft). The promotional renderings are seductive, but we might ask, at what expense?

The maintenance of Arctic towns is complex because of a continually shifting and dynamic environment, where thawing permafrost due to ground cover disturbance can further exacerbate the "unstable nature of the ground" (Cho and Jull 71). It is the active top layer of the permafrost that thaws in warmer weather, prompting pools to form, ultimately leading to buildings sinking into the saturated soil (Larsen). As the Arctic Design Group have noted, it could be said that "almost every aspect of the built environment is in some way contending with water in its various forms and the beneficial or destructive potential it holds" (Cho and Jull, 95). But it is perhaps especially the melting of the Arctic which seems to rupture assimilated ideas that ice is somehow eternal, and that buildings erected within these environs—almost by virtue of being situated in such challenging contexts—are inherently impenetrable. With the SGSV's leaky thresholds this illusion is shattered, and our sense of safety troubled. The leak of October 2016 served for many as a cautionary tale of forthcoming apocalypse should we fail to act. But the questions remain, "*what stories can we tell that will move others to action?*" (LaFauci 33, emphasis original), and crucially, how might they be told?

2 Drip Drip

The artist Dénes Farkas (b. 1974) had been due to access the SGSV for his research before being informed that his visit would be postponed until the following spring due to the leaky events of October 2016 (Chacko). In response, Farkas composed the exhibition *How-to-calm-yourself-after-seeing-a-dead-body Techniques* (2017, Contemporary Art Museum of Estonia; fig. 17.2). The exhibition juxtaposed photographs—some taken inside the SGSV, others of the International Center for Agriculture Research in the Dry Areas (ICARDA) in Lebanon and the Vavilov Institute of Plant Industry in Saint Petersburg—with quotations selected from a novel titled *An Unnecessary Woman* (2014), by Lebanese author Rabih Alameddine (Ruudi). In this text, the protagonist Aaliya Sohbi is found to have dedicated her life to the translation of Russian literary classics into Arabic, all while living in a small apartment in Beirut. Rather than disseminating her work, she keeps everything stored within her basement; until one day, when the entire collection is destroyed by a leak from a faulty water pipe (Chacko). After becoming aware of the first withdrawal of seeds from the SGSV by ICARDA, Farkas sought to access the vault, and to then juxtapose his findings with the novel, which he saw as a reflection on the futility of life. The resulting work is a balanced tension between hope and promise on the one hand, and destruction and insecurity on the other.

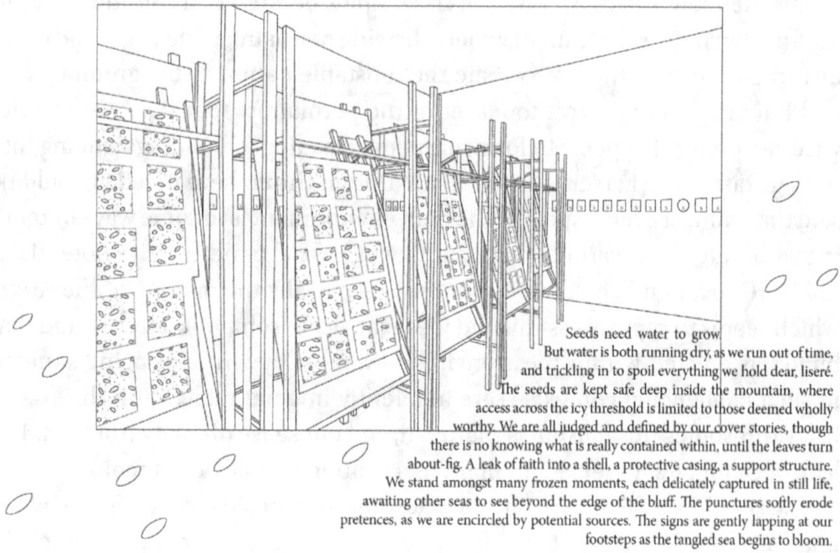

FIGURE 17.2 Ashley Mason (b. 1989), *Drip drip: Seeding* (after Farkas' *How-to-calm-yourself-after-seeing-a-dead-body Techniques*), 2022. Drawing

The photographs were displayed on a series of lit, freestanding support structures featuring four by five grids of frozen moments. These figurative citations—some close-up details, others wider landscapes—were uncaptioned and situated within an encircling arrangement of quotations from the novel, set low (almost as footnotes) within small, rectilinear, portrait paper panels nailed in a continuous line at eye height tracing a path across the enclosing walls. These excerpts thereby substituted for, and in fact moved beyond, the missing captions. The leaves were diminutive, inconspicuous; one had to be up close to be able to distinguish the typewritten letters. It is precisely because of their marginal and diminished position within the gallery space that they bled beyond the edges of the page into the reader's consciousness and revealed their resonance with the centralized photographic illustrations. The presentation of the word and image extracts within this space was ordered, set out comparably to a catalogue or appendix, in the manner of the logs of the vault as loggers note each new deposit—a rigidly scientific procedure that is placed in tension with the everyday horror of real-world conflicts. Yet, the eyes and mind were still able to wander through and between the juxtapositions, to trickle between contexts. Thus, the exhibition was paratextual (Genette 1)—it was composed of marginal and supplementary phenomena, notes from elsewhere that nevertheless inescapably affected the understanding of the contemporary situation.

The installation was a threshold to bodies beyond—in Farkas's determination, to "dead" bodies. For Farkas's work may be seen as a commentary on society's slow and concealed violence against the wishes of individuals; the notes selected are a reflection on "social predetermination," evoking those without power and thus "deadened" and unable to pursue their dreams (Luhaäär). In the novel, Aaliyah fails to disseminate and as such her crop is lost, conveying the fragile, contingent, and futile nature of human aspiration. In the vault, seeds are held on the threshold between potential decay and potential life, awaiting the drip drip drip reawakening of the disseminative cycle. All is not yet lost. While dead bodies conform or are suppressed, living bodies might still break the rules, permeate the boundaries. In the gallery, like the seeds, the words and images were sources preserved in still-life, waiting for future germination, to be planted into the minds of others who would then disperse their ideas elsewhere.

A further part of the installation, within a different space, included an abstraction of Aaliyah's apartment—the space of her reading, writing, and adapting (fig. 17.3). The abstracted box was of timber frame construction, with glazed panels on the fourth wall revealing a wallpapered interior, complete with off-centered ceiling light and a radio placed atop a wooden table. The back wall of the reconstructed room was filled with a photographic print of a concrete apartment building (presumably in Beirut) with a grid facade whose rhythm could be read akin to a cabinet for seed storage. Rectilinear perforations allowed glimpses into the interior of the block: thus, the viewer looked

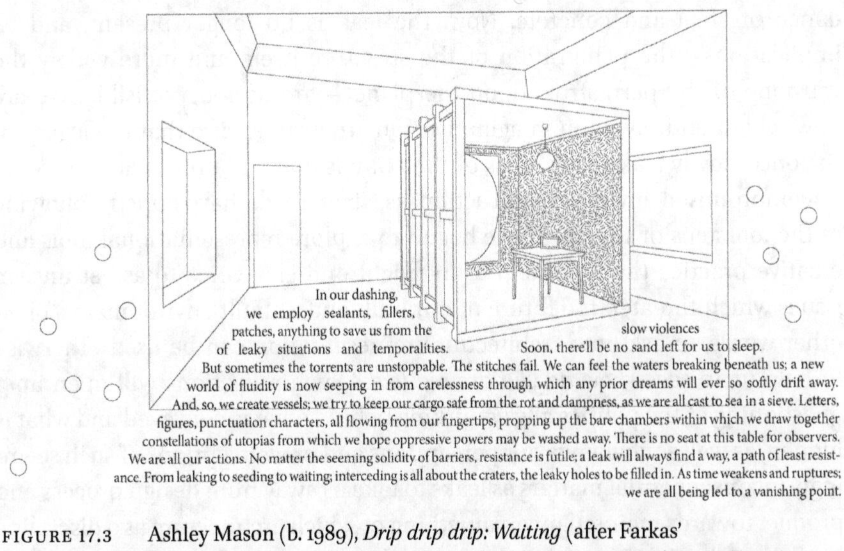

FIGURE 17.3 Ashley Mason (b. 1989), *Drip drip drip: Waiting* (after Farkas' *How-to-calm-yourself-after-seeing-a-dead-body Techniques*), 2022. Drawing

through the window of the timber box into the windows of the framed photograph beyond in an uncanny doubling. The apartment block was incomplete, leaky; the apartment room was sealed, seemingly watertight. The audience was kept at a distance, even though they were aware of the leaky events that had unfolded elsewhere. For it was the basement that had infiltrated, yet this space was not recreated. The choice to adapt the apartment rather than the storage facility, to preserve the room of creation akin to a seed within a container, privileged potential over destruction and so seemingly held hope in suspension. Or perhaps the glazed panel was in fact holding back a wave of tears.

The piece was concerned with processes of adaptation—from novel to exhibition, from overlooked to seen, from peripheral to centered. While the SGSV was adapted in response to the leak through extreme waterproofing measures, limiting the possibilities for entry, the adaptation of the novel, rather, punctured the pages with further opportunities and brought more conversations into play. Aaliyah's tale is a flowing narrative; its revisioning in word and image exploits edits. The word and image implications for this adaptation are thereby that notations and supplements—borderline materials—can respond to Nixon's call for representational modes for making visible a slow violence that is incremental and accretive.

3 Drip Drip Drip

The immediate fate of the SGSV has now been shored up by a further abundance of steel and concrete. Now, the leak is no longer present, and its implications—the penetration of the structure itself, and more widely the warming of the permafrost upon the planet—are no longer visible. We are now reliant entirely upon imaginative constructs to ensure that the legacy of the once slowly leaky thresholds of the SGSV is one that probes and provokes uncompromised environmental action, as Nixon might have hoped. Following in the footsteps of Farkas, I have begun to explore representational tools and creative practice that will help to highlight and give voice to as yet unseen issues which threaten the future of our built and unbuilt environments, or, in other words, to ask how architectural representation can be used otherwise to help us to see—*how do you draw a leak?* Such reflections will open up a questioning of the politics always lurking behind what is conveyed and what is hidden, as well as challenge our perceptions and preconceptions of such seemingly inconsequential matters as leaks to take us away from design process and product towards maintenance, something of which architecture as a discipline is often neglectful. Because architects and critical spatial practitioners have a reparative role to play in the coming storm, or, more precisely, in the intercession of the drip drip drip.

The figures thus capture the beginnings of these explorations, drawing from the discussions of "Drip". They, too, extend the provocations and word-image play of Farkas's piece, of "Drip drip," while also taking inspiration from—in the spirit of artist Yuko Mohri (Le Brun)—a gathering of other "leaky situations" adapted to both word and image. This gathering included the installation *There Are Leaks in the Pipes, and It's Dripping in the Room* (2016, House on the Hill Gallery, New York) by artist Elsa Mencagli (b. 1990), a piece accompanied by a performative element, that spoke of, "[c]racks. Leaks, and water dripping" (Arts Letters and Numbers). The water dripped down at various defective junctures from a network of pipes (previously hidden, stored in a basement) now visible, fixed to the ceiling. An orchestral symphony—akin to *Incident at the Museum or Water Music* (1993, Museum of Contemporary Art, Chicago) by artists Ilya and Emilia Kabakov—emerged from the drips and spoken words as an audible reminder of the unseen, overlooked threats of water, simultaneously the medium we depend upon to cure our thirst, and having the capacity to destroy us whether in literal and bodily, or metaphorical and cultural artefact terms (Langer). Another source of inspiration was the ceiling-based installations of artist C. Ree. Rather than devising solutions, her work is concerned with capturing the consequences: the stains produced, the collapsed ceilings. Projects are ongoing, fluid, with recycled elements, and it is through such repetition and iteration, the insistence on reappearance that, in McHugh's words, Ree "trouble[s] the normative built environment" (McHugh, 21). *Research Wall* (2018, Museum of Contemporary Art, San Diego) combined word and image as a spatialization of research notes and documentary evidence, calling "attention to the various ways that bodies of alterity are often ignored, unseen, and subjugated through built forms of dispossession and marginalization" (McHugh, 21). More greatly environmentally concerned than the preceding pieces, and thereby more closely tied to conditions at the SGSV, artist Barbara Kapusta's (b. 1983) *The Leaking Bodies* (2020, Gianni Manhattan, Vienna) sought to convey the rising toxicity of landscapes and the subsequent effects both in and on our bodies (Gavin). This piece, like Mencagli's, also included a performative and textual element:

> What caused the damage?
> The loose ends
> of our dripping culture.
> Our leakiness.
> ... Fluid streams seeping from pipes

... Gathering
in corners and edges, under rocks, pillars, waste and rubble.
Squeezing through holes, fences,
and tunnels.
Leaking into our vision
... I penetrate
all boundaries. (Kapusta)

The installation intertwined tales of leaking pipelines, ecological protest, and the permeability of our bodies and borders, a body itself becoming contaminated through the very holes in its skin. Skin, here, is simultaneously a permeable membrane and a barrier—a threshold. A transitional, yet fertile zone where, though it must contend with the constant threat of contamination, transformations and new compositions can occur.

Each of these leaky works forced the viewer to reflect upon the conventionally hidden tools and infrastructures we employ, or might employ, to contain and control water (or, perhaps, to enable it to permeate). They, too, engaged with peripheralities, with floors and ceilings, and with temporality, with fluid improvisations and haunting repetitions. But, perhaps most crucially, these pieces all instilled in viewers a slowing down, a quietening—allowing them to trace the water's careful, meandering course; to hear the droplets falling. These references thereby unveiled, in correspondence with Nixon, the potential of protraction and offered precedents for tools and means of representation that I seek to take forward in representing the leaky thresholds of the SGSV.

Forthcoming figures will trace the events preceding, of, and subsequent to October 2016. Much as Farkas played hope against futility, the pieces will oscillate between creation and critique. The original leak event can no longer be encountered or captured, we are entirely reliant on extant fragments, paratextual elements, to recover and repair the loss. They will thus employ conventional architectural representation techniques—plan, section, axonometric projection, detail, photograph—alongside creative coincidences of word and image engaged principally with the edges (of the page, of the space) to extend insights gained from the precedents previously considered and thereby open the leaky situation of the SGSV to scrutiny. The pieces will be a composition of ghostly fragments, of drips caught within paper containers and arrayed in correspondence with the passage of time. Diminutive in scale, the viewer must attend carefully, must move slowly. The positioning of the fragments, at the highest and lowest points on the page and in space, will force the body to furl and unfurl, to activate its extremities. Once more addendums and appendages will be shown to be responsive to Nixon's appeal, navigating the permeable zone between inside and outside of a body, building, or text.

4 Intercede

As cultural theorist Astrida Neimanis points out, we are all, in fact, *bodies of water* (Neimanis 1). I observe that we, as bodies of water, are also like the water contained within the permafrost surrounding the SGSV, since we, too, are not commonly permitted to enter the vault (except under the most controlled of circumstances, with permissions necessary and only a few entry times per year) (Fox, 167). In "Why does your flat leak?" architectural theorist Katherine Shonfield astutely observed that such restriction: "concerns the idea of *the defence of the border*" (Shonfield 33). For, in the view of those with power to prevent permeation: "[b]orders hold in what is defined and pure," and thus must be defended. Yet, as Neimanis further elaborates in relation to our own fluidity, "as bodies of water we leak and seethe, our borders always vulnerable to rupture and renegotiation" (Neimanis, 2). From water to vessel to womb to monthly tides to birthing to seeds: might we be "a lot more TOLERANT" of leaks (Shonfield 47–48)? Such tolerance will move us away from "[m]aintenance [as merely] a reaction to and a momentary covering up of time's terror" (Sample 15), and "towards thinking about territories not as static objects, but as a dynamic making" (Larsen). As architectural theorist Jennifer Bloomer eloquently captures this idea, as if speaking of the SGSV itself:

> There, before us, its mute whisper barely perceptible, is the wonderfully horrifying fact that we are after: a great, black crevice in the mountain. The line is a crack ... Most of what is inside the crack is what the proper world of grownups would think of as undesirable: darkness, damp. ... But, for us, it is a treasure trove for imagination and invention. (Bloomer 239–40)

Here, cracks and leaks hold not only destructive but creative potential.

The creative/destructive potential of leaks is, following Nixon, incremental and accretive; it is a displacement from the center, the force of floods and storms, to the periphery and the inconspicuousness of falling droplets. Water, necessary to germinate seeds, here, is a building's trickling end. This essay reveals how works of word and image can render visible seemingly inconsequential marginal phenomena such as water ingress. Here, as both metaphor and material, water is found dripping, rupturing, interceding in our speculative futures, where buckets (or vessels) are always waiting.

Sources Cited

Andersen, Ross. "After 4 Years, Checking Up on the Svalbard Global Seed Vault." *The Atlantic* 28 February 2012. https://www.theatlantic.com/technology/archive/2012/02/after-4-years-checking-up-on-the-svalbard-global-seed-vault/253458 [accessed 29 July 2022].

Arts Letters and Numbers. "There Are Leaks in the Pipes, and It's Dripping in the Room." *Arts Letters and Numbers*. 6 November 2016. https://www.artslettersandnumbers.com/archive/2016/there-are-leaks-in-the-pipes-and-its-dripping-in-the-room?rq=mencagli [accessed 29 July 2022].

Bloomer, Jennifer. "Nature Morte." In *The Architect: Reconstructing Her Practice*. Ed. Francesca Hughes. Cambridge, MA: MIT Press, 1998. 236–51.

Breithoff, Esther and Rodney Harrison. "Banking Time: Trading in Futures." In *Heritage Futures: Comparative Approaches to Natural and Cultural Heritage*. Ed. Rodney Harrison, Caitlin Desilvey, Cornelius Holtorf, Sharon Macdonald, Nadia Bartolini, Esther Breithoff, Harald Fredheim, Antony Lyons, Sarah May, Jennie Mogan, and Sefryn Penrose. London: UCL Press, 2020. 101–20.

Carrington, Damian. "Arctic Stronghold of World's Seeds Flooded after Permafrost Melts." *The Guardian* 19 May 2017. https://www.theguardian.com/environment/2017/may/19/arctic-stronghold-of-worlds-seeds-flooded-after-permafrost-melts [accessed 29 July 2022].

Carrington, Damian. "Newly Waterproofed Arctic Seed Vault Hits 1M Samples." *The Guardian*. 25 February 2020. https://www.theguardian.com/environment/2020/feb/25/newly-waterproofed-arctic-seed-vault-1m-samples-climate-change [accessed 29 July 2022].

Chacko, Xan. "Calm Yourself, the World is Ending." *Opinion*, University of Sydney. 6 May 2019. https://sei.sydney.edu.au/opinion/calm-world-ending/ [accessed 28 July 2022].

Cho, Leena and Matthew Jull. *Mediating Environments*. San Francisco, CA: ORO Editions, 2019.

Common Dreams. "'We Can't Trust the Permafrost Anymore': Doomsday Vault at Risk in Norway." *Eco Watch* 27 March 2019. https://www.ecowatch.com/doomsday-vault-norway-2632955972.html [accessed 29 July 2022].

Fowler, Cary. *Seeds on Ice: Svalbard and the Global Seed Vault*. Norwalk, CT: Easton Studio Press, 2016.

Fox, William. "Branding Ice: Contemporary Public Art in the Arctic." *In Future North: The Changing Arctic Landscapes*. Eds. Janike Kampevold Larsen and Peter Hemmersam. London: Taylor and Francis, 2018. 165–84.

Gavin, Francesca. "When Water Becomes a Commodity: Barbara Kapusta's Digital Desert." *Frieze*. 13 January 2021. https://www.frieze.com/article/barbara-kapusta-leaking-body-series-2021-review [accessed 29 July 2022].

Genette, Gérard. *Palimpsests: Literature in the Second Degree*. Trans. Channa Newman and Claude Doubinsk. Paris: Seuil, 1982; repr. Lincoln: U of Nebraska P, 1997.

Griffiths, Alyn. "Climate Change Forces Emergency Repairs to 'Failsafe' Arctic Seed Vault." *Dezeen*. June 14, 2017. https://www.dezeen.com/2017/06/14/climate-change-emergency-repairs-failsafe-arctic-svalbard-global-seed-vault [accessed 29 July 2022].

Griggs, Mary Beth. "Turns out the Svalbard seed vault is probably fine." *Popular Science*. 22 May 2017. https://www.popsci.com/seed-vault-flooding/ [accessed 29 July 2022].

Kapusta, Barbara. "We Circulate or Moist Material." Gianni Manhattan. https://www.giannimanhattan.com/items/uploads/fileman/we%20circulate%20or%20moist%20material.pdf [accessed 15 December 2021].

LaFauci, Lauren. "'The Safest Place on Earth': Cultural Imaginaries of Safety in Scandinavia." In *Nordic Narratives of Nature and the Environment*. Ed. Reinhard Hening, Anna-Karin Jonasson, and Peter Degerman. Lanham, MD: Lexington Books, 2018. 21–48.

Langer, Adam. "Art Works: dripping with meaning." *Chicago Reader* 15 July 15 1993. https://chicagoreader.com/arts-culture/art-works-dripping-with-meaning [accessed 29 July 2022].

Larsen, Janike Kampevold. "Caring for Arctic and Subarctic Landscapes." In *The Routledge Handbook of Teaching Landscape*. Ed. Karsten Jørgensen, Nilgül Karadeniz, Elke Mertens, and Richard Stiles. London: Routledge, 2019. 148–61.

Le Brun, Lily. "How Yuko Mohri found inspiration in 'leaky situations'." *Financial Times* 17 March 2017. https://www.ft.com/content/c2bacc90-0294-11e7-aa5b-6bb07f5c8e12 [accessed 29 July 2022].

Luhaäär, Merle. "Blue Whale Society. A review of Dénes Farkas' exhibition 'How-to-calm-yourself-after-seeing-a-dead-body Techniques.'" *Echo Gone Wrong*. 24 May 2017. https://echogonewrong.com/blue-whale-society-denes-farkas/#_ftnref1 [accessed 29 July 2022].

McHugh, Holly. "Hiding in Plain Sight: Mimicry of the Leak in the Work of C. Ree." In *Sightlines*. 2019. 20–35. https://www.viscrit.cca.edu/s/Holly-McHugh-Sightlines.pdf [accessed 29 July 2022].

Neimanis, Astrida. *Bodies of Water: Posthuman Feminist Phenomenology*. London: Bloomsbury, 2017.

Nixon, Rob. *Slow Violence and the Environmentalism of the Poor*. Cambridge, MA: Harvard UP, 2011.

Ravenscroft, Tom. "Snøhetta Designs Arctic Seed Vault Visitor Centre on Svalbard." *Dezeen*. 6 November 2019. https://www.dezeen.com/2019/11/06/svalbard-global-seed-vault-snohetta-arctic [accessed 29 July 2022].

Ruudi, Ingrid. "Dénes Farkas: How-to-calm-yourself-after-seeing-a-dead-body Techniques (2017)." http://denesfarkas.com/how-to-calm-yourself-after-seeing-a-dead-body-techniques [accessed 15 December 2021].

Sample, Hilary. *Maintenance Architecture*. Cambridge, MA: MIT Press, 2016.

Shonfield, Katherine. *Walls Have Feelings: Architecture, Film and the City*. London: Routledge, 2003.

Index

www.ingramcontent.com/pod-product-compliance
Lightning Source LLC
LaVergne TN
LVHW010544300926
849162LV00002B/233